U0199003

　　本书为国家社会科学基金项目（批准号 13CJY044，结项证书号 20171413）"新形势下我国能源安全保障、环境保护与经济稳定增长的协同与政策优化研究"的最终成果。

新形势下我国能源安全保障、环境保护与经济稳定增长研究

刘志雄／著

XINXINGSHI XIA WOGUO NENGYUAN ANQUAN BAOZHANG
HUANJING BAOHU YU JINGJI WENDING ZENGZHANG YANJIU

人民出版社

序

当前，国际经济形势依然严峻，我国经济进入新常态。在新形势下，我国能源安全保障、环境保护与经济稳定增长越来越备受关注，探究三者之间的关系就越发具有研究价值与现实意义。本书首先从能源安全保障、环境保护与经济稳定增长的现有理论入手，基于一般均衡分析方法研究了能源安全保障与环境保护对经济稳定增长的影响路径。分析我国能源安全现状、环境保护现状与经济稳定增长现状，构建模型并实证研究我国能源安全保障、环境保护与经济稳定增长三者之间的关系，得出相应结论，并提出对策。

本书主要分为四大部分：研究基础、现状分析、相互关系及影响分析与对策分析。研究基础部分主要包括绪论和第一章。绪论主要介绍研究背景、研究意义、研究问题、国内外研究现状、研究内容及思路和研究方法等。第一章主要介绍经济增长、能源安全、环境保护的相关理论，运用一般均衡分析方法，分析了能源安全保障与环境保护通过规模经济、技术创新、要素替代和破坏性创造等途径对经济增长的影响。现状分析部分主要包括第二章、第三章和第四章，分别研究了我国能源安全现状、环境保护现状与经济稳定增长。第二章主要从能源安全要素视角（包含能源供给安全、能源价格安全、能源运输安全、能源消费的环境安全以及能源能效与清洁能源）、能源效率视角和石油产业组织视角三个方面来探讨我国能源安全。第三章从环境保护、节能减排的相关政策入手，分析环境保护的质量，探究环境保护与经济发展之间的博弈，并通过实证研究我国环境库兹涅茨曲线，全面掌握我国环境保护与经济增长之间的关系。第四章实证研究在开放经济条件下我国经济增长的稳定性，进一步从适度消费率、适度投资率和适度外贸依存度三个层面进一步深入探讨，从而全面了解我国经济稳定增长现状。相互关系及影响分析部分主要包括第五章到第八章。第五章到第七章分别研究我国能源安全保障、环境保护与经济稳定增长两两之间的关系，并探究相互影响作用。第八章引入能源安全保障与环境保护，扩展 CGE 模型，研究我国能源安全保障、环境保护对经济稳定增长的影响。对策分析部分主要从四个方面开展研究：一是保障能源安全为经济稳定增长夯实基础；二是加强环境保护为经济稳定增长的可持续提供发展条件；三是提升我国经济效率为经济稳定增长保驾护航；四是深化供给侧结构性改革为经济稳定增长添砖加瓦。

通过研究，本书得到如下结论：结论一：经济稳定增长是新形势下我国经济发展的必然选择，也是未来我国经济发展中的重点任务，需要提高我国经济增长的质量和效率。结论二：建设"美丽中国"目标，需要能源安全保障、环境保护与经济稳定增长三者协同发展，实现三位一体。我国人口众多，人均资源占有量少，资源得不到合理开采和利用，资源形势日益严峻，环境压力巨大，建设"美丽中国"的目标符合我国的基本国情。我国在经济发展过程中，需要协同发展能源安全、环境保护与经济稳定增长，实现三位一体。结论三：制定切实可行的政策优化措施，实现我国能源安全保障、环境保护与经济稳定增长的良性互动。

　　本书在研究过程中，按照一定的技术路线深入开展研究，运用理论分析与实证分析相结合，模型构建与计量分析相结合的方法，所得结论具有说服力。每一章节各自成体系，但又沿着预先设定的逻辑思路而展开，构成一个逻辑整体。然而，本书研究难免有些不尽完美之处。本书的研究不是终结，而是新的研究起点，本书将在现有研究的基础上继续深入研究如下问题：一是需要更加紧密结合国家的未来发展战略，深入研究我国能源安全保障、环境保护与经济稳定增长的长远规划。二是进一步思索指标设定的科学性。三是需要进行国别横向比较。希望本书能够为相关同行开展同类型的研究提供有价值的参考。

目　录

绪　论

第一节　研究背景

一、国际油价波动对我国能源安全造成一定影响

（一）国际油价波动频繁

自20世纪70年代之后，国际石油价格波动开始严重影响世界各国，并成为国际社会普遍关注的焦点。1973年之前，国际石油价格长期低于4美元/桶。随着1973年中东战争引发的第一次石油危机、1979年的伊朗革命以及1980年的两伊战争导致的第二次石油危机，国际油价迅速飙升至1980年的36美元/桶。两次石油危机导致国际石油体系的动荡，对西方国家的经济造成了严重冲击（韦进深，2016）。[①]在20世纪80年代中后期，国际石油需求下降以及产量增加使得油价下降至1988年的14美元/桶。1990年爆发的海湾战争，使得国际油价迅速飙升至40美元/桶。在随后的1998—1999年，国际油价曾一度跌至10美元/桶以下。2003年之后，国际油价步入一个全新的快速上升通道，即从2003年的30美元/桶上升到2011年4月的114.83美元/桶。

① 韦进深：《世界石油价格波动的逻辑与中国的国际能源合作》，《世界经济与政治论坛》2016年第3期。

2013 年国际油价延续了 2011 年和 2012 年的强劲势头，持续高位运行，两大贸易基准的西德州轻质油（West Texas Intermediate，WTI）全年均价约为每桶 98.1 美元，北海布伦特（Brent）约为每桶 108.7 美元，分别比 2012 年均价高 3.9 美元和低 3.1 美元。进入 2014 年，油价持续高位运行仍是国际原油市场上最显著的特点。2014 年 10 月 22 日，国际油价布伦特仍保持在 90.21 美元/桶的高位。2015 年国际油价总体呈现一季度续跌、二季度大涨、下半年再创新低的走势。2015 年 12 月 31 日，西德州轻质油和北海布伦特原油期货价格分别为每桶 37.07 美元和 37.60 美元，同比分别下降 30.98% 和 33.43%。2015 年原油市场呈现四个明显特点：一是供应过剩、库存高企，主导价格走低；二是美元升值直接影响原油价格下降；三是美国页岩油的扩张速度减缓；四是中东乱局对油价的影响力减弱。2016 年国际油价探底后有所回升，北海布伦特和西德州轻质油的原油期货年均价分别为 45.13 美元/桶和 43.47 美元/桶，比 2015 年分别下降 8.47 美元/桶和 5.29 美元/桶。2017 年国际原油市场呈现"V"字走势：上半年震荡下行，西德州轻质油主力合约从 54 美元/桶左右下跌到 42 美元/桶左右；下半年国际原油市场步入上行轨道，2017 年 12 月 26 日西德州轻质油涨到 59.97 美元/桶，西德州轻质油原油全年涨幅在 11.53%，北海布伦特原油涨幅在 16.87%。可见，从国际油价的变化来看，国际油价波动较大。国际油价波动过大必然会对经济增长带来明显影响，无论是价格上涨或下跌，都导致财富在原油出口国和进口国之间重新分配，因而也会对世界经济格局产生较大影响（许江山，2012）。[①]

在长期，国际原油供需状况影响国际油价。国际原油供给从 2003

---

① 许江山：《国际油价波动对经济的影响》，《期货日报》2012 年 4 月 12 日。

年的 77639 千桶 / 日增加到 2016 年的 92150 千桶 / 日，国际原油需求
也从 2003 年的 80216 千桶 / 日增加到 2016 年的 96558 千桶 / 日，原油
供给与需求都表现出较快增长。[①] 由于原油需求大于供给，国际原油缺
口在增加，缺口数量从 2003 年的 2577 千桶 / 日增加到 2016 年的 4408
千桶 / 日。国际原油的生产者会对原油价格的变化作出反应，但由于
需求更大，结果导致原油均衡价格在上升。在短期，近年来全球的石
油需求量快速增加。2014 年 2 月石油输出国组织（Organization of the
Petroleum Exporting Countries，OPEC）发布的月度报告指出，2014 年全
球石油的需求量以略微强劲的步伐增长。2013 年全球石油需求量为每
天 8989 万桶，2014 年的全球石油需求量每天增加 109 万桶至每天 9098
万桶，增幅 1.2%。2016 年 2 月石油输出国组织发布的月度报告显示，
2016 年全球石油需求持稳在平均每天 9421 万桶的水平。可见，国际油
价波动已经成为常态。国际原油消费需求量更为快速地增加导致原油
缺口增加，造成原油价格上升。

（二）国际油价波动对我国能源安全造成影响

一方面，国际石油价格波动对我国能源安全构成一定程度的威胁。
1974 年国际能源署（International Energy Agency，IEA）正式提出了"以
稳定原油供应和价格安全为核心"的国家能源安全概念。实际上，能
源安全是一个特定的复杂系统，各子系统的有序运行和协同作用是系
统发挥整体功能的基础（余敬等，2014）。[②] 2014 年 6 月，中国社会科
学院研究生院国际能源安全研究中心和社会科学文献出版社发布的《世
界能源蓝皮书：世界能源发展报告（2014）》指出，合理的石油价格是

---

① 供给和需求的原始数据均来自于各期的《BP 世界能源统计年鉴》。
② 余敬、王小琴、张龙：《2AST 能源安全概念框架及集成评价研究》，《中国地质大学学报
（社会科学版）》2014 年第 3 期。

全球能源安全的基础。当前，国际油价波动已经成为影响我国能源安全的重要因素。影响国际油价波动的最根本原因在于西方大国和国际大资本对油价进行操纵，国际原油销售者具有很强的垄断动机，通过提高价格为其带来巨大收益并导致国际油价的巨大波动，这对我国能源价格安全构成了不良影响。在现有国际石油市场的定价机制下，我国不能通过期货市场竞价机制形成公开透明价格，欧美国家拥有发达的石油期货市场形成基准价格，在石油计价中获得明显优势。目前，尽管我国石油"定价机制"解决了石油价格与国际市场的基本接轨问题，但仍没有实现定价机制与国际接轨，从而影响我国能源安全。

另一方面，国际油价波动刺激了我国在能源开发和利用方面的技术进步。当前，我国能源消费巨大，能源消费规模在 2013 年就已达到 37.5 亿吨标准煤，超过同期能源供给规模 3.5 亿吨标准煤。2017 年我国能源消费总量进一步达到 44.9 亿吨标准煤，比 2016 年增长 2.9%，能源缺口达到 8.4 亿吨标准煤，巨大的能源缺口不得不通过进口实现。然而，国际油价波动尤其是国际油价上升不利于我国能源进口，加上传统能源消耗带来的巨大环境污染，这在一定程度上刺激了我国能源开发和利用方面的科技投入，以提升能源技术进步。以新能源领域的开发为例，目前我国新能源产业发展迅速，已经成为世界风电装机第一大国、太阳能电池生产第一大国。2016 年我国风电新增装机容量 2337 万千瓦，新增装机容量再创历史新高，累计并网装机容量达到 1.69 亿千瓦。2017 年我国风电行业平稳有序发展，新增装机量稳步增长，实现弃风电量和弃风率"双降"，全国风电设备平均利用小时显著增加。[①]

① 参考观研天下相关发布的《2018—2023 年中国风电行业市场供需现状调研与投资发展趋势研究报告》。

然而，我国基础研发领域投入明显不足，核心技术瓶颈始终存在，这制约着新能源产业的长远发展。对于政府而言，政府参与能源结构调整和发展新能源产业是最优均衡策略选择（赵昕等，2018）。[①]我国政府需要更好地发挥作用，利用宏观调控体系为新能源企业创新能力的提高创造良好的制度环境（齐绍洲等，2017）。[②]对于企业而言，我国能源企业既要依赖国外技术，又要参与国际激烈的竞争，在当前能源结构过渡阶段，需要积极主动发展新能源，提高能效加强新能源技术研发，低成本开发可再生能源，加大信息技术在能源领域的应用以进一步开发生物质能等能源，增强能源企业自身的竞争力。

二、我国环境保护刻不容缓

（一）国际社会环境保护的实践

自 20 世纪 20 年代之后，环境污染问题日益严重威胁着世界各国。治理环境污染问题也随即经历了从工业污染治理、城市环境污染综合防治，再到生态环境综合防治、区域污染防治四个阶段。1963 年美国生物学家蕾切尔·卡逊（Rachel Carson）在《寂静的春天》一书中阐释了农药杀虫剂滴滴涕（DDT）对环境所具有的污染和破坏作用。[③]《寂静的春天》一书被认为是 20 世纪环境生态学的标志性起点，由于该书的警示作用，美国政府开始对剧毒杀虫剂问题进行调查，并于 1970 年成立了环境保护局，各州也相继通过禁止生产和使用剧毒杀虫剂的法

---

①　赵昕、朱连磊、丁黎黎：《能源结构调整中政府、新能源产业和传统能源产业的演化博弈分析》，《武汉大学学报（哲学社会科学版）》2018 年第 1 期。

②　齐绍洲、张倩、王班班：《新能源企业创新的市场化激励——基于风险投资和企业专利数据的研究》，《中国工业经济》2017 年第 12 期。

③　蕾切尔·卡逊著，吕瑞兰、李长生译：《寂静的春天》，吉林人民出版社 1997 年版，第 120—123 页。

律。1972 年 6 月联合国在瑞典斯德哥尔摩召开了"第一届人类环境大会",为人类和国际环境保护事业树起了第一块里程碑。本次会议通过的《人类环境宣言》是人类历史上第一个保护环境的全球性国际文件,标志着国际环境法的诞生。1975 年在贝尔格莱德召开的国际环境教育会议发表了著名的《贝尔格莱德宪章》,此宪章阐明了环境教育的目的、目标、对象和指导原理。1977 年在第比利斯召开的第一次环境教育政府间会议,发表了《关于环境教育的第比利斯政府间会议宣言》和《环境教育政府间会议建议书》。1994 年 3 月 21 日《联合国气候变化框架公约》正式生效,成为世界上第一个为全面控制二氧化碳等温室气体排放,以应对全球气候变暖给人类经济和社会带来不利影响的国际公约,其目标是减少温室气体排放,减少人为活动对气候系统的危害,减缓气候变化,增强生态系统对气候变化的适应性。为了人类免受气候变暖的威胁,1997 年 12 月在日本京都召开的《联合国气候变化框架公约》缔约方第三次会议,通过了旨在限制发达国家温室气体排放量以抑制全球变暖的《京都议定书》。《京都议定书》规定,到 2010 年所有发达国家二氧化碳等 6 种温室气体的排放量要比 1990 年减少 5.2%。2005 年 2 月 16 日《京都议定书》正式生效,这是人类历史上首次以法规的形式限制温室气体排放。2009 年 12 月在丹麦首都哥本哈根贝拉(Bella)中心召开了哥本哈根世界气候大会,来自 192 个国家的谈判代表召开峰会,共同商讨了《京都议定书》一期承诺到期后的后续方案,即 2012 年至 2020 年的全球减排协议。这一全球减排协议是继《京都议定书》后又一具有划时代意义的全球气候协议书,对全球今后的气候变化走向产生决定性的影响,被喻为"拯救人类的最后一次机会"的会议。本次会议发表了《联合国气候变化框架公约》。2016 年 4 月 22

日在纽约签署的《巴黎协定》为2020年后全球应对气候变化行动作出安排，即将21世纪全球平均气温上升幅度控制在2摄氏度以内，并将全球气温上升控制在前工业化时期水平之上1.5摄氏度以内。

（二）我国环境污染问题仍较为严重

党的十九大报告指出，"经过长期努力，中国特色社会主义进入了新时代，这是我国发展新的历史方位。"[①] 在这样的时代背景之下，我国经济已由高速增长阶段转向高质量发展阶段。然而，我国GDP和消费同步高速增长。在2011年国务院发布的《国家环境保护"十二五"规划》就已经指出，"随着人口总量持续增长，工业化、城镇化快速推进，能源消费总量不断上升，污染物产生量将继续增加，经济增长的环境约束日趋强化。"国务院发布的《"十三五"生态环境保护规划》进一步指出，"'十三五'期间，经济社会发展不平衡、不协调、不可持续的问题仍然突出，多阶段、多领域、多类型生态环境问题交织，生态环境与人民群众需求和期待差距较大，提高环境质量，加强生态环境综合治理，加快补齐生态环境短板，是当前核心任务。"在大气污染方面，我国的大气污染主要为能源消耗性污染，即以煤烟型污染为主，主要污染物为二氧化硫、烟尘和氮氧化物。我国二氧化硫排放总量从2014年的1974.4万吨增加到2016年的2214.4万吨，环境污染在很大程度上是由于能源消费结构所致。长期以来，我国的能源消费结构主要是以煤炭为主，清洁能源消费所占比重仍然较低，大气污染导致雾霾天气成为我国经济社会发展过程中不可回避的环境问题，雾霾天气已经影响了我国1/4的国土面积。由于长期暴露在颗粒污染物环境之下，雾霾

---

① 《决胜全面建成小康社会　夺取新时代中国特色社会主义伟大胜利》，人民出版社2017年版，第10页。

会破坏呼吸道的防御功能，致使慢性支气管炎、肺气肿、支气管哮喘等疾病发生，并引发一些心血管系统、生殖系统等疾病。在工业固体废物排放方面，2016 年我国一般工业固体废物产生量为 309210.0 万吨，综合利用量为 184096 万吨，综合利用率为 59.54%。2016 年我国大宗工业固体废物产生量为 35.41 亿吨，大宗工业固体废物利用量为 17.8 亿吨，综合利用率为 50.27%。我国工业固体废物排放量仍然较多，处理难度较大。在水污染方面，水污染的程度比大气污染更为严重。2011年我国工业废水排放量为 230.9 亿吨，2014 年达 205.3 亿吨，占废水排放总量的 28.7%。2014 年我国城镇生活污水排放量为 510.3 亿吨，比2013 年增加 5.2%；占废水排放总量的 71.3%，比 2013 年增加 1.5 个百分点。在发达国家，工业用水的重复利用率达到 80% 以上，并且污水一定要经过处理后达标才能排放。我国水的重复利用率非常低，多数企业做不到污水完全处理后达标排放。我国水污染主要体现在如下三个方面：一是工业污染，二是城市生活污水，三是面源污染，即农田施用化肥、农药及水土流失造成的氮、磷等污染。多种因素造成的复合污染，使得我国水污染恶化的状况会越来越严重。

推进生态文明建设，是关系我国经济社会可持续发展、关系人民福祉和中华民族未来的全局性、战略性、根本性问题。党的十八大报告指出："把生态文明建设放在突出地位，融入经济建设、政治建设、文化建设、社会建设各方面和全过程，努力建设美丽中国，实现中华民族永续发展。"[①] 党的十九大报告指出："建设生态文明是中华民族永续发展的千年大计……实行最严格的生态环境保护制度，形成绿色发

---

① 《坚定不移沿着中国特色社会主义道路前进　为全面建成小康社会而奋斗》，人民出版社2012 年版，第 39 页。

展方式和生活方式，坚定走生产发展、生活富裕、生态良好的文明发展道路，建设美丽中国，为人民创造良好生产生活环境，为全球生态安全作出贡献。"[1] 可见，从党的十八大以来"美丽中国"已经成为社会各界关注的新名词，深入人心。由于环境治理"局部有效整体失效"是造成美丽中国建设陷入困境的重要原因（余敏江，2016），[2] 为了实现"美丽中国"的目标，在生态文明建设的新时期，我国应当树立保护生态环境就是保护生产力，就是发展生产力的新发展观（唐啸、胡鞍钢，2018），[3] 加强制定环保政策，加大环境污染治理力度，减少污染排放。

三、我国经济增长进入新常态

改革开放 40 年来，我国经济持续高速增长，但当前支撑发展的各方面条件都在改变，潜在增长率趋于下降，传统的粗放式增长模式难以为继，我国经济需要适应新情况、新变化，在新的环境中、新的平台上实现新的均衡，以适宜的速度、适当的方式、更高的效率、更好的质量，继续保持健康、平稳的发展状态，我国经济已经进入新常态。

2014 年习近平总书记提出了我国经济新常态的三个主要特点及给我国带来新的四个机遇。我国经济保持稳定发展态势，城镇就业持续增加，居民收入、企业效益和财政收入平稳增长，结构调整出现积极变化，服务业增长势头显著，内需不断扩大。习近平总书记指出，我国经济呈现出新常态，表现出三个主要特点：一是从高速增长转为中

---

① 《决胜全面建成小康社会　夺取新时代中国特色社会主义伟大胜利》，人民出版社 2017 年版，第 23—24 页。

② 余敏江：《以环境精细化治理推进美丽中国建设研究论纲》，《山东社会科学》2016 年第 6 期。

③ 唐啸、胡鞍钢：《创新绿色现代化：隧穿环境库兹涅兹曲线》，《中国人口·资源与环境》2018 年第 5 期。

高速增长。从世界范围来看，当一个国家或地区经历了一段时间的经济高速增长后，都会出现增速"换挡"现象，例如：1950—1972年日本GDP年均增速为9.7%，1973—1990年回落至4.26%，1991—2012年更是降至0.86%；1961—1996年，韩国GDP年均增速为8.02%，1997—2012年仅为4.07%；1952—1994年，中国台湾地区生产总值年均增长8.62%，1995—2013年下调至4.15%。我国经济增长速度从原先的10%左右下降到当前的7%左右，经济增速换挡回落，经济处于中高速增长。二是经济结构不断优化升级，第三产业消费需求逐步成为主体，城乡区域差距逐步缩小，居民收入占比上升，发展成果惠及更广大民众。三是从要素驱动、投资驱动转向创新驱动。在经济新常态下，我国经济发展面临四个发展机遇：一是在新常态下，我国经济增速虽然放缓，实际增量依然可观；二是在新常态下，我国经济增长更趋平稳，增长动力更为多元；三是在新常态下，我国经济结构优化升级，发展前景更加稳定；四是在新常态下，我国政府大力简政放权，市场活力进一步释放。

2008年国际金融危机爆发对世界经济产生了重大影响，世界经济仍旧行进在缓慢复苏的道路上，增长、就业、物价、贸易与投资、公共债务等方面基本保持平稳。由于存在众多不确定性，全球经济向好形势仍然充满曲折（张宇燕，2014）。[①] 我国经济处于新常态，实质上就是经济发展告别过去传统粗放的高速增长阶段，进入高效率、低成本、可持续的中高速增长阶段。在世界经济形势前景仍不明朗以及我国经济处于新常态背景之下，我国政府继续将稳增长作为当前和未来经济增长的重要方向，要在一个较长时期内保持经济不断平稳增长的

---

① 张宇燕：《缓慢复苏，曲折向好——世界经济形势回顾与展望》，《求是》2014年第2期。

态势，通过推动经济发展质量变革、效率变革和动力变革，加快经济高质量发展。

第二节　研究问题

能源是一个国家经济持续发展的重要保障，是一个国家或地区可以足量经济稳定地从国内外获取能源和清洁高效地使用能源，保障经济社会平稳健康可持续发展的能力（宋杰鲲等，2008）。[①] 环境保护是人类为解决现实或潜在的环境问题，协调人类与环境的关系，保护人类的生存环境、保障经济社会的可持续发展而采取的各种行动的总称。经济稳定增长是在一个较长时期中经济不断平稳增长的态势，从而使经济总量和人均产量在这个时期内稳步显著增加。当前，我国能源安全、环境保护和经济稳定增长的现状如何？我国能源安全保障、环境保护与经济稳定增长三者之间具有怎样的相互关系及影响机制？需要制定怎样的措施，以实现我国能源安全保障、环境保护与经济稳定增长三者的良性互动？针对这些问题，本书将逐层深入开展研究。

第三节　研究意义

一、理论意义

首先，紧密结合微观经济、宏观经济和社会发展理论。能源安全保障属于国际问题研究，而其所涉及的能源生产和能源消费的主体——企业和消费者属于微观经济的研究对象。经济稳定增长属于宏

---

① 宋杰鲲、张在旭、李继尊：《我国能源安全状况分析》，《工业技术经济》2008 年第 4 期。

观经济研究的范畴，环境保护则属于社会发展问题。因此，本书基于坚实的微观和宏观经济理论基础，结合社会发展理论，从学科交叉的视角开展研究。

其次，扩展可计算一般均衡模型（Computable General Equilibrium，CGE），用于研究能源安全保障与环境保护对我国经济稳定增长的影响。当前，一般均衡分析被用于考察经济系统中的市场均衡和总量均衡（庞军等，2008）。[1]1960年挪威学者约翰森（Johanson）开发出第一个可计算一般均衡模型，至今该模型仍然成为经济学家研究问题的重要工具之一。在新形势下，由于我国经济问题和社会问题的复杂性和特殊性，需要扩展CGE模型，探究能源安全保障、环境保护对经济稳定增长的影响。

二、现实意义

在新形势下我国面临三大现实问题：一是能源安全问题越来越影响我国经济长远发展；二是环境问题越来越凸显；三是经济稳定增长已经成为当前我国经济增长的重要内容。资源要素投入与环境规制松动是我国经济增长的主推力，以资源环境消耗为代价推动经济增长不容忽视（查建平、李志勇，2017）。[2]因此，围绕上述三大问题，一系列重大现实问题需要研究：在新形势下如何保障我国能源安全，其对经济稳定增长有何影响？经济稳定增长对环境保护又提出怎样的要求？如何促进能源安全保障、环境保护与经济稳定增长的良性互动？

---

[1]　庞军、邹骥、傅莎：《应用CGE模型分析中国征收燃油税的经济影响》，《经济问题探索》2008年第11期。

[2]　查建平、李志勇：《资源环境约束下的中国经济增长模式及影响因素》，《山西财经大学学报》2017年第6期。

本书研究这些问题凸显实际价值与意义：一是在新形势下紧密结合建设"美丽中国"的目标，全面研究我国能源安全保障、环境保护与经济稳定增长三者的关系；二是制定促进能源安全保障、环境保护与经济稳定增长实现良性互动的政策优化措施，为建设"美丽中国"做贡献。

第四节　国内外研究现状

一、对能源安全问题的研究

（一）能源安全的概念界定

国外学者基于自由主义和现实主义，从风险性和外部性出发，认为能源安全是一个受多因素交互作用而产生的复杂概念（Daniel Yergin，2012）。[①]1974 年国际能源署正式提出了"以稳定原油供应和价格安全为核心"的国家能源安全概念。能源安全主要包括能源供应安全和石油生产商的市场安全（Roberson，2003）。[②]能源安全是一个融数量维、质量维和时空维的复杂系统概念，各子系统的有序运行和协同作用是系统发挥整体功能的基础（余敬等，2014）。[③]

（二）能源安全的现状及评价

一是研究能源安全现状。从世界能源格局来看，能源安全主要体现在石油安全。目前，我国石油进口来源地平均安全度整体偏低，处

---

①　Daniel Yergin，*The Quert: Energy，Security，and the Remaking of the Modern World*，Penguin Books，2012.

②　Roberson，*Ensuring America's Energy Eecurity*，International Organization，2003.

③　余敬、王小琴、张龙：《2AST 能源安全概念框架及集成评价研究》，《中国地质大学学报（社会科学版）》2014 年第 3 期。

于较安全等级的边缘、高安全度的进口来源地集中在非洲、安全度低的进口来源国多集中在中东和拉美地区（王强、陈俊华，2014）。[①] 我国能源安全正在经历从供应保障的稳定性为主向使用的安全性为主的转变过程，迫切需要重新思考能源安全问题（杨彦强、时慧娜，2012）。[②]二是评价能源安全。拉里·休斯（Larry Hughes，2009）指出了评估一国能源安全的四个方面：Review（明确能源安全面临哪些问题），Reduce（减少能源消耗），Replace（开发利用新能源）和 Restrict（对能源资源实行限制性保护政策）。[③] 国内学者采用多种指标及方法对能源安全进行评价（李根等，2016；胡剑波，2016；孙涵等，2018）。[④]

（三）能源安全的风险及影响因素

一是研究能源安全风险问题。任何一个主权国家都是一个系统，都存在有形和无形的边界，区域能源安全应通过主权国家的能源安全来实现（王浩等，2016）。[⑤] 能源安全问题在国家安全战略中处于非常重要的地位，我国应充分认清当前能源安全面临的复杂严峻形势，以"一带一路"倡议为契机，拓宽与"一带一路"沿线有关国家能源合作的方法路径，不断增强国家的能源安全保障，促进区域经济的协调发

---

① 王强、陈俊华：《基于供给安全的我国石油进口来源地风险评价》，《世界地理研究》2014年第 1 期。

② 杨彦强、时慧娜：《中国能源安全问题研究进展述评——1998—2011 年中国能源安全战略评价》，《北京科技大学学报（社会科学版）》2012 年第 1 期。

③ Larry Hughes, "The Four 'R's of Energy Security", *Energy Policy*, Vol.37, No.6（2009）.

④ 李根、张光明、朱莹莹、段星宇：《基于改进 AHP—FCE 的新常态下中国能源安全评价》，《生态经济》2016 年第 10 期。胡剑波、吴杭剑、胡潇：《基于 PSR 模型的我国能源安全评价指标体系构建》，《统计与决策》2016 年第 8 期。孙涵、聂飞飞、胡雪原：《基于熵权 TOPSIS 法的中国区域能源安全评价及差异分析》，《资源科学》2018 年第 3 期。

⑤ 王浩、郭晓立：《基于边界理论的中国能源安全问题研究》，《社会科学战线》2016 年第 7 期。

展（朱雄关，2015）。[①] 二是研究能源安全的影响因素。刘金光（2013）研究了宗教因素对我国能源战略的影响。[②] 韩自强、顾林生（2015）分析了核能的公众接受度与影响因素。[③]

（四）基于其他视角研究能源安全问题

在能源战略方面：世界各国可持续发展能源战略主要有四种：强化能源效率战略、强化洁净煤战略、强化核电战略和强化可再生能源战略（杨彦强、时慧娜，2012）。[④] 我国全球能源战略目标逐渐从单纯追求"能源实力"，向将"能源实力"转变为"能源权力"过渡（许勤华，2017）。[⑤] 为了维护石油安全，我国应该从动态发展视角重新审视并优化维护国家石油安全的能源安全战略（刘劲松，2014）。[⑥] 在其他方面，在日益复杂的国际环境中，对国际市场的过度依赖已经成为国家安全中的隐忧和战略竞争中的脆弱点（郑云杰、高力力，2014）。[⑦] 作为全球第二大经济体和最大能源生产消费国，我国能源发展道路直接关系到生态环境，并且事关现代化建设全局（田智宇、周大地，2018）。[⑧] 破解能源安全问题，需要探索一条低投入、低消耗、少排放、高产出、

[①] 朱雄关：《"一带一路"战略契约中的国家能源安全问题》，《云南社会科学》2015年第2期。

[②] 刘金光：《论宗教因素对我国能源战略的影响及对策》，《四川大学学报（哲学社会科学版）》2013年第4期。

[③] 韩自强、顾林生：《核能的公众接受度与影响因素分析》，《中国人口·资源与环境》2015年第6期。

[④] 杨彦强、时慧娜：《中国能源安全问题研究进展述评——1998—2011年中国能源安全战略评价》，《北京科技大学学报（社会科学版）》2012年第1期。

[⑤] 许勤华：《中国全球能源战略：从能源实力到能源权力》，《人民论坛·学术前沿》2017年第5期。

[⑥] 刘劲松：《国际石油地缘政治的现状及我国的对策》，《江西社会科学》2014年第1期。

[⑦] 郑云杰、高力力：《从发展理念和发展方式解读能源安全》，《吉林大学社会科学学报》2014年第4期。

[⑧] 田智宇、周大地：《"两步走"新战略下的我国能源高质量发展转型研究》，《环境保护》2018年第2期。

可持续的能源开发利用道路，实现经济与能源、环境之间的协调发展，推进我国生态文明建设（尹立颖，2015）。[①]

二、对环境保护问题的研究

（一）环境保护的概念界定及范围

环境保护是指人类为解决现实或潜在的环境问题，协调人类与环境的关系，保护人类的生存环境、保障经济社会的可持续发展而采取的各种行动。目前，国际环境保护领域的研究已由污染治理转向与多学科结合发展，更加关注热点环境问题，突出环境的整体性（宋豫秦、陈昱昊，2017）。[②]党的十九大首次把"美丽"纳入社会主义现代化强国目标，把坚持人与自然和谐共生作为新时代坚持和发展中国特色社会主义的基本方略之一。环境保护在我国科技规划中的内容越来越多、层级越来越高，在历次规划中已日益成为跨部门、跨领域的公共政策问题（封颖，2018）。[③]环境保护的范围越来越广，不仅涉及防治生产和生活的污染、防止建设和开发的破坏和保护有价值的自然环境，当前海洋环境保护也作为我国海洋战略的新要求成为新时期国家利益的重要内容（张小虎，2015）。[④]

（二）影响环境保护的主要因素

一是制度因素。正式制度因素和非正式制度因素都可以促使企业选择先动型环境战略，且非正式制度因素的影响作用比正式制度因素

[①]　尹立颖：《生态文明视阈下能源安全问题的破解》，《税务与经济》2015 年第 3 期。

[②]　宋豫秦、陈昱昊：《近 20 年国际环境保护研究热点变化与趋势分析》，《科技管理研究》2017 年第 19 期。

[③]　封颖：《中国历次中长期科技规划体现环境保护的宏观演变格局研究（1949—2015）》，《科技管理研究》2018 年第 6 期。

[④]　张小虎：《海洋环境保护：国家利益与海洋战略的新要求》，《求索》2015 年第 2 期。

更大（迟楠，2016）。[1] 政治关联是影响企业从环境保护战略的实施和环境管理控制的发展中最终获益的中介因素（戴璐、支晓强，2015）。[2] 只有知识、理念和决策层共识及其优先序三个影响因素同时具备，才能输出良好体现环境保护的科技政策制度安排（封颖，2018）。[3] 二是其他影响因素。师硕（2017）从城市居民对环境知识掌握的程度、对环境污染的感知与对政府环保工作的评价等方面研究了影响环境保护的因素。[4] 郭伟、吴晓华（2015）研究发现地方财政收入对环保投资的影响最为显著。[5] 企业必须重视环保政策的落实，将环境战略贯穿于环境管理的各个环节（徐杰、陈明禹，2017）。[6]

（三）环境保护的路径研究

环境污染、生态破坏和资源瓶颈制约经济社会的可持续发展，实现绿色发展，应从利益协调、行为规范、制度转型和激励设计四方面入手（李雪娇、何爱平，2016）。[7] 通过建立环境规制影响评价机制，进一步提高社会公众环保意识，健全社会公众参与环境规制的制度（朱岩，2017）。[8] 我国需要整合现有政策工具出台专门法规，明确各级政府职责，加强企业责任追究，构建完善的环境许可制度（费德里克·帕

---

[1] 迟楠、李垣、郭婧洲：《基于元分析的先动型环境战略与企业绩效关系的研究》，《管理工程学报》2016年第3期。

[2] 戴璐、支晓强：《影响企业环境管理控制措施的因素研究》，《中国软科学》2015年第4期。

[3] 封颖：《知识—理念—决策层共识及其优先序——中国科技政策决策层中环境保护理念共识的关键影响因素研究》，《中国软科学》2018年第1期。

[4] 师硕、郑逸芳、黄森慰：《城市居民环境友好行为的影响因素》，《城市问题》2017年第5期。

[5] 郭伟、吴晓华：《地方政府环保投资规模影响因素分析及思考》，《生态经济》2015年第2期。

[6] 徐杰、陈明禹：《我国石化行业环境绩效及其影响因素研究——基于企业环境责任信息披露的分析框架》，《产业经济评论》2017年第6期。

[7] 李雪娇、何爱平：《绿色发展的制约因素及其路径拿捏》，《改革》2016年第6期。

[8] 朱岩：《中国石油产业环境规制效果与生态保护路径》，《山东社会科学》2017年第5期。

西尼、胡晶媚，2017）。[①] 我国西部地区重点生态区应通过优化制度体系实现生态环境保护与生态屏障建设，通过转变经济发展方式促进生态屏障建设（张广裕，2016）。[②] 我国民族地区生态保护立法须突出"保护优先"和"效应叠加"两大理念，采用落实、补充和变通国家生态环境保护法律法规的具体路径（陈云霞，2018）。[③]

三、对经济增长问题的研究

（一）国外学者对经济增长问题的研究

在理论模型研究方面：伊莱亚斯和布伦特（Elias Dinopoulos & Bulent Unel，2011）构建了一个内生的、多重扩展的增长模型。[④] 拉苏尔和拉希姆（Rasul & Rahim，2011）从收入分配的角度对经济增长进行研究。[⑤] 在实证研究方面：国外学者从多领域、多角度以及运用多种方法开展研究。穆辛等（Muhsin et al.，2011）对 1980—2007 年中东和北非国家的金融发展与经济增长之间的因果关系进行了研究。[⑥] 赛义德和莱安德鲁（Syed & Leandro，2011）分析了国家之间的贸

---

① 费德里克·帕西尼、胡晶媚：《环境许可制度：中国路径之建议》，《中国政法大学学报》2017 年第 6 期。

② 张广裕：《西部重点生态区环境保护与生态屏障建设实现路径》，《甘肃社会科学》2016 年第 1 期。

③ 陈云霞：《民族地区生态保护立法的理念与路径选择》，《西南民族大学学报（人文社科版）》2018 年第 1 期。

④ Elias Dinopoulos, Bulent Unel, "Quality Heterogeneity and Global Economic Growth", *European Economic Review*, Vol.55, No.5（2011）.

⑤ Rasul Bakhshi Dastjerdi, Rahim Dalali Isfahani, "Equity and Economic Growth, a Theoretical and Empirical Study : MENA Zone", *Economic Modelling*, Vol.28, No.1-2（2011）.

⑥ Muhsin Kar, Şaban Nazlıoğlu, Hüseyin Ağır, "Financial Development and Economic Growth nexus in the MENA Countries : Bootstrap Panel Granger Causality Analysis", *Economic Modelling*, Vol.28, No.1（2011）.

易专业化格局与长期经济增长的关系。[①] 陈长信等（Chang et al., 2011）运用 GMM 方法对 1992—2006 年 90 个国家的军费开支和经济增长进行了实证研究。[②]

（二）国内学者对经济增长问题的研究

首先，从区域角度开展研究。潘文卿（2012）研究发现，空间溢出效应是我国地区经济发展不可忽视的重要影响因素，市场潜能每增长 1%，地区人均 GDP 增长率将提高 0.47%。[③] 韩兆洲等（2012）研究发现，在经济发展的不同阶段影响经济增长的因素不同，人力资本、人口资本、市场化进程和财政支出等因素对经济发展有持续显著正影响。[④] 安树伟等（2016）研究了我国不同区域经济波动对经济增长的滞后影响。[⑤]

其次，从国际经济角度开展研究。马章良（2012）研究发现，出口每增长 1%，中国 GDP 将增长约 0.714%。[⑥] 张洋（2016）研究发现，国际会展运输的冲击对经济发展和国际贸易具有推动作用。[⑦] 在当前错综复杂的国际经济形势下，需要加强大国之间的协调，寻求经济政策的国际合作等措施，应对国际经济调整（张慧莲，2016）。[⑧] 中国经济增

[①]　Syed Mansoob Murshed, Leandro Antonio Serinoc, "The Pattern of Specialization and Economic Growth: The Resource Curse Hypothesis Revisited", *Structural Change and Economic Dynamics*, Vol. 22, No.2（2011）.

[②]　Chang Hsin-Chen, Huang Bwo-Nung, Yang Chinwei, "Military Expenditure and Economic Growth across Different Groups: A Dynamic Panel Granger-causality Approach", *Economic Modelling*, Vol.28, No.6（2011）.

[③]　潘文卿：《中国的区域关联与经济增长的空间溢出效应》，《经济研究》2012 年第 1 期。

[④]　韩兆洲、安康、桂文林：《中国区域经济协调发展实证研究》，《统计研究》2012 年第 1 期。

[⑤]　安树伟、张晋晋、王彦飞：《中国区域间经济波动与经济增长时滞效应分析》，《河北经贸大学学报》2016 年第 6 期。

[⑥]　马章良：《中国进出口贸易对经济增长方式转变的影响分析》，《国际贸易问题》2012 年第 4 期。

[⑦]　张洋：《21 世纪海上丝绸之路会展物流与国际贸易关系研究》，《理论月刊》2016 年第 7 期。

[⑧]　张慧莲：《国际经济深度调整对中国的影响及对策》，《经济纵横》2016 年第 3 期。

长模式转型以及中国对全球经济治理、"一带一路"建设和区域经济合作等各个层面国际经济协调的积极参与，将为世界经济的长期增长提供新的动力（李晓、丁一兵，2017）。[①]

再次，从人力资本角度开展研究。人力资本积累正在对中国经济增长和可持续发展起到不可忽略的推动作用（冯晓等，2012）。[②]然而，人力资本积累的门槛效应确实显著存在，以人均受教育年限计算的门槛值达到 9.75 年，人力资本水平超过门槛值后物质资本和 FDI 回报率均大幅提高（王永水、朱平芳，2016）。[③]当前，中国的人口质量红利已经开始替代人口数量红利在经济活动中发挥主导作用，从而在供给侧的结构意义上而非要素意义上为中国经济奠定持续增长的基础（杨成钢，2018）。[④]

最后，从其他角度开展研究。李斌（2011）分析了经济增长率不同的部门中的巴拉萨—萨缪尔森效应。[⑤]施震凯、王美昌（2016）研究了市场化改革对中国经济增长的作用。[⑥]徐强陶（2017）研究了金融深化、地方公共财政支出等因素对经济增长的影响。[⑦]吴武林、周小亮（2018）

---

① 李晓、丁一兵：《世界经济长期增长困境与中国经济增长转型》，《东北亚论坛》2017 年第 4 期。

② 冯晓、朱彦元、杨茜：《基于人力资本分布方差的中国国民经济生产函数研究》，《经济学（季刊）》2012 年第 1 期。

③ 王永水、朱平芳：《中国经济增长中的人力资本门槛效应研究》，《统计研究》2016 年第 1 期。

④ 杨成钢：《人口质量红利、产业转型和中国经济社会可持续发展》，《东岳论丛》2018 年第 1 期。

⑤ 李斌：《经济增长、B-S 效应与通货膨胀容忍度》，《经济学动态》2011 年第 1 期。

⑥ 施震凯、王美昌：《中国市场化进程与经济增长：基于贝叶斯模型平均方法的实证分析》，《经济评论》2016 年第 1 期。

⑦ 徐强陶：《基于广义 Bonferroni 曲线的中国包容性增长测度及其影响因素分析》，《数量经济技术经济研究》2017 年第 12 期。

研究了城镇化水平对包容性绿色增长的影响。[①]

（三）对经济稳定增长问题的研究

一是研究经济稳定增长的影响因素。王根贤（2012）指出，物业税有利于经济稳定增长。[②] 郭守亭等（2017）研究了降低投资率对我国宏观经济稳定的影响，发现我国投资减少 GDP 的 5%，GDP 的增速将下降到 4% 左右。[③] 二是基于经济波动研究经济稳定增长。袁吉伟（2013）研究发现，内部冲击是我国经济波动的主要原因，外部冲击居于次要地位。[④] 郑蔚、周法（2015）研究发现，经济体制改革、产业结构调整以及宏观经济政策在短期内会推动经济增长，但同时会降低宏观经济稳定性。[⑤]

四、对能源安全保障、环境保护与经济稳定增长关系的研究

（一）对能源安全保障与经济增长关系的研究

于江波、王晓芳（2013）研究了能源安全与经济增长的双赢机制，并指出实现能源安全和经济增长的具体路径。[⑥] 刘志雄（2015）基于全国及地区数据实证研究了能源安全保障与经济稳定增长的关系。[⑦] 此外，

[①]　吴武林、周小亮：《中国包容性绿色增长测算评价与影响因素研究》，《社会科学研究》2018 年第 1 期。

[②]　王根贤：《基于宏观经济稳定增长的物业税设计》，《地方财政研究》2012 年第 10 期。

[③]　郭守亭、王宇骅、吴振球：《我国扩大居民消费与宏观经济稳定研究》，《经济经纬》2017 年第 2 期。

[④]　袁吉伟：《外部冲击对中国经济波动的影响——基于 BSVAR 模型的实证研究》，《经济与管理研究》2013 年第 1 期。

[⑤]　郑蔚、周法：《经济稳定与经济增长的波动轨迹、动态特征及动力机制分析》，《贵州财经大学学报》2015 年第 5 期。

[⑥]　于江波、王晓芳：《能源安全与经济增长的双赢机制研究》，《北京理工大学学报（社会科学版）》2013 年第 5 期。

[⑦]　刘志雄：《能源安全保障与经济稳定增长实证研究——基于全国及地区的数据》，《广西社会科学》2015 年第 1 期。

鲍登和佩恩（Bowden & Payne，2009），宋锋华等（2007），隋建利等（2012），齐绍洲、李杨（2018）做了深入研究，但结论不同。[①]

（二）对环境保护与经济增长关系的研究

1. 关于倒 U 型曲线存在性的实证研究

自帕纳约托（Panayotou，1997）提出环境库兹涅茨曲线（Environment Kuznets Curve，EKC）之后，[②]学者们开展大量实证研究，所得结论在一定程度上支持环境库兹涅茨曲线的存在。班迪奥帕迪亚等（Bandyopadhyay et al.，1992）及卢卡斯等（Lucas et al.，1992）对不同国家经济增长和环境质量关系进行了比较研究，发现环境库兹涅茨曲线假说在发达国家和发展中国家均成立。[③]大卫和迈克尔（David & Michael，2001）运用 100 多个地区的二氧化硫截面数据进行验证，发现二氧化硫污染与经济发展呈倒 U 型曲线关系。[④]若贝尔等（Jobert et al.，2012）在其研究对象中，发现第一类国家具有倒 U 型曲线关系。[⑤]可见，国外学者的研究结论在一定程度上支持环境库兹涅茨曲线的存

[①] N. Bowden and J. E. Payne，"The Causal Relationship between U.S. Energy Consumption and Real Putput: A Disaggregated Analysis"，*Journal of Policy Modeling*，Vol.31，No.2（2009）. 宋锋华、王峰、罗夫永：《中国能源消费与经济增长研究：1978—2014》，《新疆社会科学》2016 年第 6 期。隋建利、米秋吉、刘金全：《异质性能源消费与经济增长的非线性动态驱动机制》，《数量经济与技术经济研究》2017 年第 11 期。齐绍洲、李杨：《能源转型下可再生能源消费对经济增长的门槛效应》，《中国人口·资源与环境》2018 年第 2 期。

[②] Panayotou，T.，"Demystifying the Environmental Kuznets Curve：Turning a Black Box into a Policy Tool"，*Environment and Development Economics*，Vol.2，No.4（1997）.

[③] Bandyopadhyay S.，Shafikn C.，*Economic Growth and Environment Time Series and Cross-country Evidence*，Background Paper for World Development Report，World Bank，Washington D C，1992. Lucas E.，Wheeled D.，*Economic Development Environment Regulation and the International of Toxic Industrial Pollution 1960-1988*，Background Paper for World Development Report，1992.

[④] Stern，David I. & Common，Michael S.，"Is there an Environmental Kuznets Curve for Sulfur？"，*Journal of Environmental Economics and Management*，Vol.41，No.2（2001）.

[⑤] Jobert T.，Karanfil F.，Tykhonenko A.，*Environmental Kuznets Curve for Carbon Dioxide Emissions Lack of Robustness to Heterogeneity？*，Working Paper，2012.

在。从国内学者的研究来看，大多数学者也得出了倒 U 型曲线存在的
结论。从全国范围来看，无论基于哪一类工业污染物排放，均存在倒 U
型的环境库兹涅茨曲线（刘海英、安小甜，2018）。① 从总量角度来看，
工业固体废弃物排放量与人均 GDP 之间符合倒 U 型特征（郭军华、李
帮义，2010）。② 工业废水排放与人均收入之间满足环境库兹涅茨曲线
假说（李小胜等，2013），二氧化硫排放量与经济增长之间呈倒 U 型关
系（晋盛武、吴娟，2014）。③ 从人均角度来看，当人均收入在 2.7 万元
和 8.8 万元左右，废水和经济增长之间的关系、废气与经济增长之间的
关系均呈现倒 U 型（李鹏涛，2017）。④ 从时空角度来看，在考虑污染
排放的时空依赖之后，工业废气和工业固体废弃物支持倒 U 型的环境
库兹涅茨曲线假说（刘华军、杨骞，2014）。⑤

2. 关于倒 U 型曲线拐点问题的研究

刘磊等（2010）研究发现，废水环境库兹涅茨曲线斜率有降低趋
势，可以判断未来几年有出现拐点的迹象。⑥ 废水环境库兹涅茨曲线已
到达和将到达拐点的省份最多，且主要分布在东部地区（罗岚、邓玲，
2012）。⑦ 东部地区中的淮河流域污水排放量和化学需氧量排放量分别
与人均 GDP 之间的拟合曲线呈现典型的倒 U 型曲线特征，并已跨越拐

① 刘海英、安小甜：《环境税的工业污染减排效应——基于环境库兹涅茨曲线（EKC）检验的视角》，《山东大学学报（哲学社会科学版）》2018 年第 3 期。
② 郭军华、李帮义：《中国经济增长与环境污染的协整关系研究——基于 1991—2007 年省际面板数据》，《数理统计与管理》2010 年第 2 期。
③ 晋盛武、吴娟：《腐败、经济增长与环境污染的库兹涅茨效应：以二氧化硫排放数据为例》，《经济理论与经济管理》2014 年第 6 期。
④ 李鹏涛：《中国环境库兹涅茨曲线的实证分析》，《中国人口·资源与环境》2017 年第 S1 期。
⑤ 刘华军、杨骞：《环境污染、时空依赖与经济增长》，《产业经济研究》2014 年第 1 期。
⑥ 刘磊、张敏、喻元秀：《中国主要污染物排放的环境库兹涅茨特征及其影响因素分析》，《环境污染与防治》2010 年第 11 期。
⑦ 罗岚、邓玲：《我各省环境库兹涅茨曲线地区分布研究》，《统计与决策》2012 年第 10 期。

点（黄涛珍、宋胜帮，2013）。[1] 杜雯翠、张平淡（2017）研究发现，当经济增速高于7%时，不存在倒U型曲线拐点，增长将必然引起污染；当经济由高速切换至中高速后，会出现倒U型曲线拐点。[2]

3. 关于多种类型曲线关系的实证研究

沙菲克（Shafik，1994）研究发现，随着人均收入增加，人均二氧化碳排放量呈线性上升趋势，而非倒U型曲线关系。[3] 高收入国家的二氧化碳和人均GDP呈现出明显的N型关系，较为落后国家的二氧化碳与环境污染二者之间表现出倒U型、N型、U+倒U型以及线性等多种关系（穆索莱西等，Musolesi et al.，2010）。[4] 刘满凤、谢晗进（2017）验证了经济集聚与污染集聚之间表现为"N型"环境库兹涅茨曲线，且工业化与城镇化存在双门槛效应。[5] 为什么经济增长与环境污染二者之间呈N型关系？这是由于当经济发展到一定水平后，随着收入增加，污染呈现出"先上升—后下降—再次上升"的趋势（周亚敏、黄苏萍，2010）。[6] 对于率先实现工业化进程的国家和地区，逐步获得环境的改善，而尚未完成工业化的国家和地区则可能因为贪图污染密集型产品的比较优势，而无法实现倒U型的发展轨迹（张成等，2011）。[7]

---

[1] 黄涛珍、宋胜帮：《淮河流域经济增长与水环境污染的关系》，《湖北农业科学》2013年第20期。

[2] 杜雯翠、张平淡：《新常态下经济增长与环境污染的作用机理研究》，《软科学》2017年第4期。

[3] Shafik N., *Economic Development and Environmental Quality—An Econometric Analysis*, Oxford Economic Papers，1994.

[4] 毛晖、汪莉、杨志倩：《经济增长、污染排放与环境治理投资》，《中南财经政法大学学报》2013年第5期。

[5] 刘满凤、谢晗进：《我国工业化与城镇化的环境经济集聚双门槛效应分析》，《管理评论》2017年第10期。

[6] 周亚敏、黄苏萍：《经济增长与环境污染的关系研究——以北京市为例基于区域面板数据的实证分析》，《国际贸易问题》2010年第1期。

[7] 张成、朱乾龙、于同申：《环境污染和经济增长的关系》，《统计研究》2011年第1期。

4.EKC[①]影响因素的实证研究

在研究产业结构对环境库兹涅茨曲线的影响方面：不同的产业结构对经济增长的贡献程度和环境造成的污染程度不同（Azomahou et al.，2006），[②]当一国经济从以农耕为主向以工业为主转变时，环境污染程度将加深（Panayotou，1997）。[③]工业比率的增加会加大环境污染物的排放量，而第三产业比率的增加会在很大程度上减少环境污染物的排放量（Yu Guang ming et al.，2010）。[④]产业结构优化升级可减轻环境污染（陈阳等，2018）[⑤]。因此，需要进一步调整和升级产业结构，实现产业结构调整对环境效率的正向影响（李伟娜，2017）。[⑥]

在研究技术水平对 EKC 的影响方面：技术进步通过两条途径影响环境：一是通过促进产能扩大，增加资源利用量，从而增加污染排放；二是通过提高生产效率，降低单位能源消耗量，促进清洁能源使用以减少污染物排放（王飞成、郭其友，2014）。[⑦]此外，在产业转型中由研发投入带来的技术效应将会促进能源效率提高和清洁能源开发，从而提高环境质量（Cole，2004；Dinda，2004）。[⑧]我国采用鼓励环境友

①　EKC，环境库兹涅茨曲线。

②　Azomahou T., Laisney F., and Van P. N., "Economic Development and CO_2 Emissions : A Nonparametric Panel Approach", *Journal of Public Economics*, Vol. 90, No.6（2006）.

③　Panayotou T., "Demystifying the Environmental Kuznets Curves: Turning a Black Box into a Policy Tool", *Environment and Development Economic*, Vol.2, No.4（1997）.

④　Yu Guang ming, Feng Jing, Che Yi, et al., "The Identification and Assessment of Ecological Risks for Land Consolidation Based on the Anticipation of Ecosystem Stabilization: A case Study in Hubei Province, China", *Land Use Policy*, Vol.27, No.2（2010）.

⑤　陈阳、孙婧、逯进：《城市蔓延和产业结构对环境污染的影响》，《城市问题》2018 年第 4 期。

⑥　李伟娜：《产业结构调整对环境效率的影响及政策建议》，《经济纵横》2017 年第 3 期。

⑦　王飞成、郭其友：《经济增长对环境污染的影响及区域性差异——基于省际动态面板数据模型的研究》，《山西财经大学学报》2014 年第 4 期。

⑧　Cole M. A., " Trade, the Pollution Haven Hypothesis and Environment Kuznets Curve : Examining the Linkages", *Ecological Economics*, Vol. 48, No.1（2004）. Dinda S., " Environmental Kuznets Curve Hypothesis : A Survey", *Ecological Economics*, Vol.49, No.4（2004）.

好技术进步的产业政策等间接干预要优于政府直接财政投入等直接干预（王耀东，2016）。[①] 利用互联网技术进步，减少环境污染、改善环境质量（解春艳等，2017）。[②]

在研究政府在环境污染治理的作用方面：环境污染治理离不开政府的作用，经济增长使政府有更多的财力投资于环境污染治理。改革开放以来，我国经济的高速增长，越来越受到环境污染问题的挑战和制约（王铭利，2016）。[③] 为了治理严峻的环境污染问题，我国政府不断加大环境污染治理投资。在当前中国特色社会主义进入新时代，政府治霾有助于提升大气环境和经济发展质量，助推我国经济的高质量发展（陈诗一、陈登科，2018）。[④] 我国环境污染治理是一个循序渐进的过程，政府要想充分发挥对环境污染治理的作用，任重而道远。

在研究其他影响因素方面：影响环境库兹涅茨曲线的因素众多，既有经济因素，也有社会因素，影响效果存在差别。安特威勒、科普兰和泰勒（Antweiler，Copeland & Taylor，2001）开创性地推导出 ACT 模型，并运用 44 个国家 1971—1996 年的数据，以二氧化硫浓度作为环境污染指标对其进行了验证。[⑤] 钱晓雨、孙浦阳（2012）研究了开放度和环境重视度对环境质量和经济发展之间关系的影响。[⑥] 外商

---

① 王耀东：《中国的环境污染与政府干预》，《财经问题研究》2016 年第 2 期。

② 解春艳、丰景春、张可：《互联网技术进步对区域环境质量的影响及空间效应》，《科技进步与对策》2017 年第 12 期。

③ 王铭利：《基于联立方程与状态空间模型对中国经济增长与环境污染关系的研究》，《管理评论》2016 年第 7 期。

④ 陈诗一、陈登科：《雾霾污染、政府治理与经济高质量发展》，《经济研究》2018 年第 2 期。

⑤ W. Antweiler, B. Copeland and S. Taylor, "Is Free Trade Good for the Environment?", *The American Economic Review*, Vol.91, No.4（2001）.

⑥ 钱晓雨、孙浦阳：《开放度和环境重视度对污染的影响：基于中国地级城市的分析》，《上海经济研究》2012 年第 12 期。

直接投资对我国的污染排放水平，尤其是工业二氧化硫排放量，产生了抑制作用（贺培、刘叶，2016）。[①] 外商直接投资通过发挥"示范效应""溢出效应"和"竞争效应"等促进我国环保技术水平（李金凯等，2017）。[②] 此外，人力资本越高，贸易开放促进碳排放减少的效果也越为明显（占华，2017）。[③]

（三）对能源安全保障与环境保护关系的研究

能源安全保障与环境保护二者之间具有怎样的内在关系？学者们从三个视角开展研究：一是研究能源与环境的内在关系。史密斯（Smith，2000），杨力、汪克亮（2009），陈红彦（2012），汪克亮等（2012）对这一问题开展了研究。[④] 二是研究能源、环境与健康问题。拉尔森与罗森（Larson & Rosen，2002），周健等（2011）研究了由污染物减排所避免的健康损失价值。[⑤] 陈素梅、何凌云（2017）系统探讨了在既定税率情形下能源税收入在居民收入与减排活动之间的最优分配比例，以降低"环境—健康—贫困"陷阱的风险。[⑥] 此外，部分

---

① 贺培、刘叶：《FDI 对中国环境污染的影响效应——基于地理距离工具变量的研究》，《中央财经大学学报》2016 年第 6 期。

② 李金凯、程立燕、张同斌：《外商直接投资是否具有"污染光环"效应？》，《中国人口·资源与环境》2017 年第 10 期。

③ 占华：《贸易开放对中国碳排放影响的门槛效应分析》，《世界经济研究》2017 年第 2 期。

④ Smith R. K., Uma R., Kishore V. V., et al., "Greenhouse Implications of Household Stoves: An Analysis for India", *Annual Review of Energy and the Environment*, Vol.25, No.25（2000）. 杨力、汪克亮：《煤炭城市能源与环境可持续互动发展模式研究——以淮南市为例》，《生态经济》2009 年第 6 期。陈红彦：《碳税制度与国家战略利益》，《法学研究》2012 年第 2 期。汪克亮、杨宝臣、杨力：《中国全要素能源效率与能源技术的区域差异》，《科研管理》2012 年第 5 期。

⑤ Larson A. B., Rosen S., "Understanding Household Demand for Indoor Air Pollution Control in Developing Countries", *Social Science & Medicine*, Vol.55, No.4（2002）. 周健、崔胜辉、林剑艺、李飞：《厦门市能源消费对环境及公共健康影响研究》，《环境科学学报》2011 年第 9 期。

⑥ 陈素梅、何凌云：《环境、健康与经济增长：最优能源税收入分配研究》，《经济研究》2017 年第 4 期。

学者利用成本效益法进行研究（Hirschberg，2004；Smith，2006）。[①]三是研究环境保护与能源替代问题（Grimaud & Rouge，2005；Peretto，2008）。[②]

（四）对能源安全保障、环境保护与经济稳定增长相互关系的研究

一是研究能源安全保障、环境保护与经济增长的耦合协调关系。俞林、徐立青（2010）建立 VAR 模型研究了长三角区域经济增长与能源环境的关系。[③]逯进等（2016）构建了能源、经济与环境三系统耦合模型，测算了 1995—2014 年我国省域三大系统的综合指数及耦合协调水平。[④]

二是基于可计算一般均衡模型开展研究。卢嘉敏、石柳（2015）构建了递归动态 3ECGE 模型。[⑤]米国芳、长青（2017）研究发现，无论有无碳排放约束，能源消费结构的矛盾仍然是制约中国经济增长的主要因素。[⑥]由于碳排放的限制，能源消费结构对于我国经济增长的制约将进一步加强。此外，也有学者提出了相关建议，但将三者统一起来的研究相对较少。

[①]　Hirschberg S.，Heck T.，Gantner U.，et al.，"Health and Environmental Impacts of China's Current and Future Electricity Supply，with Associated External Costs"，*International Journal of Global Energy Issues*，Vol. 22，No. 2（2004）. Smith R. K.，"Health Impacts of Household Fuel Wood Use in Developing Countries"，*Unasylva*，Vol.57，No.1（2006）.

[②]　A.Grimaud，L. Rouge，"Polluting Non-renewable Resources, Innovation and Growth：Welfare and Environmental Policy"，*Resource and Energy Economics*，Vol.27，No.4（2005）. P. Peretto，"Energy Taxes and Endogenous Technological Change"，*Journal of Environmental Economics and Management*，Vol.57，No.3（2009）.

[③]　俞林、徐立青：《长三角能源、环境与经济增长关系计量分析和比较》，《云南财经大学学报（社会科学版）》2010 年第 4 期。

[④]　逯进、常虹、郭志仪：《中国省域能源、经济与环境耦合的演化机制研究》，《中国人口科学》2016 年第 3 期。

[⑤]　卢嘉敏、石柳：《中国碳税政策模拟及比较——基于征税环节及税收收入循环方式的视角》，《产经评论》2015 年第 5 期。

[⑥]　米国芳、长青：《能源结构和碳排放约束下中国经济增长"尾效"研究》，《干旱区资源与环境》2017 年第 2 期。

五、研究评论

（一）分项领域研究评论

在能源安全方面，随着我国经济快速发展、城镇化速度加快，能源已经成为我国经济社会发展的重要物质基础，能源安全关系到国家经济安全和社会稳定，能源安全至关重要。然而，由于能源短缺问题日益严重，能源安全问题凸显，能源安全对国家安全具有重要影响，学者们从不同的视角对我国能源安全问题所开展的研究，尽管研究方法不同，但不难发现，当前我国能源安全度在降低，需要加强能源安全保障。国家的能源安全不仅需要从能源的供给安全、使用安全和技术安全等方面来衡量，而且还应充分考虑国民获得能源产品的便利性、能源产品的日常消费支出、能源产品是否清洁等指标（王浩、郭晓立，2018）。[①] 现有研究为本书的后续研究奠定了坚实的研究基础，并提供了广阔的思路。

在环境保护方面，当前环境保护政策方面的相关研究日趋成熟与稳定，学者们从不同视角对环境保护问题开展研究，并提出了可行路径。然而，现有研究更多的是基于经济学而开展的环境政策研究，较少涉及政策工具、环境法规方面的研究（郑石明，2016）。[②] 这为环境保护政策的进一步研究提供了思路。

在经济增长方面，国内学者从区域视角、国际经济视角、人力资本视角和其他视角等研究了中国经济增长问题，研究视角非常广泛，并提出了促进中国经济增长的相关建议，研究思路和研究方法值得借

---

① 王浩、郭晓立：《国民福祉视角下中国能源安全问题研究》，《社会科学战线》2018 年第 2 期。

② 郑石明：《基于文献计量的环境政策研究动态追踪》，《中山大学学报（社会科学版）》2016 年第 2 期。

鉴。然而，学者们研究经济稳定增长问题则凤毛麟角，较少运用指标来衡量经济稳定增长且未达成一致意见，这是研究经济稳定增长问题的关键之一。有鉴于此，本书在研究我国经济稳定增长的现状时，通过构建指标来测度当前我国经济稳定增长程度，为进一步开展实证研究奠定基础。

（二）相互关系研究评论

针对能源安全与经济增长的关系开展的研究，现有文献分别研究能源安全保障与经济稳定增长较少，研究二者之间关系的文献更少，少数研究集中于能源安全与经济增长。另外，现有研究大多从国内视角开展，在新形势下我国需要保障能源安全，使国家的核心价值和目标不受损害，因而保持经济稳定增长必须站在全球高度，从更加宽广与深远的战略视野出发，深入研究能源安全保障对经济稳定增长的作用。

针对环境保护与经济增长关系开展的研究，现有文献仍然存在如下问题：一是衡量环境污染指标的选择存在局限。现有文献在研究环境库兹涅茨曲线问题时，所选取的衡量环境污染的指标基本上都采用工业废水排放量、工业废气排放量、二氧化硫排放量、工业粉尘排放量以及工业固体废物排放量等。那么，这些单一指标是否都能够很好地反映环境污染问题？一些学者采用上述单一指标分别作为被解释变量进行回归，一些学者则通过主成分分析法构建衡量环境污染的指数开展研究，选择指标的权威性不足。二是经济增长与环境污染存在多重关系挑战环境库兹涅茨曲线。从现有文献不难看出，经济增长与环境污染二者之间存在多重关系，二者之间关系的复杂性既是对环境库兹涅茨曲线的补充，也是对环境库兹涅茨曲线的挑战。依据环境库兹涅茨曲线假说，国内外学者们在进行实证的过程中所设定的模型基本上围绕着二次函数的模型设定，因而所得结论往往是 U 型或者倒 U 型，甚至是线性关系。也有一些学者在模型设定时采用三次函数形式，相比之下尽管这种模型设定更加科学合理，但研究较少。在研究对象时期的选择方面，一些学者选择的时期较短，得出经济增长与环境污染二者之间呈线性关系；一些学者选择的时期较长，得出经济增长与环境污染二者之间呈倒 U 型关系；当选择时期跨度更长时，则得到 N 型关系。因此，选择时期的跨度本身也是一个重要的考虑对象。总之，学者们基于环境库兹涅茨曲线研究的视角比较宽阔，但当前我国环境保护法律法规不足、公众环境保护意识缺乏，政府及学术界一直存在经济增长与环境保护二者孰轻孰重之争，缺乏研究二者的协同，需要加强研究。

针对能源安全与环境保护的关系开展的研究，现有文献越发关注能源安全保障与环境保护，但缺乏对二者关系系统、全面的研究。如何在新形势下保障能源安全的同时加强环境保护，为我国实现经济稳定增长的政策选择提供策略支持已是紧迫任务。

针对能源安全保障、环境保护与经济稳定增长三者关系开展的研究，现有文献存在如下不足：一是研究比较片面。现有文献研究能源安全保障、环境保护与经济增长更多偏向于单独或者研究两两之间的关系，而没有将三者纳入统一框架之内进行研究。二是基于 CGE 模型的研究更多的是直接照搬模型，套用我国数据。由于我国实际情况比较复杂，加上面临新形势，需要扩展 CGE 模型，以适应我国宏观环境要求。三是在政策措施方面的研究不够深入，没有结合新形势提出有针对性、可操作的措施。因此，本书尝试扩展 CGE 模型，研究我国能源安全保障与环境保护对经济稳定增长的影响，提出政策优化措施，为建设"美丽中国"做贡献。

第五节　研究内容及思路

一、研究内容

（一）研究基础部分

本书的绪论部分主要介绍研究背景、研究意义、研究问题、国内外研究现状以及研究的主要内容等。第一章主要介绍经济增长、能源安全、环境保护的相关理论，并通过一般均衡分析方法，分析了能源安全保障与环境保护通过规模经济、技术创新、要素替代和破坏性创造等途径对经济增长的影响，从而体现出经济稳定增长的重要性。

（二）现状分析部分

本书将在第二章到第四章分别研究我国能源安全现状、环境保护现状与经济稳定增长现状。具体来看，第二章主要从能源安全要素视角（包含能源供给安全、能源价格安全、能源运输安全、能源消费的环境安全以及能源能效与清洁能源）、能源效率视角和石油产业组织视角三个方面来探讨我国能源安全。第三章从环境保护、节能减排的相关政策入手，分析环境保护的质量，进一步探究环境保护与经济发展之间的博弈，并通过实证研究我国环境库兹涅茨曲线，全面掌握我国环境保护与经济增长之间的关系。第四章实证研究了在开放经济条件下我国经济增长的稳定性，并进一步从适度消费率、适度投资率和适度外贸依存度三个层面进一步深入探讨，从而全面了解我国经济稳定增长状况。

（三）相互关系及影响研究

第五章到第七章分别研究我国能源安全保障、环境保护与经济稳定增长两两之间的关系，并探究相互影响作用。第八章引入能源安全保障与环境保护，扩展可计算一般均衡模型，研究我国能源安全保障、环境保护对经济稳定增长的影响。

（四）对策研究

第九章主要从四个方面开展研究：一是保障能源安全为经济稳定增长夯实基础，二是加强环境保护为经济稳定增长的可持续提供发展条件，三是提升我国经济效率为经济稳定增长保驾护航，四是继续深化供给侧结构性改革为经济稳定增长添砖加瓦。

二、研究思路

本书采用理论分析与实证分析相结合的方法，全面研究我国能源安全保障、环境保护与经济稳定增长的关系，并提出相应的解决措施。

（一）理论研究部分

分析与梳理文献，阐述能源安全、环境保护与经济稳定增长的相关理论，为后续研究奠定理论基础。同时，基于一般均衡分析法，分析了能源安全保障与环境保护二者对经济稳定增长产生影响的具体路径。

（二）实证研究部分

本书首先分析我国能源安全、环境保护与经济稳定增长的现状，其次研究三者之间的相互关系及影响，最后研究促进能源安全保障、环境保护与经济稳定增长三者实现良性互动的措施（具体思路见图0.1）。在具体的研究中，通过构建模型并进行实证研究，使研究结论更具有说服力。

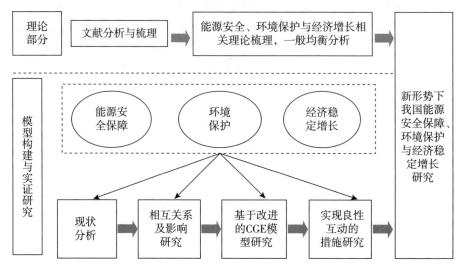

图 0.1　本书研究的主要思路

第六节　研究方法

一、定性分析结合定量分析

本书从第二章到第四章分别定量分析了我国能源安全、环境保护与经济稳定增长的现状。从第五章到第八章分别定性、定量分析了我国能源安全保障、环境保护与经济稳定增长之相互影响关系。

二、理论研究结合模型构建研究

本书第一章在阐述现有关于能源安全、环境保护与经济增长的理论基础之上，基于一般均衡理论及分析方法，从理论层面研究了能源安全保障与环境保护对经济稳定增长的影响路径；第八章扩展可计算一般均衡模型分析我国能源安全保障、环境保护对经济稳定增长的影响。

三、规范研究结合实证研究

规范研究促进我国能源安全保障、环境保护与经济稳定增长实现良性互动的政策优化措施；基于环境库兹涅茨曲线模型实证研究环境保护与经济增长二者之间的关系及影响，并运用面板数据模型实证研究了能源安全保障对经济稳定增长的影响。

四、其他方法

第三章基于博弈论的基本原理及研究方法，研究了政府与企业在环境保护与经济增长二者之间的博弈。第六章运用比较研究方法，对比分析了我国东部地区、中部地区和西部地区能源安全保障对经济稳定增长的影响。

第一章　能源安全、环境保护与经济增长理论基础

第一节　经济增长理论研究

一、古典经济增长理论

亚当·斯密（Adam Smith，1776）在《国民财富的性质和原因的研究》中探讨了增加一国财富的主要方式，即通过分工、资本积累和政府的经济政策。[①]斯密考察了劳动分工的影响，将分工、专业化和技术进步联系起来，强调分工有助于专业化，即分工促进了节约劳动型机械的发明，并使相同数量的劳动者能够完成比过去更多的劳动量。经济增长取决于分工程度的增进和劳动人数的增加，后两者又要取决于资本积累。资本积累主要源于富人们储蓄的增加，因为富人储蓄购买投资品，成为流动资本与固定资本促进经济发展。科技发明和工艺改进对生产力也会产生巨大作用。《国民财富的性质和原因的研究》一书中多处提及"改良"，即技术进步，"改良"扮演着比"分工"更重要也更基础的角色，技术进步对制造业将产生收益递增的效果，进而成为经济增长的持续动力。此外，斯密也从制度角度分析了制度对经济

---

① 亚当·斯密：《国民财富的性质和原因的研究》，商务印书馆1972年版，第25—42页。

增长的影响。大卫·李嘉图（David Ricardo，1817）从四个方面研究了经济增长问题：一是研究什么是财富，论述了价值与财富的不同特性，即财富不取决于价值，而取决于产品数量。二是研究财富增长的途径，即通过增加劳动者和提高劳动生产率实现财富的增加。三是研究对外贸易对财富增长的影响。经济达到了增加资本和增加人口限制的国家，借助国际贸易，可以无止境地继续增加财富和人口。四是研究经济增长与利益分配，即通过改变市场结构和规模以达到利益调节来促进经济增长。①

可见，古典经济学家已经指出了经济增长的规模性动因（资本、技术和土地）以及拓扑性机制（分工），但他们的研究侧重于农业生产占主导地位的经济，技术进步的连续性也没有得到应有的重视，因此经济增长不具有持续性。

二、新古典经济增长理论

19 世纪后半叶，以"边际分析"为特征的新古典经济学兴起，标志着经济学进入了一个崭新的发展阶段。阿尔弗雷德·马歇尔（Alfred Marshall，1890）继承了斯密的分工理论并进行了拓展，认为分工并不必然排斥竞争，即收益递增与完全竞争可以相容，即在具有收益递增倾向的产业中，竞争性行业结构可以存在。为此，他将收益递增产业分为内部经济和外部经济两种情形，简化了对收益递增条件下商品价格决定方式的分析。② 马歇尔的外部经济分析方法提供了一个在完全竞争框架下考察收益递增的分析工具，区分了厂商的收益递减和行业的

---

① 大卫·李嘉图：《政治经济学及赋税原理》，商务印书馆 1976 年版，第 7—9 页。
② 马歇尔：《经济学原理》，商务印书馆 1996 年版，第 27—28 页。

收益递增。在长期均衡过程中，代表性厂商主要表现为收益递减，而行业产出的变动则可以使得代表性厂商出现收益递增。行业的扩大可以借助于厂商的内部经济发挥作用，从而使得厂商的成本下降，呈现规模收益递增。行业产出的扩大也产生了外部经济，使得厂商出现规模收益递增。阿林·阿伯特·杨格（Allyn Abbott Young，1928）进一步论述了分工、规模收益递增和经济增长的关系，并将马歇尔对规模收益递增的解释推广到全社会，并对持续的规模收益递增给出了一个内生化的解释。杨格提出了经济内生演进思想，认为技术进步是劳动分工不断深化的结果，是经济系统的内生变量；经济中可能存在收益递增，即来自于迂回生产方式的加强以及初始投入要素与最终消费者之间生产链条的延长。[①]

自 20 世纪 30 年代之后，主流经济学家开始强调物质资本在经济增长中的作用，在不考虑技术进步对经济增长的影响下，认为物质资本的规模及其增长速度是促进或限制经济增长的关键因素。哈罗德—多马模型（Roy Forbes Harrod，1939；Evsey David Domar，1946）指出了经济稳定增长所需要的条件和产生经济波动的原因，以及如何调节经济实现长期的均衡增长。当有保证的增长率、实际增长率和自然增长率三者相等时，经济将实现长期的、理想的均衡。这一模型突出了发展援助在经济增长中的作用：通过提高投资（储蓄率）来促进经济增长，通过资本转移（发展援助）能够促进发展中国家的经济增长。[②]约瑟夫·熊彼特（Joseph Alois Schumpeter，1942）以创新理论为依据，关

---

① Allyn A., Young, "Increasing Returns and Economic Progress", *The Economic Journal*, Vol. 38, No.52（1928）.

② 哈罗德：《动态经济学》，英国伦敦麦克米伦出版公司 1948 年版，第 45—47 页。Domar E. D., "Capital Expansion, Rate of Growth, and Employment", *Econometrica*, Vol.14, No.2（1946）.

注经济系统中持久的内生变化，强调企业家的创新是造成经济波动和经济增长的主要原因。其中，创新是指企业家对生产要素实现的新组合，生产要素包括引进新产品、采用新生产方法、开辟新市场、获取新资源、建立新组织等。他认为，经济增长的过程是通过经济周期的变动来实现，经济增长与经济周期是不可分割的，它们的共同起因是企业家的创新活动；创新或技术进步是经济系统的内生变量，创新、模仿和适应共同推动经济增长；在经济增长过程中，由于激烈的竞争，一些适应能力差的企业将被淘汰，即经济增长表现为一种创造性毁灭过程。[①] 罗伯特·默顿·索洛（Robert Merton Solow，1956）提出的新古典增长理论认为，在没有外力推动下，经济体系无法实现持续增长，只有当经济中存在外生的技术进步或人口增长时，经济才能实现持续增长，并且总产出增长率、消费增长率、资本增长率都等于外生的劳动投入增长率加上技术进步率。[②] 索洛考虑外生的技术进步，认为经济具有能够始终使其趋向经济增长的理想状态的能力，即存在一条平衡增长的路径，即使经济偏离其经济增长的理想状态，最终都将回到平稳增长路径上，平衡增长是稳定的。新古典增长理论说明了技术进步作为持续经济增长背后终极驱动力的重要性，具有积极意义。费尔普斯（Phelps，1966）根据均衡增长状态的人均消费最大的原则，在索洛增长模型的基础上提出了资本积累的黄金律，但这仅是一种对应均衡增长的最优资本积累的静止状态。[③] 卡斯和库普曼（Cass & Koopmans，

[①]　Schumpeter J. A., *The Theory of Economic Development*, New York : Cambridge University Press，1934.

[②]　Solow，R.，"A Contribution to the Theory of Economic Growth"，*Quarterly Journal of Economics*，Vol. 70，No. 2（1956）.

[③]　Phelps, Edmund S.，*Golden Rules of Economic Growth*，New York : W. W. Norton，1966.

1965）在拉姆齐最优消费理论基础上，确立了拉姆齐—卡斯—库普曼（Ramsey-Cass-Koopmans）最优经济增长理论的框架。[①] 美国经济学家丹尼森（Denison，E. F，1962）认为，七类因素能够长期影响经济且使得增长率发生变动：（1）就业人数及年龄性别构成；（2）包括非全日制工作的工人在内的工时数；（3）就业人员的受教育年限；（4）资本存量大小；（5）资源配置，主要指低效率使用的劳动力比重的减少；（6）规模节约，以市场的扩大来衡量，即规模经济；（7）知识的进展。其中，前四类属于生产要素的供给增长，后三类属于生产要素的生产率范畴，即技术进步。[②]

三、新经济增长理论

20 世纪 80 年代中期，以保罗·罗默（Paul Romer，1986）、罗伯特·卢卡斯（Robert Lucas，1988）等为代表的经济学家提出了新经济增长理论，对新古典增长理论做了根本性的修正。[③] 新经济增长理论从不同侧面研究了经济增长的源泉和机制，并在更大范围内解释了经济现象，提出了促进经济增长的相关政策。从动力角度来看，新经济增长理论可以分为四类：技术类模型、分工类模型、贸易类模型和制度类模型，突破了传统经济增长理论所强调的动力因素，如劳动数量、资本存量等，更强调"软"的动力因素，如人力资本、分工、贸易和

---

① Cass D., "Optimum Growth in an Aggregate Model of Capital Accumulation", *Review of Economic Studies*, Vol. 32, No. 3（1965）.

② Denison E. F., *The Sources of Economic Growth in the United States and the Alternatives before us*, New York : Committee for Economic Development, 1962.

③ Romer P., "Increasing Returns and Long-Run Growth", *Journal of Political Economy*, Vol. 94, No. 10（1986）. Lucas R., "On the Mechanics of Economic Development", *Journal of Monetary Economics*, Vol. 22, No. 1（1988）.

制度等。同时，新经济增长理论也突破了传统的增长动力机制——完全竞争机制，提出了垄断性竞争机制和正费用交易（协调）机制。

然而，在20世纪60年代许多经济学家就将技术进步内生化，为新增长理论的提出奠定了坚实基础。例如，肯尼斯·约瑟夫·阿罗（Kenneth J. Arrow，1962）提出了"边干边学"概念，认为技术进步或生产率提高是资本积累的副产品或投资产生的溢出效应，可以被投资或产量的积累指数化。厂商可以通过积累生产经验而提高其生产率，其他厂商也可以通过"学习"来提高生产率。[1] 阿罗将技术进步内生化、建立收益递增与竞争性均衡动态模型方面的贡献，为新经济增长理论的产生提供了重要的理论基础。宇泽宏文（Uzawa，1965）提出了两部门模型，假定经济中存在一个生产人力资本的教育部门，从而将索洛模型中的外生技术进步"内生化"。由于人力资本生产函数采取线性的规模收益不变的形式，并且所有投入都可以增加从而不存在任何固定的生产要素，经济将实现平衡增长。[2] 宇泽宏文的研究为解释内生技术变化提供了一个可能的尝试，这种尝试后来成为罗默（Romer，1986）模型、卢卡斯（Lucas，1988）模型以及杨格（Young，1991）模型等的重要思想源泉。[3] 格罗斯曼和赫尔普曼（Grossman & Helpman，1991）分别采用外部经济分析方法，从知识溢出、人力资本积累和技术扩散等角度建立了各自的经济增长模型。[4] 史格斯罗姆等（Segerstrom et al.,

---

① Arrow, K., "The Economic Implication of Learning by Doing", *Review of Economic Studies*, Vol. 29, No. 6（1962）.

② Uzawa, H., "Optimum Technical Change in an Aggregative Model of Economic Growth", *International Economic Review*, Vol. 6, No.1（1965）.

③ Young, Alwyn, "Learning by Doing and the Dynamic Effects of International Trade", *Journal of Political Economy*, Vol. 106, No.2（1991）.

④ Grossman Gene M. & Helpman Elhanan, *Innovation and Growth in the Global Economy*, Cambridge, MA：MIT Press, 1991.

1990）以及其他经济学家分别建立了具有创造性毁灭特征的内生经济增长模型。[①]

可见，经济增长理论从古典理论发展到新经济增长理论，这其中不仅体现了经济学家对经济增长源泉的不同理解，更为重要的是体现了经济学家对经济增长研究方法和研究工具的不断发展。不论是观点和思想的变化，还是方法和工具的进步，都是经济增长理论不断走向成熟的重要标志（沈坤荣，2006）。[②]经济增长理论为本书后续研究奠定了坚实的理论基础。

第二节　能源安全理论研究

一、能源安全的主要理论

现有能源安全理论主要包括资源有限论、资源无限论、地缘政治论和新能源安全观。蕾切尔·卡逊（Rachel Carson，1962）和罗马俱乐部（1972）等是资源有限论的典型代表，而林肯·西蒙（Lincoln Simon，1981）则强调科技、社会因素在增长过程中的重要性，认为资源是无限的。[③]地缘政治论是根据各种地理要素和政治格局的地域形式，分析、预测世界或地区范围的战略形势和有关国家的政治行为。由于资源不均，因而存在地缘政治中的逻辑，"谁控制了能源，谁就能控制

---

① Segerstrom, P. S., and Anant, T. C. A., and Dinopoulos, E., "A Schumpeterian Model of the Product Life Cycle", *American Economic Review*, Vol.80, No.5（1990）.

② 沈坤荣：《经济增长理论的演进、比较与评述》，《经济学动态》2006 年第 5 期。

③ Rachel Carson, *Silent Spring*, Boston: Houghton Mifflin Co, 1962. 丹尼斯·米都斯等，李宝恒译：《增长的极限：罗马俱乐部关于人类困境的报告》，吉林人民出版社 1997 年版，第 25—28 页。林肯·西蒙：《没有极限的增长》，四川人民出版社 1985 年版，第 13—15 页。

世界"（张文木，2003）。[①]新能源安全观则强调互利合作、多元发展和协同保障。[②]在这一理论指引下，我国能源外交多元化已经卓有成效，促进能源外交机制化，新能源国际合作逐步深化（闫世刚、刘曙光，2014）。[③]

二、制度变迁与能源安全

制度是人际交往中的规则及社会组织的结构和机制。制度经济学是把制度作为研究对象的一门经济学分支，主要研究制度对于经济行为和经济发展的影响，以及经济发展如何影响制度的演变。依据制度经济学理论，制度在演化过程中需要遵循成本—收益原则，但其在演进中存在比较严重的路径依赖问题。当落后的制度若长期占主导地位，且由于既得利益集团的存在使其无法通过诱致性变迁来淘汰的话，就需要考虑国家权威的强制性变迁的可能性及必要性。在当前国际经济形势越来越复杂的背景之下，我国能源安全面临着越来越重大的挑战，这意味着制度的成本已经超过了收益，并对能源资源的有效配置起制约作用。

三、竞争效率与能源安全

众所周知，完全竞争市场可以实现资源的帕累托有效配置，但现实中市场往往不完善，存在众多如产权的不明晰、外部性的存在等问

[①]　张文木:《中国能源安全与政策选择》,《世界经济与政治》2003 年第 5 期。

[②]　新能源安全观是 2006 年 7 月 17 日在俄罗斯圣彼得堡举行的八国峰会上时任国家主席胡锦涛提出的，这一观点认为需要加强能源开发利用的互利合作，形成先进能源技术的研发推广体系和维护能源安全稳定的良好政治环境。新能源安全观对于解决棘手的能源问题提供了一种新的思维框架，对解决全球范围内的能源危机具有战略指导意义。

[③]　闫世刚、刘曙光:《新能源安全观下的中国能源外交》,《国际问题研究》2014 年第 2 期。

题，这些会造成社会成本（收益）与私人成本（收益）的不一致，从而导致资源的低效配置和浪费。能源安全是指以合理的价格提供足够的燃料和电能，支持国家经济的可持续发展，保障人民生活，并保卫本国领土。提高能源利用效率是同时实现竞争力、环保和能源安全的最有效的方式和手段。对我国而言，实现能源的科学供给和利用，满足合理的能源需求，是解决我国能源安全问题的根本途径。

四、可持续发展与能源安全

可持续发展理论是指既满足当代人的需要，又不对后代人满足其需要的能力构成危害的发展。一个国家或地区可以持续、稳定、及时、足量和经济地获取所需自然资源的状态或能力，是资源对经济发展和人民生活的保障程度，资源获取能力越强，保障程度越高，就越安全。

第三节　环境保护理论研究

一、三种观点

（一）悲观论

"罗马俱乐部"的一系列研究报告集中反映了"悲观论"。1972年，罗马俱乐部发表了《增长的极限》报告，认为不惜一切代价，用倍增速度去求取经济增长是得不偿失的。报告提出了指数增长模式，认为人口、粮食生产、工业化污染和自然资源消耗都按指数增长，一个因素增长通过刺激和反馈的连锁作用使最初变化的因素增长得更快。报告认为："只要人口增长和更高的人均资源需求，那么就要推向它的极限——耗尽地球上的不可再生的资源。"报告主张要自觉抑制增长达到全球平衡，减少污染。1974 年，梅萨罗维奇和彼斯特尔在罗马俱乐部报告的基础上发表《人类处在转折点上》报告，指出人类面临困境反映了人类破坏自然界的自我调节机制和动态平衡，表现为人的内部危机、文明危机和文化的危机。人类对于地球供应人类的能力的自然局限性过于无知、贪婪的欲望导致最大限度地和尽快地利用资源。因此，当旧的危机还在地球的每个角落里徘徊着，作为世界范围内全球危机出现的时候，新的危机又出现了，企图孤立地解决这些问题的任何一个都只能证明是暂时的，而且以损害其他问题的解决为代价的。报告认为，全球危机有着持久的趋势，不能用孤立的传统方法来解决。梅多斯·唐奈拉在《预测未来世界》中指出："在一个条件有限的地球上，人口和实物资本都不能无限增长。"虽然就全球而言，目前并无资源全面匮乏的现象，但如果持续高速增长，也会造成这种局面。在当今世界上，制定政策的主导思想是我们无所不知，而且认为环境承受压力的极限到几百年后才会出现。如果继续执行当前的政策，贫富两极分化将会加剧。1980 年美国环境质量委员会和国务院发表的《2000 年的地球》报告也指出，地球的自然资源基础正在逐渐衰竭和恶化，如果按目前的趋势继续发展，2000 年的世界将比我们现在生活在其中的世界更为拥挤，污染更加严重，生态更不稳定，并且更易于受到破坏。

（二）乐观论

赫尔曼·卡恩、威廉·布朗和利昂·马特尔（Herman Kahn, William Brown & Leon Martel, 1976）发表的《下一个 200 年——关于美国和世界情景的描述》认为："当前由人口、能源、原料、粮食、生态学等问题引起的一系列困难只是暂时现象。""经济增长不是导向灾难，而是导向繁荣和富裕。"从长期来看，虽然到 2176 年，人口 150 亿人，总产值 300 万亿美元，原料需要量增加 60 倍，但不会出现重要资源严重短缺现象。只有在经济或技术自然发展的情况下，环境的保护与维持才可能进行下去，技术并不一定可以解决所有的污染问题，但技术却可以减轻或解决大部分污染问题，技术是抑制未来污染问题的主要动力。今后，发展并维持一个令人满意的环境，在经济上和技术上都是能够办到的，"地球上的资源绰绰有余——有广阔的安全余地，能在一个无定限的时期内按高度的生活水平，维持我们设想的人口和经济增长水平。"阿尔温·托夫勒（Alvin Toffler，1991）在《权力的转移》一书中认为："世界范围内的环境保护运动实际上是对全球危机的反应，但我们有能力发展出一种使用少量资源、少排放污染物、并能把所有废弃物转换成再生资源的技术。他们着眼于明天，是环境保护主义者的主流。"

（三）协调发展论

积极的生态平衡论者认为，人类活动经济经常改变生态平衡是不可避免的，保持原生态平衡是不可能的。因此，应当建立对人有利的生态平衡，避免对人不利的生态平衡，不主张唯生态主义；应该建立健全协调发展的战略，即经济增长、社会发展不以生态恶化为代价，生态环境的改善依赖经济的增长和社会的进步。

二、环境库兹涅茨曲线假说

库兹涅茨曲线（Kuznets Curve），又称为库兹涅茨倒 U 型曲线假说，是由美国经济学家西蒙·史密斯·库兹涅茨（Kuznets Simon Smith，1955）在论文《经济增长与收入不平等》中提出，用于研究人均财富的差异（平等或公平）与人均财富的增长（发展和效率）的关系。库兹涅茨指出，随着经济发展而来的"创造"与"破坏"会改变社会和经济结构，并影响收入分配。在经济未充分发展阶段，收入分配将随着经济发展而趋于不平等。当经济充分发展时，收入分配将趋于平等。可见，收入分配状况会随着经济发展而变化，经济发展与收入差距变化关系表现为倒 U 型曲线。[①]

库兹涅茨的倒 U 型曲线假说引起了世界范围的激烈争论，并成为后续学者研究的重要指引（Fei & Ranis，1964；Robinson，1976）。[②] 在基于库兹涅茨倒 U 型假说所开展的研究中，围绕研究环境污染和经济增长二者关系形成的环境库兹涅茨曲线，则是库兹涅茨倒 U 型曲线假说的升华，并持续被国内外学者所关注。学者们关于环境库兹涅茨曲线假说的实证研究，主要围绕倒 U 型曲线存在性、倒 U 型曲线拐点问题以及多种类型曲线关系的实证等角度开展。从现有文献来看，由于研究对象、研究数据区间以及研究工具不同，经济增长与环境污染二者的关系不仅表现出倒 U 型曲线关系，而且也表现出例如 N 型的曲线关系。

环境库兹涅茨曲线假说存在一定缺陷。环境库兹涅茨曲线假说指出，在经济增长的最初阶段，环境将恶化，即环境污染越来越严重；当经济增长超过临界值时，环境质量将得到提升。这一理论似乎在说明，环境是否恶化仅是经济增长必然导致的结果，即假定经济增长是一个外生变量，而环境是否恶化则是内生的。环境恶化并不减缓生产活动进程，生产活动对环境恶化无任何反应，并且环境恶化并未严重影响未来经济增长。实际上，当环境质量较差甚至恶化时会阻碍经济

---

① Kuznets，Simon Smith，"Economic Growth and Income Inequality"，*American Economic Review*，Vol. 45，No.1（1955）.

② Fei. J. and Ranis G.，Development of the Labor Surplus Economy，Richard Irwin，Inc，1964. Robinson，S.，"A Note on the U Hypothesis Relating Income Inequality and Economic Development"，*American Economic Review*，Vol. 66，No.3（1976）.

增长，甚至造成巨大的负面影响。由于环境污染与经济增长二者之间存在密切的因果关系，研究二者的关系时需要将经济增长内生化以探讨环境污染与经济增长之间的互动关系。

第四节　影响路径：基于一般均衡的分析

一、一般均衡分析框架

（一）基本假定

基本假定：（1）假定资源稀缺，产出受到生产可能性边界曲线的限制；（2）经济发展阶段不同，生产可能性边界曲线不同，经济发展水平越高，生产可能性边界曲线越往外扩展；（3）经济结构表现为明显的二元经济结构，即现代化的工业和技术落后的传统农业同时并存的经济结构；（4）生产两种产品，即农业部门生产的农业产品 Y_1 和工业部门生产的工业产品 Y_2，农业产品用于居民消费，两种产品之间存在交换；（5）环境污染会影响农业部门的产出，因而加强环境保护是农业部门的职责之一；能源安全保障会影响工业部门的产出，因而保障能源安全是工业部门的职责之一。环境保护与能源安全保障最终会影响一国产出。

（二）生产可能性边界

生产可能性边界，也称为生产可能性曲线，是用来表示经济社会在既定资源和技术条件下所能生产的各种商品最大数量的组合，用于反映资源稀缺性与选择性的经济学特征。用 K 和 L 分别表示全社会生产产出 Y 所需要投入的要素，即资本和劳动，用于生产 Y_1 和 Y_2 的要素投入则分别为资本 K_1 和 K_2，劳动投入 L_1 和 L_2，$K=K_1+K_2$，$L=L_1+L_2$，于是有生产函数：

$$Y=F（K，L）\tag{1.1}$$

$$Y_1=F_1（K_1，L_1）\tag{1.2}$$

$$Y_2=F_2（K_2，L_2）\tag{1.3}$$

将式（1.2）与式（1.3）转换代入式（1.1），得到生产可能性前沿函数：

$$Y=F(F_1^{-1}(Y_1)，F_2^{-1}(Y_2))\tag{1.4}$$

假定 Y_1 和 Y_2 为正常商品，由边际收益递减原理不难得到：

$$F'_{Y_1}(F_1^{-1}(Y_1)，F_2^{-1}(Y_2)) \geqslant 0；F''_{Y_1}(F_1^{-1}(Y_1)，F_2^{-1}(Y_2)) \leqslant 0$$
$$F'_{Y_2}(F_1^{-1}(Y_1)，F_2^{-1}(Y_2)) \geqslant 0；F''_{Y_2}(F_1^{-1}(Y_1)，F_2^{-1}(Y_2)) \leqslant 0\tag{1.5}$$

（三）社会效用无差异曲线

由于生产出来的两部门的产品 Y_1 和 Y_2 需要消费，为居民消费者带来消费效用，假定效用函数采用 C–D 函数形式：

$$U(Y_1, Y_2)=Y_1^{\alpha}Y_2^{\beta}\tag{1.6}$$

$$U'_{Y_1}(Y_1，Y_2) \geqslant 0; U''_{Y_1}(Y_1，Y_2) \leqslant 0$$
$$U'_{Y_2}(Y_1，Y_2) \geqslant 0；U''_{Y_2}(Y_1，Y_2) \leqslant 0\tag{1.7}$$

其中：$0 \leqslant \alpha \leqslant 1$；$0 \leqslant \beta \leqslant 1$。

（四）贸易条件

在一国内部，农业部门和工业部门之间的产品需要交换以满足消费，假定两个部门产品的价格分别为 P_1 和 P_2，于是：

$$P_1Y_1+P_2Y_2=Y\tag{1.8}$$

$$POP=P_1/P_2\tag{1.9}$$

式（1.9）中 POP 为贸易条件，即两个部门产出的价格之比，这意味着 1 单位品 Y_1 能够换取多少单位 Y_2，P_1 比 P_2 比率越大，则农业部门越处于有利的贸易地位，越有利于提高农业部门的社会福利。反之，则越有利于提高工业部门的社会福利。

（五）一般均衡与社会福利水平的决定

农业部门和工业部门的快速发展均会提高总产出水平，但以资本投入和劳动投入为主的资源限制又使得到底能够在多大程度上提高社会的福利水平？根据上述分析，可以将生产可能性边界曲线、社会效用无差异曲线以及贸易条件在图 1.1 中表示。可以看出，PPF 曲线表示生产可能性边界曲线，即农业部门和工业部门产出 Y_1 和 Y_2 的最大可能组合。曲线 U 表示社会无差异曲线，是在产出为 Y_1 和 Y_2 时可能达到的效用水平。贸易条件 POP 曲线与生产可能性边界曲线和社会无差异曲线相切，意味着产量与消费量同时达到均衡。产出均衡点为 A，消费均衡点为 B。在均衡点处，农业部门的产出比其自身的消费要多，工业部门的产出比其自身的消费要少，二者之间通过贸易条件实现交换。

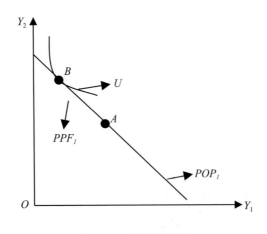

图 1.1　一般均衡的决定

能源安全保障与环境保护通过怎样的路径影响经济增长与社会福利？针对这一问题，运用上面的分析框架，将从规模经济、技术创新、要素替代和创造性破坏等角度展开分析。

二、一般均衡分析

（一）规模经济

规模经济是指扩大生产规模引起经济效益增加的现象，反映的是生产要素的集中程度同经济效益之间的关系。在农业部门和工业部门产品价格水平保持不变，以及能够运用的资本和劳动已无法再增加，则通过保障能源安全和加强环境保护进一步增加生产要素投入，并优化资源配置，产生规模经济，推动生产可能性边界曲线外移。在图 1.2 中，PPF_1 向外扩张至 PPF_2，POP 曲线由 POP_1 平移至 POP_2 曲线。此时，生产均衡点为 C 点，消费均衡点为 D 点，整个社会的产出在增加，社会效用无差异曲线往右上方平移，这也意味着整个社会福利水平在提高。

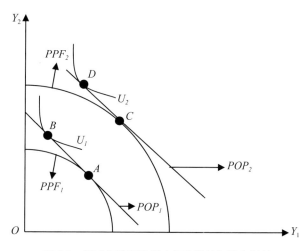

图 1.2　通过规模经济影响经济增长与社会福利

实际上，保持经济增长、提高经济增长率有助于福利水平的提高。在考虑通货膨胀后，经济增长率下降产生社会福利损失；在宏观经济疲软的状态下，经济增长率下降产生的社会福利损失要远大于宏观经济旺盛状态时的福利损失（李强，2013）。[1] 经济发展的根本目的就是改善民生，没有经济发展就没有实力改善民生，提高社会福利水平。

（二）技术创新

发达国家经济和社会发展经验表明：技术创新是企业的生命力。不创新，企业就不能生存，就难以发展。一方面，农业部门和工业部门在不断调整自身产业结构的同时，通过技术创新，采用高新技术和先进适用技术改造传统产业和传统工艺，淘汰落后设备、工艺和技术，振兴装备制造业，加快高新技术产业化步伐，以科技进步和自主创新为支撑，提高经济增长的科技含量和知识含量。另一方面，通过技术创新能够进一步增加新能源产出和使用，保障能源安全，并提升环境质量，也能够推动经济向更高水平发展。在图 1.3 中，生产可能性边界曲线往外移动，由 PPF_2 移到 PPF_3，产出均衡点由 C 点移到 E 点，消费均衡点由 D 点移到 F 点，全社会福利水平在不断提高。

从理论层面来看，技术进步有助于社会福利水平的提高。技术进步的直接后果是物质福利的不断增长，社会福利变动趋势与社会现代化进程同步进行，现代化程度越高，用物质福利衡量的社会福利水平也越高（徐延辉，2001）。[2] 从实证层面来看，在农业领域，开放条件下农业技术进步导致粮食生产经济总剩余增加，粮食贸易总量的提高对农户福利的改善具有重要促进作用（苗珊珊，2015）。[3] 技术进步需

---

　　① 李强：《经济增长、通货膨胀与社会福利——基于扩展递归效用函数的实证分析》，《云南财经大学学报》2013 年第 3 期。

　　② 徐延辉：《西方社会福利及其可持续发展路径探析》，《社会学研究》2001 年第 1 期。

　　③ 苗珊珊：《基于大国经济剩余模型的农业技术进步福利效应研究》，《研究与发展管理》2015 年第 6 期。

要技术创新，创新驱动发展不仅涉及增长质量和效率的改进，还涉及公众社会福利的提高。这是由于新技术的研究开发和推广首先给企业带来超额利润，但随着新技术变为普适生产手段，企业的超额利润消失，其经济效用最终全面体现为消费者剩余，形成消费者社会福利，即消费者获得同样经济效用的成本降低（齐建国、梁晶晶，2013）。[①]

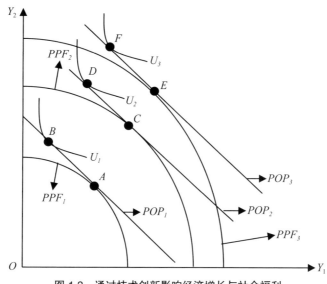

图 1.3　通过技术创新影响经济增长与社会福利

（三）要素替代

上述关于农业部门和工业部门产品价格水平保持不变的假定不太符合现实，这是由于两个部门产出产值占国民产出的比重在发生变化，即农业部门产值比重在下降，工业部门产值比重在上升，从事农业部门的劳动力在减少，工业部门的劳动力在增加，因而农业部门产品的价格在增加，工业部门产品的价格在下降。由于环境保护更多地体现在一国范围之内，行动相对容易，目标也较容易实现；但能源安全保

---

① 齐建国、梁晶晶：《论创新驱动发展的社会福利效应》，《经济纵横》2013 年第 8 期。

障不仅涉及国内影响因素，国外影响因素也不能忽视，目标实现相对较难。结果，农业部门和工业部门的价格之比即 POP 曲线发生变化，即在 POP_2 曲线的基础上顺时针方向旋转至 POP_3 曲线（即为最终的 POP 曲线），此时的消费者均衡点进一步向右上方移动，社会福利水平在上升（见图 1.4）。不难看出，生产均衡点中的农业部门产出在增加，但工业部门的产出表现出一定程度地下降，这意味着由价格变化产生的要素替代效应产生了一定作用。可见，产业结构调整所导致的价格变化会产生要素替代效应，农业产出与工业产出都在增加，但农业产出增加幅度更大。要素替代效应同样也有助于促进全社会福利总水平。

由要素替代导致的农业产出大幅度增加，将为社会提供更多的农产品。一方面，农产品的大量增加使得向市场上提供的农产品数量超过对农产品的需求量，结果将使得市场中的农产品均衡价格下降。在当前物价较高的情况下，居民消费者手中的货币购买力在下降，农产品价格下降，有助于居民日常消费稳定甚至提高居民福利。另一方面，农产品大量增加也有助于出口增加，收入增加。

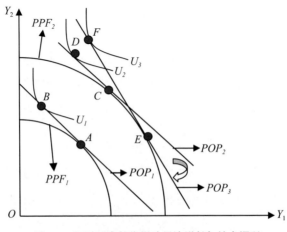

图 1.4　通过要素替代影响经济增长与社会福利

（四）创造性破坏

熊彼特（1912）在《经济发展理论》中提出了"创造性破坏"理论。[①]改变社会面貌的经济创新是长期的、痛苦的"创造性破坏过程"，它将摧毁旧的产业，让新的产业有崛起的空间。现代产业的发展，需要创新，通过创新去改变经济结构的"创造性破坏过程"。创造性破坏活动从根本上推动着经济增长。在越来越受知识驱动的全球经济中，创新已经成为经济增长和社会发展的基本动力，是保持和提高国家长期竞争力的关键因素（韩剑、严兵，2013）。[②]因此，通过创新不断地从内部使经济结构革命化，不断地破坏旧结构，不断地创造新结构。

随着产业结构的进一步调整，农业部门和工业部门都向现代化方向发展，即现代农业和现代工业。在短期内，现代工业的快速发展，使得工业部门的产品价格上涨更快，而现代农业部门生产的产品价格也在上涨，但上涨相对缓慢。在图1.5中，假定生产可能性曲线仍然处于 PPF_2，即经济发展水平保持在一定阶段时，POP 曲线将由 POP_3 逆时针旋转至 POP_4，结果在生产均衡点处（G 点）农业部门的产出在减少，工业部门的产出在增加，全社会福利水平在下降（此时的消费均衡点为 H 点，在 F 点的下方）。从长期来看，在能源安全保障与环境保护的双重作用之下，现代产业的快速发展能够增加产出，使得生产可能性边界曲线向右上方移动，结果是各均衡点均向右上方移动，使得最终社会福利水平在提高。

[①] Schumpeter J. A., *The Theory of Economic Development*, New York：Cambridge University Press，1934.

[②] 韩剑、严兵：《中国企业为什么缺乏创造性破坏——基于融资约束的解释》，《南开管理评论》2013年第4期。

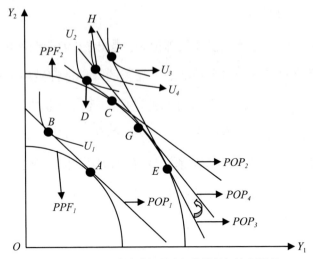

图 1.5　通过创造性破坏影响经济增长与社会福利

　　本章主要阐述了经济增长理论、能源安全理论和环境保护理论及其相关的研究，学者们围绕这些理论开展的研究已经非常丰富，这为本书后续研究奠定了坚实的基础。然而，如何基于这些理论，在同一个框架下开展对能源安全保障、环境保护与经济稳定增长的研究则非常少，这也就为本书的研究提出了思考空间。

　　本章也运用了一般均衡分析方法分析了能源安全保障与环境保护通过规模经济、技术创新、要素替代和破坏性创造等途径对经济增长的影响。通过规模经济和技术创新，能够直接促进经济增长和社会福利水平的提高；通过要素替代能够促进社会福利水平的提高，但对农业部门和工业部门产出增长的影响速度不同；通过创造性破坏会从长远增加社会福利。

第二章　我国能源安全分析

改革开放以来，我国经济总量从 1978 年的 3678.7 亿元增加到 2017 年的 827122 亿元，增长了 223.84 倍，经济增长取得了举世瞩目的成就，继续成为世界上第二大经济体。当前，我国正处在新型工业化与城镇化快速发展的重要阶段，经济增长对能源需求不断加大。然而，国内能源供给难以满足能源需求，供需缺口日益加大，尤其是在石油这一重要战略资源领域，石油供需缺口导致的石油安全问题日益突出。实际上，早在 1993 年我国就已经开始由石油净出口国变为石油净进口国，对国际石油的依赖程度持续增强。国际能源署（2009）预测，2030 年我国对外依存度将超过 75%，英国石油公司（British Petroleum Company，BP，2012）预测的结果则超过 80%（杨宇、刘毅，2013）。[①] 我国日益增长的能源需求并不是一个短期问题，能否拥有充足而稳定的能源已成为影响和制约我国经济发展的重要因素，当前进行的能源供给侧结构性改革对于推动新常态下我国能源结构转型升级和低碳经济发展具有重要的导向性意义（肖兴志、李少林，2016）。[②] 因此，保障能源安全已经成为我国能源安全战略的重要组成部分。

当前，我国能源安全现状如何？针对这一问题，本章主要从能源

[①]　杨宇、刘毅：《世界能源地理研究进展及学科发展展望》，《地理科学进展》2013 年第 5 期。
[②]　肖兴志、李少林：《能源供给侧改革：实践反思、国际镜鉴与动力找寻》，《价格理论与实践》2016 年第 2 期。

安全要素视角（包含能源供给安全、能源价格安全、能源运输安全、能源消费的环境安全以及能源能效与清洁能源）、能源效率视角和石油产业组织视角三个方面来探讨我国能源安全。

第一节　我国能源安全分析：能源安全要素视角

一、能源供给安全

随着我国经济的快速增长，经济结构开始呈现出重化工业化特征，高耗能行业发展迅猛导致能源需求保持快速增长。我国能源消费总量从 1978 年的 57144 万吨标准煤增加到 2017 年的 449000 万吨标准煤，是 1978 年的 7.86 倍。同期，我国能源生产总量从 1978 年的 62270 万吨标准煤增加到 2017 年的 365000 万吨标准煤。能源生产总量不断增加，在一定程度上有助于保障我国能源消费。然而，进入 20 世纪 90 年代之后我国能源缺口在不断增加，能源缺口从 1992 年的 1914 万吨标准煤增加到 2017 年的 84000 万吨标准煤，需要通过进口保障能源安全。

在我国能源消费构成中，煤炭消费所占比重基本保持在 2/3 以上。我国煤炭资源相对比较丰富，2016 年我国煤炭查明资源储量为 1.6 万亿吨，仅次于美国和俄罗斯。2017 年我国新增查明资源储量为 853.05 亿吨。然而，我国煤炭供不应求，2003 年煤炭产销缺口为 3380.09 万吨标准煤，2009 年达到 20947.4 万吨标准煤，2016 年则高达 29504 万吨标准煤的巨大缺口（见表 2.1）。在我国能源结构中煤炭消费仍然占据基础能源地位，且在未来相当长的一段时期内，煤炭在能源结构中的主体地位不会改变，是我国长期依赖的基础能源。与煤炭资源相类似，我国是一个天然气资源不足的国家。2007 年之后我国天然气消费量大增，与天然气产量不足形成鲜明对比，缺口从 2007 年的 97.22 万吨标准煤增加到 2016 年的 9566 万吨标准煤，缺口额占消费总额的比例达到 29.26%。我国天然气依存度在不断增加，美国能源信息署（Energy Information Administration，EIA，2007）预测我国天然气对外依存度从 2015 年的 16.2% 增加到 2030 年的 38.6%，国际能源署（2006）的预测结果也显示我国天然气对外依存度从 2015 年的 27.6% 增加到 2030 年的 33.3%。[①] 实际上，2014 年我国天然气对外依存度就已经达到 32.2%，[②] 2016 年进一步上升到 36.6%。[③]

表 2.1　2003—2016 年我国煤炭、天然气生产及消费状况

单位：万吨标准煤

年份	煤炭生产总量	煤炭消费总量	煤炭产消差额	天然气产量	天然气消费量	天然气产消差额
2003	134972.18	138352.27	−3380.09	4635.77	4532.91	102.86
2004	158084.63	161657.26	−3572.63	5564.91	5296.46	268.45
2005	177274.42	189231.16	−11956.7	6642.06	6272.86	369.2
2006	189691.23	207402.11	−17710.9	7832.41	7734.61	97.8
2007	205526.25	225795.45	−20269.2	9246.04	9343.26	−97.22
2008	213058.11	229236.87	−16178.8	10819.36	10900.77	−81.41
2009	219718.83	240666.22	−20947.4	11443.69	11764.41	−320.72
2010	237839.06	249568.42	−11729.4	12797.11	14425.92	−1628.81
2011	264658.10	271704.19	−7046.09	13947.28	17803.98	−3856.7
2012	267493.05	275464.53	−7971.48	14392.67	19302.62	−4909.95
2013	270522.96	280999.36	−10476.4	15786.49	22096.39	−6309.9

---

① 资料分别来源于 EIA《国际能源展望 2007》和 IEA《世界能源展望 2006》。

② 《中国矿业报》报道，中国石油和化学工业联合会发布的一份题为《我国天然气发展面临的不确定因素》的报告显示，2014 年我国天然气表观消费量为 1800 亿立方米，同比增长 7.4%，其中进口天然气 580 亿立方米，对外依存度达 32.2%。

③ 参见《2016 年中国及世界能源暨天然气行业情况概述天然气情报》，国际燃气网，见 http://gas.in-en.com/html/gas-2581645.shtml，2017 年 3 月 7 日。

续表

年份	煤炭生产总量	煤炭消费总量	煤炭产消差额	天然气产量	天然气消费量	天然气产消差额
2014	266333.38	279328.74	−12995.4	17007.7	24270.94	−7263.24
2015	261002	275200.00	−14198.0	17738.0	25071.88	−7333.88
2016	240816	270320.00	−29504.0	18338.0	27904.00	−9566.00

注：数据来源于历年的《中国统计年鉴》并计算得到。

石油是能源中的重要构成部分。1992 年之前我国石油产量均大于当年的石油消费量，确保石油资源自给自足。然而，我国是一个石油需求大国，对石油需求规模不断增加。1993 年我国原油首次出现缺口，从当年的 1.76 百万吨增加到 2016 年的 379 百万吨。[①] 石油在国家军事、经济和社会发展中具有重要地位（渠立权等，2017）。[②] 石油资源越丰富，一国自身的保障程度就越高。我国石油资源不丰富已然成为事实，国内石油资源稀缺和石油需求迅速增长之间的供需矛盾，决定了我国必须通过利用国际石油资源来满足国内不断增长的石油消费需求。2014 年我国原油产量达到 2.11 亿吨，石油需求达到 5.18 亿吨，石油和原油净进口量分别达到 3.04 亿吨和 2.98 亿吨，比 2013 年增长 5.3% 和 7.1%，石油对外依存度达到 58.8%。2016 年世界能源行业经历着油价暴跌后带来的动荡与巨变，油气行业在再平衡进程中艰难前行。2016 年我国石油对外依存度为 64.4%，比 2015 年增加 3.8 个百分点。2017 年我国原油净进口量首次突破 4 亿吨，达 4.2 亿吨，比 2016 年增长 10.7%，原油对外依存度进一步达到 68.6%，比 2016 年提高 2.9 个百分点，石油依存度不断提高。[③]

① 原油缺口 = 原油消费总量 − 原油生产总量，原油产量和消费量数据均来源于《BP 世界能源统计》各期。

② 渠立权、骆华松、胡志丁、洪菊花：《中国石油资源安全评价及保障措施》，《世界地理研究》2017 年第 4 期。

③ 参见中国石油集团经济技术研究院发布的历年《国内外油气行业发展报告》。

从石油进口来源地来看，我国的石油进口过于集中。我国前十大原油进口来源地合计所占比重在 2011 年和 2016 年均超过 81%，分别达到 81.21% 和 82.6%，表明我国石油的国际依赖程度非常高（见表 2.2）。2011 年我国十大原油进口国中来自中东地区的就有 5 个国家，2016 年达到 6 个国家。2016 年阿拉伯国家是我国进口原油的主要来源地，全年我国自阿拉伯国家进口原油 1.5 亿吨，同比增长 3.7%，占我国进口原油总量的 40.5%。由于中东地区的政治局势相对比较复杂，西方发达国家对这一地区进行长期的政治干预，过分依赖国际石油资源，进口来源与进口方式单一的特点，使我国面临的现实和潜在风险非常巨大。其中，与伊拉克合作风险最高，其次为阿塞拜疆和伊朗（谢瑾等，2017）。[1] 当预期中东区域出现危机时，非洲和欧洲 / 俄罗斯是增加采购量的理想选择（潘伟等，2016）。[2] 随着"一带一路"经济合作不断深入，"一带一路"沿线国家（地区）既是我国最重要的国际能源供给区域，也是我国能源通道面临风险最集中的地区。我国需要借助"一带一路"国际合作平台，分散石油进口来源地，避免对某一国家或者某一地区的石油进口过度依赖，提高我国石油进口安全。

表 2.2　2011 年及 2016 年我国十大原油进口国

2011 年			2016 年		
国家	进口量（万吨）	比重（%）	国家	进口量（万吨）	比重（%）
沙特阿拉伯	5027.77	19.81	俄罗斯联邦	5238	13.75
安哥拉	3114.97	12.27	沙特阿拉伯	5100	13.39

① 谢瑾、肖晔、张丽雪、杨宇：《"一带一路"沿线国家能源供给潜力与能源地缘政治格局分析》，《世界地理研究》2017 年第 6 期。

② 潘伟、王凤侠、吴婷：《不同突发事件下进口原油采购策略》，《中国管理科学》2016 年第 7 期。

续表

2011 年			2016 年		
国家	进口量（万吨）	比重（%）	国家	进口量（万吨）	比重（%）
伊朗	2775.66	10.94	安哥拉	4343	11.40
俄罗斯	1972.45	7.77	伊拉克	3622	9.50
阿曼	1815.32	7.15	阿曼	3507	9.20
伊拉克	1377.36	5.43	伊朗	3130	8.21
苏丹	1298.93	5.12	巴西	1873	4.92
委内瑞拉	1151.77	4.54	委内瑞拉	1805	4.74
哈萨克斯坦	1121.10	4.42	科威特	1634	4.29
科威特	954.15	3.76	阿联酋	1218	3.20
合计	20609.48	81.21	合计	31470	82.6

注：2011 年的资料来源于 2012 年的《中国能源统计年鉴》，2016 年的数据来自于中国海关发布的数据。

总之，从我国煤炭、石油和天然气这三大能源的生产、消费和进口来看，我国能源缺口非常明显，石油和天然气需要大量依靠进口得以满足，我国煤炭、石油和天然气供给的安全度较低，存在较大的现实和潜在风险。

二、能源价格安全

能源价格安全是指一个国家能以合理的、可承受的价格在国际市场上买到自己所需的能源（陈剑敏，2012）。[①]2014 年 6 月，由中国社会科学院研究生院国际能源安全研究中心和国际清洁能源论坛（澳门）共同发布的《世界能源蓝皮书：世界能源发展报告（2014）》指出，"合理的石油价格是全球能源安全的基础，石油作为世界最大宗贸易商品，石油价格实际上是在全球进行利益分配的基础工具。"实际上，自 2002

---

① 陈剑敏：《我国能源安全存在的三大问题与对策》，《特区经济》2012 年第 1 期。

年 11 月以来国际原油价格波动比较明显。2002 年 11 月 25 日国际原油价格为 24.21 美元/桶，2008 年 7 月 3 日国际原油价格为 144.22 美元/桶，达到历史最高点。由于受到国际金融危机的影响，国际原油价格急剧下降，2008 年 12 月 24 日国际原油价格仅为 33.66 美元/桶。2011 年 4 月 28 日国际原油价格重新回复高位，达到 126.53 美元/桶。2016 年 8 月 2 日西德州轻质油价格为 40.05 美元/桶，北海布伦特原油价格为 42.28 美元/桶。2017 年国际原油市场呈现"V"字走势，2017 年 12 月 26 日西德州轻质油涨到 59.97 美元/桶，西德州轻质油原油全年涨幅在 11.53%，布伦特原油全年涨幅则为 16.87%。可以说，国际油价表现出显著而稳健的一个月惯性和两个月反转的滞后效应（韩立岩等，2017）。[①] 造成国际加油波动的主要原因之一，在于发达国家大规模宽松货币政策使全球流动性对油价构成冲击（谭小芬，2015）。[②]

国际油价的较大波动，表明能源价格存在明显隐患，并对我国经济运行产生了较大影响。国际油价波动可以显著影响我国居民消费价格指数（王艳、胡援成，2018），[③] 也对人民币汇率产生显著影响，对汇率的冲击具有持久性，并且油价下跌会导致人民币的持续贬值（赵茜，2017）。[④] 国际油价波动与西方大国和国际大资本对油价进行操纵密切相关，尤其是在石油价格定价机制方面，这对我国能源价格安全构成了不良影响。在当前国际石油市场的定价机制下，欧美国家拥有发达

[①] 韩立岩、甄贞、蔡立新：《国际油价的长短期影响因素》，《中国管理科学》2017 年第 8 期。

[②] 谭小芬、张峻晓、李玥佳：《国际原油价格驱动因素的广义视角分析：2000—2015——基于 TVP-FAVAR 模型的实证分析》，《中国软科学》2015 年第 10 期。

[③] 王艳、胡援成：《国际石油价格波动对我国居民消费价格指数的影响》，《统计与决策》2018 年第 1 期。

[④] 赵茜：《国际油价冲击对人民币汇率的影响——基于动态局部均衡资产选择模型的分析》，《国际贸易问题》2017 年第 7 期。

的石油期货市场形成基准价格。目前，尽管我国石油"定价机制"解决了石油价格与国际市场的基本接轨问题，但仍没有实现定价机制与国际接轨，从而影响我国的能源安全。因此，更加灵活的石油定价机制的出台迫在眉睫。由于合理的石油价格已经成为石油安全的核心问题之一，我国需要通过参与并影响国际石油价格的形成机制，在未来的国际石油交易中争取更加有利的位置。

三、能源运输安全

首先，我国面临着潜在的石油运输风险。这一潜在的石油运输风险，主要来自美国出于对世界石油供给的控制而采取的地区政治军事行动。众所周知，中东地区是世界上石油资源最为丰富的地区，控制着世界石油储量的70%。为了控制中东地区，美国积极制定中东战略布局，使得控制石油资源成为美国在中东的基本战略利益和目标。此外，美国也密切与其他国家合作，如加强与亚美尼亚的军事合作，确保里海石油外运通道的安全。据统计，在美国宣称要控制的16条通道中，至少有3条通道关系到我国的安危。美国借口打击恐怖主义，积极活动于马六甲海峡，目的就在于控制我国海上石油生命线。

其次，我国面临着海上石油运输的恐怖活动。目前，我国能源进口大部分还是采取海上运输方式。我国能源80%以上从中东、非洲进口，海上运输通道较为单一，马六甲海峡、霍尔木兹海峡等通道狭窄，海盗"恐怖活动"突发事件等都有可能造成海上能源运输的中断（赵旭等，2013）。[①]"霍尔木兹海峡—印度洋—马六甲海峡—南海"是我国

---

① 赵旭、高建宾、林玮：《我国海上能源运输通道安全保障机制构建》，《中国软科学》2013年第2期。

海外石油的重要运输线，在这条运输线上的亚丁湾与东南亚水域，经常出没大量的海盗。其中，马六甲海峡十分狭窄，易于封锁，一旦发生大规模海盗式恐怖袭击事件，至少关闭1个月。索马里海盗活动异常猖獗，通过大肆劫持货轮，索要巨额赎金，经过该海域的货船频频受到威胁。此外，近年来我国不断扩大从南美进口石油，南太平洋能源运输通道对我国的能源安全有着重要影响（高文胜，2017）。[1]不难看出，我国石油运输的路线缺少选择性，石油通道过分依赖海上单一化路线，严重威胁我国石油运输安全。

最后，我国海上石油运输能力不足。根据国外经验，大量进口石油的国家一般都控制着一支比较强大的油轮船队，船队承运份额达到50%以上。我国海上运输能力较弱，导致石油运输安全度降低。尽管我国海运企业承运本国原油市场份额从2005年之前的10%—20%增加到2010年的近40%，石油运输能力有了较大提升，但石油运输仍然容易受制于人。海外战争、恐怖袭击、海盗侵扰、油价上涨等因素都会影响石油运输，对石油安全造成严重威胁。从运输主体来看，我国油轮船队平均船龄在13.3年，与国际船龄相比处于中下水平，严重影响船队的竞争能力。与国际油轮联合体相比，我国在高标准、高质量的船舶经营管理服务方面还存在较大差距，国内航运企业如中海集团、大连远洋、长航油运等，仍处于起步的初级阶段（刘沁源，2014）。[2]可见，运输问题已经成为制约我国石油安全的重要因素。为了提高运输的安全性，我国应该寻找更多的运输线路和运输手段。

---

[1] 高文胜：《南太平洋能源战略通道的价值、面临的风险及中国的对策》，《世界地理研究》2017年第6期。

[2] 刘沁源：《保障能源运输、我国石油海运将面临诸多考验》，中国海事服务网，见 http://www.chinashippinginfo.net，2014年6月4日。

四、能源消费的环境安全

在经济新常态下，我国作出了推动绿色、循环、低碳发展，建设生态文明和美丽中国的重大战略部署，各类能源消费比重也随之发生变化，传统能源消费所占比重在下降，新能源、清洁能源所占比重在上升。2016 年我国水电核电与风电的消费量占能源消费总量的比重达到 13.3%，比 2000 年的 6.4% 增加了 6.9 个百分点。然而，我国能源消费所带来的环境安全问题日益凸显，具体表现如下：

一方面，导致生态环境日益恶化。我国生态环境日益恶化，根源于以煤炭为主的传统能源生产和消费模式。在煤炭开发和生产方面，煤炭资源的开发和生产造成了严重的生态破坏，长期高强度的煤炭资源开采严重影响矿区及周边地区的土地资源、水资源和生态环境。我国现有煤矸石占地近 2 万公顷，每年排放有害气体超过 20 万吨。石化工业排污环节多、污染物排放种类复杂且毒性大（张有生，2014）。[①]我国过度依靠煤炭消费，不仅使能源结构日趋脆弱、抵御风险能力降低，而且导致碳排放和其他各种污染排放与日俱增。煤炭消费是我国生态环境破坏的最大污染源，我国生态环境承载力仍然较弱。

另一方面，导致环境污染日益严重。自 20 世纪 80 年代以来，我国工业废气排放量与工业固体废物产生量表现出较为明显的上升趋势，工业废气排放量从 1983 年的 63167 亿标立方米增加到 2014 年的 62.97 万亿标立方米，是 1983 年的 9.97 倍。工业固体废物产生量从 1980 年的 48725 万吨增加到 2015 年的 32.7 亿吨。工业废水排放总量变化相对比较平稳，但 2015 年的排放总量仍然达到 199.5 亿吨。我国工业的快速发展造成了严重的环境污染，水资源、土壤、空气等都受到了极

---

① 张有生：《生态环境恶化、能源消费革命是必由之路》，《经济日报》2014 年 7 月 1 日。

为严重的污染。近年来，我国华北、华东以及华南地区出现大面积的雾霾天气，燃煤污染则成为雾霾形成的主要原因。在空间因素影响下，我国大气雾霾与煤炭消费的地理分布特征一致，并且两者呈现正向关系（孙红霞、李森，2018）。[1] 煤炭消费对于二氧化碳排放在短期和长期均存在非常显著的正向冲击效应（高晓燕，2017）。[2] 煤炭燃烧过程中会释放出大量的二氧化硫，严重破坏生态环境。

五、能源能效与清洁能源

在能源利用效率方面：尽管当前我国能源资源消耗强度大幅下降，但能源利用效率依然较低。我国经济运行成本较高，单位 GDP 能耗是世界平均水平的 2.5 倍，成为世界上 GDP 能耗高的国家之一。我国约 50% 的一次能源通过转化为电力消费，约 25% 的一次能源通过转化为热能消费，化石能源转化为电能和热能主要通过在锅炉中的蒸汽和热水来实现。传统的火力发电厂，煤燃烧发电的利用率仅为 35% 左右，用煤做燃料发电并供热的热电厂的能源利用率也仅为 45% 左右。能源利用效率较低。

在能源加工转换效率方面：随着我国重点耗能工业企业能源的深加工能力不断增强，我国能源加工转换总效率不断提高，从 1985 年的 68.29% 增加到 2015 年的 73.72%（见表 2.3）。然而，发电及电站供热的能源加工转换效率却较低，基本保持在 40% 左右，这意味着需要提高发电及电站供热的能源加工转换效率，这也是节约我国能源和提高

---

[1] 孙红霞、李森：《大气雾霾与煤炭消费、环境税收的空间耦合关系——以全国 31 个省市地区为例》，《经济问题探索》2018 年第 1 期。

[2] 高晓燕：《我国能源消费、二氧化碳排放与经济增长的关系研究——基于煤炭消费的视角》，《河北经贸大学学报》2017 年第 6 期。

能源利用率的有效途径，有助于保障能源安全。

表 2.3　主要年份我国能源加工转换效率

年份 / 项目	总效率（%）	发电及电站供热（%）	炼焦（%）	炼油（%）
1985	68.29	36.85	90.79	99.10
1995	71.05	37.31	91.99	97.67
2005	71.55	39.87	97.57	96.86
2010	72.83	42.43	96.44	96.86
2011	72.32	42.44	96.41	97.01
2012	72.7	42.8	95.7	97.1
2013	73.0	43.1	95.6	97.7
2014	73.5	43.6	95.1	97.5
2015	73.72	44.22	92.34	97.55

注：数据来源于国家统计局网站。

在清洁能源开发与利用方面：大力开发和利用清洁能源，能够逐步改善我国能源结构，保障能源安全。目前，我国已经基本建立了清洁能源发展的支持体系，不断加强政府管理，出台了《大气污染防治法》《节约能源法》《可再生能源法》等一系列支持清洁能源发展的法律法规。国家出台新能源支持政策，使新能源运营环境有所改善，行业景气度提高，新能源产业竞争力不断提升，开发利用新能源的社会效益逐步显现。在具体实践方面，我国制定了《国家创新驱动发展战略纲要》《"十三五"国家科技创新规划》等，将发展氢能和燃料电池技术列为重点任务。上海市在氢能发展方面作出了一些尝试，制定了《上海市燃料电池汽车发展规划》，提出"推动燃料电池汽车试点示范运行，开展氢能基础设施、研发与测试服务平台等共性设施建设"等目标，并在 2021—2025 年规划燃料电池汽车示范区域，形成区域内相对完善的加氢配套基础设施建设。氢能作为一种清洁能源，可以为能源系统清洁低碳转型作出贡献，形成我国清洁能源新的产业竞争力。目前，上海氢能利用工程技术研究中心已成为上海氢能开发与利用的重要力量，该研究中心旨在以氢能利用为专业研发领域，建立健全氢能技术研究及产业化服务平台，氢能知识普及基地及人才培养基地，促进关键部件及技术的工程化转换，推动氢能和燃料电池汽车产业的发展。未来，我国新能源发展机制需要进一步建立完善，发展规划需要进一步统筹规范，也需要进一步培育扶持清洁能源应用市场。

第二节　我国能源安全分析：能源效率视角

一、我国能源效率的测算

（一）国内外学者的现有研究

目前，国内外众多机构及学者从能源效率概念界定、能源效率状况分析及测算以及提高能源效率的政策建议等角度对能源效率问题进行了深入研究。

在界定能源效率方面：1995 年世界能源委员会在其出版的《应用高技术提高能效》中正式提出了"能源效率"概念，即"减少提供同等能源服务的能源投入"。帕特森（Patterson，1996）指出，能源效率就是用较少的能源生产同样数量的服务或有用的产出。[①] 王庆一（2001）

---

① Patterson M. G., "What is Energy Efficiency? Concepts，Indicators and Methodological Issues"，*Energy Policy*，Vol. 24，No.5（1996）.

将能源效率分为经济能源效率和物理能源效率两类。[①] 能源效率是在给定投入能源条件下实现最大经济产出的能力，或是在给定经济产出水平下实现投入能源最小化的能力（孟祥兰、雷茜，2011）。[②]

在分析及测算能源效率方面：测算能源效率通常采用能源服务产出量与能源投入量的比值来度量，也可以采用一定量的经济产出所需的能源投入占实际能源投入的百分比来测算（刘洪、陈小霞，2010）。[③]Russell 型、QFI 型、SBM 型以及 DDF+SBM 型的 DEA 测度的能源效率，可以称为和得到真正意义上的能源效率（张少华、蒋伟杰，2016）。[④] 国内学者从国家层面、工业行业层面研究了能源效率问题。我国整体能源效率水平在不断提升，但仍存在一定的能源利用无效率状况（王喜平、姜晔，2013）。[⑤] 我国各省区的能源效率基本呈稳步上升的趋势（张槟、衡杰，2013），[⑥] 能源效率在地理上呈现出"东高西低"的阶梯状格局，在时间上则表现为"先降后升"的"U 型"趋势，并且经济发展水平、产业结构、对外开放程度、所有制结构、技术进步以及资本深化程度对各省能源效率具有显著影响（曹琦、樊明太，2016）。[⑦] 我国中部地区节能潜力较大，需要提高能源效率（刘志雄、

---

① 王庆一：《能源效率及其政策和技术》（上），《节能与环保》2001 年第 6 期。经济能源效率为单位产值能耗，物理能源效率在工业部门为单位产品能耗，在服务业和建筑业中为单位面积能耗和人均能耗。

② 孟祥兰、雷茜：《我国各省份能源利用的效率评价——基于 DEA 数据包络方法》，《宏观经济研究》2011 年第 10 期。

③ 刘洪、陈小霞：《能源效率的地区差异及影响因素——基于中部 6 省面板数据的研究》，《中南财经政法大学学报》2010 年第 6 期。

④ 张少华、蒋伟杰：《能源效率测度方法：演变、争议与未来》，《数量经济技术经济研究》2016 年第 7 期。

⑤ 王喜平、姜晔：《环境约束下中国能源效率地区差异研究》，《长江流域资源与环境》2013 年第 11 期。

⑥ 张槟、衡杰：《我国能源效率综合评价》，《财经理论研究》2013 年第 2 期。

⑦ 曹琦、樊明太：《我国省际能源效率评级研究——基于多元有序 Probit 模型的实证分析》，《上海经济研究》2016 年第 2 期。

张凌生，2016）。[1] 我国工业部门的能源效率鸿沟非常明显，来自企业经营的外部市场环境和企业自身的组织行为都是造成工业能源效率鸿沟的主要障碍因素（李玉婷、史丹，2018）。[2]

在提高能源效率的建议方面：能源效率投资对整个行业生产率具有重要的推动作用（Ernst Worrell et al.，2003），[3] 需要提高能源效率。我国能源效率不高，要想更好地解决能源问题，实现资源合理配置，必须因地制宜，实行地区差异性能源政策（余秀华，2011）。[4] 由于能源效率提高有赖于全要素生产率的提高，需要通过加大科技投入力度，以此提高能源使用效率。为此，需要积极推进绿色发展，加快推进能源市场化改革和能源技术革命，推进能效提升体制机制建设，进一步提升能源利用效率（桂华，2017）。[5] 中西部经济较为落后的地区要加快转变经济增长方式，调整产业结构，引进新的技术设备，提高能源资源的加工利用率（周四军、封黎，2016）。[6]

总之，国内外学者已经开展对能源效率问题的研究，研究方法不同所得结论也有差异。下面，利用 DEA 研究方法测算我国的能源效率。

（二）DEA 研究方法

数据包络分析（Data Envelopment Analysis，DEA）主要是通过保持决策单元（Decision Making Units，DMU）的输入或者输入不变，借助数

---

① 刘志雄、张凌生：《我国中部地区能源效率影响因素的实证研究》，《生态经济》2016 年第 9 期。

② 李玉婷、史丹：《中国工业能源效率鸿沟的形成机理与实证研究》，《山西财经大学学报》2018 年第 6 期。

③ Ernst Worrell，John A. Laitner，Michael Ruth，Hodayah Finman，"Productivity Benefits of Industrial Energy Efficiency Measures"，*Energy*，Vol. 28，No.11（2003）.

④ 余秀华：《中国能源效率地区差异分析》，《统计科学与实践》2011 年第 6 期。

⑤ 桂华：《我国能源利用效率的成效、问题与建议》，《宏观经济管理》2017 年第 12 期。

⑥ 周四军、封黎：《我国能源效率与经济增长关系研究——基于 PSTR 模型的实证》，《湖南大学学报（社会科学版）》2016 年第 2 期。

学规划和统计数据确定相对有效的生产前沿面，将各个决策单元投影到 DEA 的生产前沿面上，并通过比较决策单元偏离 DEA 前沿面的程度来评价其相对有效性。对每一个决策单元 DMU_j，都有相应的效率评价指数：

$$h_j = \frac{u^T y_i}{v^T x_j} = \sum_{r=1}^{s} u_r y_{rj} / \sum_{i=1}^{mn} v_i x_{ij}, \quad j = 1, 2, \cdots, n \quad (2.1)$$

取适当的权数 v 和 u，使得 $h_j \leqslant 1$。对第 j_0 个决策单元而言，当 h_{j_0} 越大，则 DMU_{j_0} 就越能够用相对较少的输入而取得相对较多的输出。如以第 j_0 个决策单元的效率指数为目标，以所有决策单元的效率指数为约束，可以得到如下模型：

$$\begin{cases} \max h_{j_0} = \sum_{r=1}^{s} u_r y_{rj_0} / \sum_{i=1}^{m} v_i x_{ij_0} \\ \text{s.t.} \sum_{r=1}^{s} u_r y_{rj} / \sum_{i=1}^{m} v_i x_{ij} \leqslant 1, \quad j = 1, 2, \cdots, n \end{cases} \quad (2.2)$$

采用 Charnes-Cooper 变化，可以将模型（2.2）变换如下：

$$\begin{cases} \max h_{j_0} = \mu^T y_0 \\ \text{s.t.} w^T x_j - \mu^T y_j \geqslant 0, \quad j = 1, 2, \cdots, n \\ w^T x_0 = 1 \\ w \geqslant 0, \quad \mu \geqslant 0 \end{cases} \quad (2.3)$$

查恩斯（Charnes，1952）建立了具有非阿基米德无穷小量 ε 的 CCR 模型：

$$\begin{cases} \min \left[\theta - \varepsilon \left(\sum_{j=1}^{m} s^- + \sum_{j=1}^{r} s^+ \right) \right] = v_d(\varepsilon) \\ \text{s.t.} \sum_{j=1}^{n} x_j \lambda_j + s^- = \theta x_0 \\ \sum_{j=1}^{n} y_j \lambda_j - s^+ = y_0 \\ \lambda_j \geqslant 0, \quad s^+ \geqslant 0, s^- \geqslant 0 \end{cases} \quad (2.4)$$

最优解为 θ^0、λ^0、s^{0+} 和 s^{0-}。

（三）模型构建

由于能源消费已经成为经济增长的重要投入部分，考虑传统的要素投入即资本及劳动，于是构建如下的函数关系：

$$G=F(K, L, E) \tag{2.5}$$

其中，G 为经济增长，K 为资本投入，L 为劳动投入，E 为能源投入。借鉴新古典经济增长模型，采用 C–D 生产函数形式，可以建立如下模型：

$$G=\beta_0 K^{\beta_1} L^{\beta_2} E^{\beta_3} e^{\varepsilon} \tag{2.6}$$

对式（2.6）两边取自然对数得到：

$$\ln G=\beta_0+\beta_1 \ln K+\beta_2 \ln L+\beta_3 \ln E+\varepsilon \tag{2.7}$$

（四）指标设定与数据来源说明

依据上述分析方法，选择 GDP 表示经济增长（单位：亿元），就业人数表示劳动投入（单位：万人），资本存量表示资本投入（单位：亿元）。资本存量的确定关键在于基期资本存量，假定初始资本存量在 1978 年一次全部形成，且 1978 年的资本存量总额相当于当年 GDP 的 3 倍（包群，2004）。[①] 采用永续盘存法可以逐年求出资本存量，即 $K_t=I_t/P_t+(1-\delta_t)K_{t-1}$（王维等，2017）。[②] 其中，$K_t$ 和 K_{t-1} 分别为 t 年和 $t-1$ 年的实际资本存量，P_t 为价格指数（采用 CPI 衡量），I_t 为名义投资，δ_t 为固定资产折旧率（统一设定为 5%）。在实证研究中，采用 1978—2016 年的年度数据，所有数据均来源于历年的《中国统计年鉴》。

[①]　包群：《外商直接投资与技术外溢：基于吸收能力的研究》，湖南大学，博士论文，2004 年。

[②]　王维、陈杰、毛盛勇：《基于十大分类的中国资本存量重估：1978—2016 年》，《数量经济技术经济研究》2017 年第 10 期。

（五）测算及分析

基于 DEA 研究方法，结合模型（2.7），测算得到我国历年全要素能源效率。可以看出，改革开放以来我国能源效率整体上呈上升趋势（见表 2.4）。1978 年我国全要素能源效率仅为 0.402，2016 年的全要素能源效率达到 1.000。1991 年之前我国历年的全要素能源效率均低于0.80，1994 年之后的全要素能源效率均高于 0.90。在 20 世纪 90 年代之前，我国全要素能源效率表现出明显的直线上升趋势，而在 20 世纪 90年代之后全要素能源效率则相对平稳变化。实际上，无论是从能源经济效率、产业结构变化、技术水平还是能源加工转换效率来看，我国能源效率都在提高。下面，从四个方面来考察我国能源效率：

表 2.4　1978—2016 年我国能源效率

年份	能源效率
1978	0.402
1979	0.443
1980	0.483
1981	0.504
1982	0.521
1983	0.550
1984	0.612
1985	0.688
1986	0.692
1987	0.709
1988	0.774
1989	0.790
1990	0.777
1991	0.799
1992	0.838
1993	0.885

年份	能源效率
1994	0.980
1995	1.000
1996	1.000
1997	1.000
1998	0.988
1999	0.960
2000	0.969
2001	0.970
2002	0.947
2003	0.926
2004	0.957
2005	0.955
2006	0.955
2007	1.000
2008	1.000
2009	0.947
2010	0.974
2011	1.000
2012	1.000
2013	1.000
2014	1.000
2015	1.000
2016	1.000

首先，从能源经济效率考察能源效率。采用能源消费总量与GDP之比即万元生产总值能耗来衡量能源经济效率，即万元生产总值能耗越低，能源经济效率就越高。改革开放以来，我国万元生产总值能耗的变动明显下降，万元生产总值能耗从1978年的15.53下降到2017年的0.54。1996年之后，我国万元生产总值能耗突破2.0以下，2008年之后更是突破1.0以下。在我国能源消费中，煤炭消费是主体。1999年

之前我国煤炭消费量占能源消费总量的比重一直超过 70% 以上，1990 年的比重甚至高达 76.2%。随后，煤炭消费量占能源消费总量的比重开始下降，2016 年所占比重仅为 62.0%。邱灵、申玉铭等（2008）研究发现，煤炭消费比重每提高 1 个百分点，区域每万元地区生产总值能耗将增加 0.009 吨标准煤。[1] 我国煤炭消费比重下降导致万元生产总值能耗下降，意味着能源经济效率在提高。由于能源效率与能源结构之间存在长期稳定的均衡关系（汪行等，2016），[2] 因此需要控制煤炭消费比重，优化能源消费结构以提高能源效率。

其次，从产业结构变化考察能源效率。在现代经济发展过程中，产业结构升级与提高区域能源效率密切联系，产业结构高级化水平的提升对于能源效率有明显的推动作用（周肖肖等，2015）。[3] 1992 年我国进行社会主义市场经济体制改革，越来越重视经济内涵式发展，不断调整经济增长模式，使得工业相对集约式发展，能源利用效率也随之提高。从产业结构变化来看，我国第二产业增加值占 GDP 的比重以及工业增加值占 GDP 的比重在近年来都表现出一定程度的下降，尤其是在 2005 年之后这两个指标分别从 2005 年的 47.37% 和 41.76% 下降到 2017 年的 40.5% 和 33.9%。提高产业结构调整质量对能源效率存在显著的促进效应及空间溢出效应（于斌斌，2017）。[4] 产业结构调整能够在一定程度上改善能源效率，如果第二产业结构比重下降 1%，则能

---

[1] 邱灵、申玉铭、任旺兵、严婷婷：《中国能源利用效率的区域分异与影响因素分析》，《自然资源学报》2008 年第 9 期。

[2] 汪行、范中启、张瑞：《基于 VAR 的我国能源效率与能源结构关系的实证分析》，《工业技术经济》2016 年第 9 期。

[3] 周肖肖、丰超、魏晓平：《能源效率、产业结构与经济增长——基于匹配视角的实证研究》，《经济与管理研究》2015 年第 5 期。

[4] 于斌斌：《产业结构调整如何提高地区能源效率？——基于幅度与质量双维度的实证考察》，《财经研究》2017 年第 1 期。

源效率将提高 0.14%—0.16%（魏楚、沈满洪，2008）。[1] 从产业结构变化来看，我国能源效率在提高。

再次，从技术水平考察能源效率。从理论上讲，一个国家技术水平的提高，对提高能源效率具有正面影响。特纳等（Turner et al.，2011）利用可计算一般均衡模型研究了苏格兰技术革新对能源效率的影响，认为技术进步可以提高能源效率。[2] 施卫东、程莹（2016）研究发现，全国、区域和省际 3 个层面下全要素能源生产率年均都呈正增长，主要得益于技术进步。[3] 技术进步与研发经费投入密切相关，从研究与试验发展经费占国内生产总值的比重来看（见表 2.5），这一比重从 1978 年的 0.35% 增加到 2016 年的 2.11%，表现出比较明显的上升趋势，说明随着我国进行社会主义市场经济体制改革，国家越来越重视科技投入，注重技术进步对提高能源效率的长期正向作用。

表 2.5　1978—2016 年我国研究与试验发展经费支出占 GDP 的比重

年份	所占比重（%）
1978	0.35
1979	0.38
1980	0.42
1981	0.47
1982	0.53
1983	0.57
1984	0.58
1985	0.56
1986	0.60

[1]　魏楚、沈满洪：《结构调整能否改善能源效率——基于中国省级数据的研究》，《世界经济》2008 年第 11 期。

[2]　Turner K., Hanley N., "Energy Efficiency, Rebound Effects and the Environmental Kuznets Curve", *Energy Economics*, Vol. 33, No. 5（2011）.

[3]　施卫东、程莹：《碳排放约束、技术进步与全要素能源生产率增长》，《研究与发展管理》2016 年第 1 期。

续表

年份	所占比重（%）
1987	0.62
1988	0.61
1989	0.65
1990	0.66
1991	0.65
1992	0.62
1993	0.55
1994	0.46
1995	0.57
1996	0.56
1997	0.64
1998	0.65
1999	0.75
2000	0.90
2001	0.94
2002	1.06
2003	1.12
2004	1.21
2005	1.31
2006	1.37
2007	1.37
2008	1.44
2009	1.66
2010	1.69
2011	1.76
2012	1.90
2013	2.00
2014	1.96
2015	2.09
2016	2.11

注：由于数据仅从 1989 年开始，采用平均 1990 —2016 年的增长率来倒算计算得到 1978—1988 年的研究与试验发展经费支出。1990—2016 年原始数据来源于历年《中国统计年鉴》，根据原始数据计算得到。

最后，从能源加工转换效率考察能源效率。能源加工转换效率，是在一定时期内能源经过加工转换后，产出的各种能源产品的数量与投入加工转换的各种能源数量的比率。从历年能源加工转换效率来看（见表2.3），我国能源加工转换效率有了一定提高，2015年的能源加工转换效率达到73.72%。其中，炼油的能源加工转换效率最高，达到97.55%。发电及电站供热的能源加工转换效率也从1985年的36.85%增加到2015年的44.22%。可见，从能源加工转换效率来看，我国能源效率在提高。

总之，无论是从能源经济效率、产业结构变化，还是从技术水平、能源加工转换效率来看，我国能源效率都在提高。那么，我国能源效率的影响因素是什么？下面，利用1978—2016年的数据进行实证研究。

二、我国能源效率的影响因素

（一）影响因素及指标选择

1.能源消费结构（NY）

能源效率直接与能源消费结构相关，以煤炭、石油及天然气为主的能源消费结构，能源效率会比较低，而清洁能源的能源效率较高。在此，采用清洁能源消费总量占能源消费总量的比重来反映能源消费结构。加总煤炭消费、石油消费和天然气消费占能源消费总量的比重三项之和，再用100%扣除三项之和计算得到。三项指标数据来源于历年的《中国统计年鉴》，下同。

2.产业结构（JG）

一般而言，产业结构不合理加上管理技术水平落后，往往导致能源效率较低。可见，产业结构变化是影响能源效率的重要因素。在我国，由于第二产业增加值占 GDP 的比重最大，工业又是第二产业的重要领域，因此采用工业增加值占 GDP 的比重来反映产业结构变化。

3. 技术进步（YJ）

技术进步提高能源效率的机理，是通过一切广义的技术手段与措施使每新增加的单位产出所需求的能源量减少（张瑞、丁日佳，2017）。[①] 技术进步能有效推动工业行业的节能降耗和二氧化碳减排（钱娟、李金叶，2018）。[②] 在此，采用研究与试验发展经费支出占 GDP 的比重来表示技术进步。

4. 经济开放程度（MY）

对外贸易对能源效率有着重要影响，进口对能源效率技术溢出效应，不仅表现在发展中国家能够消费高能源效率的外国最终产品，更存在于资本品和中间产品的进口中（Coe & Helpman，1995）。[③] 当我国工业行业对外开放程度超过临界值时，对外开放程度越高会显著降低行业能源强度（陈娟，2016）。[④] 在此，采用对外贸易总额与 GDP 之比即对外贸易依存度表示经济开放程度。

5. 能源价格（P）

能源价格指数通过调节产业结构提升能源效率在路径上存在阻滞，

---

① 张瑞、丁日佳：《技术进步对我国节能的贡献率测算》，《统计与决策》2017 年第 7 期。

② 钱娟、李金叶：《技术进步是否有效促进了节能降耗与 CO_2 减排？》，《科学学研究》2018 年第 1 期。

③ Coe & Helpman, "International R & D Spillers", *European Economic Reviews*, Vol. 39, No. 5 (1995).

④ 陈娟：《中国工业能源强度与对外开放——基于面板门限模型的实证分析》，《科学·经济·社会》2016 年第 2 期。

而通过调节能源消费结构和生产规模，提升能源效率效果明显（江洪、陈振环，2016）。[1] 采用原材料、燃料、动力购进价格指数来衡量能源价格，但 1989 年之前的数据缺乏，采用 CPI 来代替。将 1978 年的物价定为 100，利用上年 =100 的物价指数转换为以 1978 年为基期的物价指数。

6. 城市化发展水平（CZ）

当城市化发展处于初期阶段时，城市系统发展缓慢，驱动与制动作用均不明显，碳排放缓慢增长；当城市化发展处于中期阶段时，碳排放迅速增长；当城市化发展处于后期阶段，碳排放速度有所减缓，排放总量仍然增加（孙昌龙等，2013）。[2] 在此，采用城镇人口占总人口的比重来衡量城镇化发展水平。

（二）实证结果

采用 ADF 法，检验变量的平稳性。[3] 结果见表 2.6。

不难看出，被解释变量在 5% 的显著性水平下是原始平稳的，能源消费结构 NY 的原始数据及一阶差分均不平稳。除了城市化发展水平的一阶差分通过 10% 的显著性水平检验之外，其余所有解释变量的一阶差分都通过了 5% 的显著性水平检验。解释变量的平稳阶数相同，高于被解释变量的平稳阶数，通过线性组合实现降阶平稳。因此，在下面的模型估计中需要扣除能源消费结构这一变量。

---

[1]　江洪、陈振环：《能源价格指数对能源效率调节效应的研究》，《价格理论与实践》2016年第 9 期。

[2]　孙昌龙、靳诺、张小雷、杜宏茹：《城市化不同演化阶段对碳排放的影响差异》，《地理科学》2013 年第 3 期。

[3]　Dickey D. A. and Fuller W. A.，"Distribution of the Estimators for Autoregressive Time Series with a Unit Root"，*Journal of the American Statistical Association*，Vol. 74，No. 4（1979）.

表 2.6　变量的 ADF 单位根检验结果

变量	ADF 值	1% 临界值	5% 临界值	10% 临界值	p 值	是否为平稳变量
E	-3.3926^{**}	-3.6210	-2.9434	-2.6103	0.0177	5% 条件下平稳
NY	3.5679	-3.6210	-2.9434	-2.6103	1.0000	非平稳
ΔNY	-0.4307	-3.6268	-2.9458	-2.6115	0.8931	非平稳
JG	-1.2995	-3.6210	-2.9434	-2.6103	0.6192	非平稳
ΔJG	-3.8021^{***}	-3.6268	-2.9458	-2.6115	0.0064	1% 条件下平稳
YJ	2.2215	-3.6210	-2.9434	-2.6103	0.9999	非平稳
ΔYJ	-4.8232^{***}	-3.6268	-2.9458	-2.6115	0.0004	1% 条件下平稳
MY	-1.7436	-3.6210	-2.9434	-2.6103	0.4017	非平稳
ΔMY	-4.6422^{***}	-3.6268	-2.9458	-2.6115	0.0007	1% 条件下平稳
P	-0.3935	-3.6329	-2.9484	-2.6129	0.8995	非平稳
ΔP	-3.4897^{**}	-3.6329	-2.9484	-2.6129	0.0143	5% 条件下平稳
CZ	1.9918	-3.6268	-2.9458	-2.6115	0.9998	非平稳
ΔCZ	-3.5077^{*}	-4.2350	-3.5403	-3.2024	0.0536	10% 条件下平稳

注：***、** 和 * 分别表示通过 1%、5% 和 10% 的显著性水平检验；在对城镇化发展水平的单位根检验中均包含截距项和趋势项，其余变量的检验中只有截距项，但无趋势项。

以全要素能源效率为被解释变量，上述影响因素为解释变量进行估计。由于在估计过程中，城市化发展水平 CZ 这个变量的系数没有通过 10% 的显著性水平检验，因而不考虑这个变量，重新估计得到如下结果：

$$E=1.4566+0.1205P+0.4079MY-2.4095JG-0.2295YJ+0.6825MA（1）$$

$$（2.8）$$

估计中，R^2=0.9856，D.W.=1.5506，模型估计效果比较好。可以看出，各个解释变量对能源效率的影响均不相同。能源价格（P）和经济开放程度（MY）的系数均大于 0，表明这两个解释变量对能源效率的影响具有正效应；产业结构（JG）和技术进步（YJ）的系数小于 0，对能源效率的影响具有负效应。

（三）结果分析

从能源价格对能源效率的影响来看：能源价格的系数为 0.1205，表明能源价格提高能够提升我国能源效率，这与国内部分学者的研究结论相同（王治平，2011；江洪、陈亮，2017）。[①] 在市场经济体制下，能源价格变动直接影响企业生产成本变动。当能源价格提高，投资者会改变投资行为，即倾向于投资低能耗行业，将原先投向高能耗行业转向低能耗行业，从而提升能源的配置效率。与国外相比，国内能源价格对我国能源消耗的影响显著大于国外能源价格的作用，我国能源价格的合理上升有利于节能降耗（何凌云等，2016），[②] 从而促进能源效率的提升。

从经济开放程度对能源效率的影响来看：经济开放程度的系数为 0.4079，表明随着我国经济不断开放以及对外贸易依存度的增加，有助于能源效率的提升。国际贸易与能源环境效率之间存在正向的反馈作用，对外贸易通过进口产品技术外溢和出口中学两种途径对能源环境效率起到显著的促进作用，能源环境效率高的行业会更积极参与对外贸易（林伯强、刘泓汛，2015）。[③] 国际贸易促进能源技术利用效率提高的途径还包含能源价格途径、出口贸易商品结构效应以及进口商品结构效应（王艳丽、李强，2012）。[④] 我国需要调整贸易商品结构，扩

---

① 王治平：《我国能源价格与能源效率变动关系研究》，《价格理论与实践》2011 年第 3 期。江洪、陈亮：《能源价格对能源效率倒逼机制的空间异质性——基于面板门槛模型的实证分析》，《价格理论与实践》2017 年第 2 期。

② 何凌云、程怡、金里程、钟章奇：《国内外能源价格对我国能源消耗的综合调节作用比较研究》，《自然资源学报》2016 年第 1 期。

③ 林伯强、刘泓汛：《对外贸易是否有利于提高能源环境效率——以中国工业行业为例》，《经济研究》2015 年第 9 期。

④ 王艳丽、李强：《对外开放度与中国工业能源要素利用效率——基于工业行业面板数据》，《北京理工大学学报（社会科学版）》2012 年第 2 期。

大低能耗产品的出口规模，进一步放开国内市场的能源价格，通过能源价格变动合理引导行业能源消费，最终提升能源效率。

从产业结构对能源效率的影响来看：产业结构系数为 −2.4095，这意味着工业增加值占 GDP 的比重增加，将导致能源效率降低。实际上，近年来我国工业增加值占 GDP 的比重表现出一定程度的下降，尤其是在 2005 年之后这一个指标从 2005 年的 41.76% 下降到 2016 年的 33.31%。我国的市场化指数从 2008 年的 5.48 上升到 2014 年的 6.56，市场化水平在不断提升。随着市场化水平的提高，产业结构变动对降低能源消费的作用越来越大（纪玉俊、赵娜，2017）。[1] 这意味着从产业结构变化来看，我国能源效率在提高。

从技术进步对能源效率的影响来看：技术进步的系数为 −0.2295，表明技术进步不利于我国能源效率提升。实际上，技术进步与研发经费投入密切相关，从研究与试验发展经费占国内生产总值的比重来看，这一比重从 1990 年的 0.67% 增加到 2016 年的 2.11%，表现出比较明显的上升趋势，说明国家越来越重视科技投入。然而，科技投入并未全部投向能源领域的技术进步，我国能源领域的技术进步仍然比较落后，没有真正发挥技术进步应有的提升能源效率的作用。

三、一个例子：中部地区的能源效率

（一）节能潜力的测算方法

单要素能源效率衡量的是能源作为单一投入要素与产出之间的关系，通常采用产出与能源投入之比来表示。已有学者采用单要素能源

---

[1] 纪玉俊、赵娜：《产业结构变动、地区市场化水平与能源消费》，《软科学》2017 年第 5 期。

效率研究我国能源效率问题（王班班、齐绍洲，2014），[①] 借鉴这一研究方法，采用单要素能源效率指标测算中部地区的能源效率，即能源效率等于地区生产总值与地区能源消费总量之比，即：

$$E_i = GRP_i / Q_i \qquad (2.9)$$

式（2.9）中，E 表示能源效率，GRP 表示地区生产总值，Q 表示能源消费总量，i 表示省份。在式（2.9）的基础上，可以进一步计算出节能潜力：

$$P_i = 1 - E_i / E_{max} \qquad (2.10)$$

一般而言，节能潜力可以分为相对节能潜力与绝对节能潜力两种类型。其中，相对节能潜力表示为某省以本区域内能源效率最高的省区为参照节能空间的大小。由于本书研究相对节能潜力，因此式（2.10）中的 P_i 表示 i 省的相对节能潜力，E_i 为 i 省的能源效率值，E_{max} 为本地区内能源效率的最大值。节能潜力值越大，表明能源效率水平越低，能源效率提升空间越大。

上述指标所用到的原始数据中，能源消费总量和地区生产总值来源于 1996—2017 年各省历年的统计年鉴。在式（2.10）中暗含一个前提条件，即该地区内各省的能源效率向本地区的最高值趋同，因而在考察中部省份相对节能潜力之前需要检验能源效率的趋同性。

（二）中部地区能源效率的趋同性检验

利用变异系数法，计算得到中部地区 1995—2016 年能源效率的演变情况（见图 2.1）。从总体上看，在考察期间内中部地区的能源效率变异系数波动较大。2003 年之前，能源效率的变异系数在微幅波动中

---

① 王班班、齐绍洲：《有偏技术进步、要素替代与中国工业能源强度》，《经济研究》2014年第 2 期。

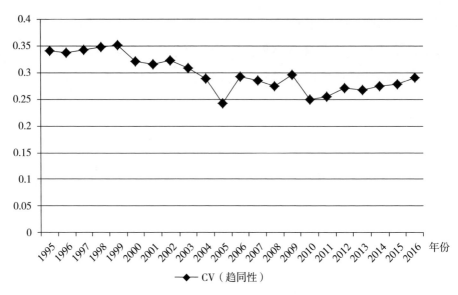

图 2.1　1995—2016 年中部地区能源效率的变异系数

下降，但仍处于 0.3 以上的较高水平；2004—2005 年能源效率变异系数下降幅度较大，能源效率趋同速度加快；2006—2007 年稍有回升，2007 年之后能源效率变异系数在平稳变动中仍保持在 0.3 以下的水平。变异系数越小，能源效率的趋同性越大，中部地区六省之间的能源效率变动存在趋同性，并且趋同的速度在波动中加快。

（三）相对趋同下中部地区节能潜力的测算

利用式（2.9）计算得到 1995—2016 年中部地区各省的能源效率向区域内能源效率最高省份趋同条件下的相对节能潜力（见表 2.7）。从纵向上来看，在考察期间内中部地区的相对节能潜力处于不断波动中，但相对节能潜力却整体上在下降。1995—1998 年节能潜力整体上呈现上升趋势，1998 年相对节能潜力达到 33.73%，能源效率低。1999—2003 年节能潜力整体呈现下降趋势，表明能源效率有所提升。2004—2006 年节能潜力回升并一度逼近 30%，表明能源效率出现一定程度的下降。究其原因，这一时期能源效率下降与国家提出的针对中部地区长远发展的中部崛起计划密切相关。2004 年 3 月，国务院提出了促进我国中部经济区，即河南、湖北、湖南、江西、安徽和山西 6 省共同崛起的一项中央政策，即中部崛起计划，并首次施行于"第十一个五年计划期间"。在这一期间，中部地区加大基础设施建设，推进工业化和城镇化进程，这在一定程度上导致能源消费量剧增，并降低了能源效率。2007—2014 年节能潜力表现出明显的下降趋势，从 2007 年的 25.88%下降到 2014 年的 17.97%。2015—2016 年的相对节能潜力水平又有一定程度的上升，但数值较低。从横向上看，中部六省的平均节能潜力为 23.55%。其中，江西省相对趋同条件下的能源效率一直处于最高水平，相对趋同条件下能源效率第二高的省份为湖北，仅为 15.05%。山西省的节能空间始终很大，平均高达 64.65%，是中部地区能源效率最低的省份。

表 2.7　1995—2016 年中部六省的相对节能潜力

年份＼省份	山西	安徽	江西	河南	湖北	湖南	均值
1995	73.47%	12.24%	0.00%	6.12%	24.49%	20.41%	22.79%
1996	70.77%	29.23%	0.00%	15.38%	35.38%	29.23%	30.00%
1997	72.00%	29.33%	0.00%	20.00%	37.33%	21.33%	30.00%
1998	71.76%	34.12%	0.00%	30.59%	38.82%	27.06%	33.73%
1999	70.32%	33.41%	0.00%	29.87%	38.22%	9.90%	30.29%
2000	68.17%	31.82%	8.35%	26.86%	19.11%	0.00%	25.72%
2001	67.41%	23.49%	0.14%	20.24%	8.55%	0.00%	19.97%
2002	69.75%	20.75%	0.00%	19.78%	11.96%	1.51%	20.63%
2003	66.68%	14.19%	2.19%	22.63%	4.14%	0.00%	18.31%
2004	64.47%	13.03%	0.00%	27.85%	12.91%	12.70%	21.83%

省份 年份	山西	安徽	江西	河南	湖北	湖南	均值
2005	55.28%	13.23%	0.00%	23.58%	23.85%	28.22%	24.03%
2006	64.64%	16.86%	0.00%	26.42%	25.29%	31.17%	27.40%
2007	63.68%	17.66%	0.00%	26.74%	17.87%	29.30%	25.88%
2008	61.10%	18.29%	0.00%	26.76%	11.50%	27.72%	24.23%
2009	64.35%	14.61%	0.00%	25.13%	5.13%	25.51%	22.46%
2010	56.05%	13.23%	0.00%	17.45%	6.68%	28.11%	20.25%
2011	56.47%	13.15%	0.00%	22.93%	7.33%	28.64%	21.42%
2012	58.33%	15.14%	1.05%	22.65%	0.00%	27.55%	20.78%
2013	59.67%	14.01%	0.00%	22.59%	2.57%	12.93%	18.63%
2014	60.70%	12.72%	1.30%	22.68%	0.00%	10.44%	17.97%
2015	62.22%	16.50%	6.67%	24.68%	0.00%	11.75%	20.30%
2016	64.89%	17.92%	8.63%	24.36%	0.00%	13.75%	21.59%
均值	64.65%	19.32%	1.29%	22.97%	15.05%	18.06%	23.55%

总之，从节能潜力的测算值可以看出，目前中部地区节能潜力较大，这意味着能源效率依然较低。能源效率会受到众多因素影响，下面进一步实证研究在相对趋同条件下能源效率的影响因素，挖掘主要因素对能源效率的影响，为提升中部地区的能源效率提出解决路径。

（四）中部地区能源效率影响因素的实证

1. 模型设定与变量选择

运用面板模型进行回归，具体形式如下：

$$E_{it}=\alpha+\beta X_{it}+\varepsilon_{it} \tag{2.11}$$

式中，E_{it} 表示 i 省 t 年的能源效率，X_{it} 表示 i 省 t 年的解释变量。被解释变量为相对趋同条件下的能源效率值，反映中部各省与中部最高省份的差距。在解释变量的选取中，根据中部地区经济发展的现状和特点，选取以下解释变量：

（1）经济发展水平。经济发展水平不同，能源效率也不同，尤其是在同一地区之内，省际之间经济发展水平差异会对能源效率水平产生重要影响。采用不变价人均 GRP 的对数（lnGRP）来表示经济发展水平。

（2）产业结构。高耗能产业在国民经济中所占比重越高，越限制能源效率的提升（张兵兵，2014）。[1] 考虑到中部地区是资源型地区、老工业基地的情况，产业结构采用各省第二产业增加值占 GDP 的比重（IS）来表示。

（3）能源消费结构。能源结构对能源效率具有重要影响。以煤炭等非清洁能源为主的能源结构，煤炭的大量消费会产生较多污染物。天然气、水电等清洁能源是未来能源消费的主要趋势，能有效降低产出负的外部性。采用中部各省水电在能源终端消费中的占比表示能源结构（ES）。

（4）对外开放度。对外开放度会通过技术扩散影响到地区能源效率（张凌洁，2011）。[2] 为了考察对外开放度是否直接影响地区能源效率，采用进出口贸易总额与 GDP 之比来表示对外开放度（TR）。

（5）技术进步。先进的技术有利于提高设备的工作效率，降低能耗强度。选取科学技术支出占 GDP 的比重表示省际技术进步状况（R&D）。

于是，在式（2.11）的基础上，可以设定如下模型：

$$E_{it}=\alpha+\beta_1\ln(GRP)_{it}+\beta_2IS_{it}+\beta_3ES_{it}+\beta_4TR_{it}+\beta_5R\&D_{it}+\varepsilon_{it} \tag{2.12}$$

---

[1]　张兵兵：《碳排放约束下中国全要素能源效率及其影响因素研究》，《当代财经》2014 年第 6 期。

[2]　张凌洁：《我国区域能源效率及其影响因素研究》，《技术经济与管理研究》2011 年第 4 期。

2. 数据来源说明

能源效率由前述内容计算得到，影响因素数据来源于相应年份的《中国统计年鉴》和《中国能源统计年鉴》，数据研究区间为1999—2016年。

3. 实证研究

依据模型（2.12），利用所得数据进行回归，估计结果见式（2.13）：

$$E_{it}=-3.01+0.36\ln(GRP)_{it}-2.56IS_{it}+8.27ES_{it}+6.37TR_{it}+0.09R\&D_{it} \quad（2.13）$$

$$（0.0000）（0.0020）（0.0001）（0.0000）（0.1427）（0.0005）$$

估计中，$R^2 = 0.8617$。P值很小，除了对外开放程度这一解释变量的系数没有通过5%的显著性水平检验之外，其他解释变量的系数均非常显著。从式（2.13）可以看出：（1）经济发展水平对能源效率具有显著的正向影响。地区经济发展水平的提升能有效缩小中部地区各省能源效率与领先省份的差距，人均生产总值的对数值每提高1%，能源效率提高约0.36。可见，人民生活水平提高，节能措施才更能落实到生活中的方方面面。（2）产业结构这一解释变量的系数为-2.56，产业结构对能源效率的影响与预期一致，即与能源效率的提升成负向关系。第二产业多为高耗能产业，但目前中部地区还没完全摆脱"高投入，低产出"的粗放型发展模式，第二产业在经济中的比重增加势必会降低能源效率。（3）改善能源消费结构有利于提升中部地区能源效率。能源结构每提高1个单位，能源效率将提高8.27。提高中部地区各省能源消费中水电消费的比重能够优化能源消费结构，因为碳基原料的高投入性使经济的能耗强度居高不下，不利于能源效率的改善。（4）对外开放度的系数没能通过5%的显著性水平检验，表明对外开放度并不是影响能源效率的主要因素。由于中部地区地处内陆，主要通过东部地区间接进行对外沟通和交流，并且贸易结构不合理，集中于低技术产业，因而没能形成技术扩散对能源效率产生直接影响。（5）技术进步对能源效率具有正向影响。先进的技术能够节约能源消费从而提高能源效率。R&D 投入的对数值每提高 1%，能源效率值提高 0.09%，R&D 投入对能源效率的作用影响较小，表明中部地区的 R&D 投入转化为技术进步的动力不足，中部地区技术进步对能源效率提升的作用要提高。

　　总之，中部地区节能潜力较大，需要提高能源效率。中部地区经济发展水平、产业结构、能源消费结构、R&D 投入对能源效率都有不同程度的影响，因此提高能源效率需要从这些方面入手制定措施。

第三节　我国能源安全分析：石油产业组织视角

一、国内外学者的研究

　　众所周知，石油是现代工业社会发展最为重要的原料之一，是现代工业的血液，是一国生存和发展不可或缺的重要战略资源，承载着维护国家能源安全、经济安全以及政治安全的重要功能。因此，世界各国都非常注重自身的石油资源，并将其作为一项重要的战略物资储备。当前，随着我国经济社会的快速发展，石油安全问题备受关注，保障我国的石油安全就成为影响国家安全和经济社会稳定发展的重要战略性问题（刘建、卢波，2016）。[①]2008 年之前我国原油生产量占能源生产总量的比重一直保持在两位数水平，但到了 2016 年这一比重已由 2000 年的 17.2% 下降到 8.2%，原油生产增幅呈逐年下降趋势。同

---

① 　刘建、卢波：《非传统安全视角下中国石油安全的测度及国际比较研究》，《国际经贸探索》2016 年第 7 期。

期，我国石油消费量却在大幅度上升，石油供需缺口在不断扩大。与世界其他国家相比，我国是石油消费大国，2016 年我国石油消费量达到 5.79 亿吨，占世界石油消费量的比重为 13.1%，仅次于美国居世界第二位。因此，立足于解决国内能源和能源安全问题，促进经济增长维持国家安全稳定，必须从能源本身入手，在能源之外探索出路，提升我国的能源安全（郑云杰、高力力，2014）。[①]

实际上，石油产业作为国民经济发展中重要的产业部门之一，备受经济学家的广泛关注，产业组织理论则是非常重要的研究产业问题的理论。产业组织理论是在"完全竞争理论""马歇尔冲突"以及张伯伦的"垄断竞争"这三大思想渊源中发展成熟起来的。20 世纪 30 年代，以梅森为核心的哈佛学者们对若干行业的市场结构进行经验研究，最终由谢勒完整提出了"结构—行为—绩效"（Structure-Conduct-Performance，SCP）分析框架，即 SCP 分析范式。[②] 这一分析范式认为，某一产业内部的市场结构决定该产业内厂商的行为，厂商的行为决定其自身绩效，同时强调运用政府的公共政策作为辅助来调节市场的竞争程度。20 世纪 60 年代后期，以乔治·斯蒂格勒（George Joseph Stigler）等人为代表的芝加哥学派对这一传统的分析范式进行了批判。芝加哥学派强调价格理论的重要性，认为厂商可以通过不断创新赢得市场份额带来高额利润进而影响市场结构。基于 SCP 分析范式这一研究方法，国内学者从两个层面开展了研究：一是运用 SCP 范式分析产业问题。例如，徐枫、李云龙（2012）对我国光伏产业进行了

---

① 郑云杰、高力力：《从发展理念和发展方式解读能源安全》，《吉林大学社会科学学报》2014 年第 4 期。

② 威廉·G. 谢泼德：《产业组织经济学》（第五版），中国人民大学出版社 2007 年版。

分析。[1] 王云等（2014）采用 SCP 分析范式，对山西焦化产业的产业组织进行研究。[2] 苗春竹（2018）运用 SCP 范式对我国滑雪产业的市场结构、市场行为和市场绩效进行研究。[3] 二是基于 SCP 分析范式集中研究石油产业的市场集中度。吴新民、汪涛（2010）结合我国石油产业集中度的现状，对市场集中度与市场绩效的关系进行实证分析。[4] 林健民（2013）分别从上游产业和下游产业对石油产业的集中度进行测算。[5] 崔永梅、王孟卓（2016）基于产业 SCP 理论，对产能利用率与并购活跃度和行业集中度之间的关系进行理论推演和实证检验。[6]

总之，现有文献将石油产业置于 SCP 整个分析框架之中，从市场结构到市场行为的发展变化中探索市场绩效及内在经济规律的较少，但 SCP 范式却提供了良好的理论基础。下面，以我国石油产业作为研究对象，运用 SCP 分析框架，全面探究我国石油产业的市场结构、市场行为和市场绩效，从而制定优化措施以促进我国石油产业健康安全发展。

二、我国石油产业组织分析：市场结构

（一）市场集中度

市场集中度是对整个行业的市场结构集中程度的测量指标，通常

---

① 徐枫、李云龙：《基于 SCP 范式的我国光伏产业困境分析及政策建议》，《宏观经济研究》2012 年第 6 期。

② 王云、吴青龙、郭丕斌、周喜君、张军营、王冰：《基于 SCP 范式的山西焦化产业组织分析》，《经济问题》2014 年第 1 期。

③ 苗春竹：《我国滑雪产业的 SCP 范式分析》，《体育文化导刊》2018 年第 2 期。

④ 吴新民、汪涛：《中国石油产业集中度与市场绩效关系的实证分析》，《理论月刊》2010 年第 2 期。

⑤ 林健民：《中国石油产业的市场结构分析及其优化》，《经济问题》2013 年第 1 期。

⑥ 崔永梅、王孟卓：《基于 SCP 理论兼并重组治理产能过剩问题研究——来自工业行业面板数据实证研究》，《经济问题》2016 年第 10 期。

用来衡量企业的数目和相对规模的差异（曾伏娥等，2014）。[①] 若一个市场中大部分交易额由一个或有限几个经营企业所持有，则表明这些经营企业对市场的支配力度大，市场的集中程度高，竞争程度低。一般而言，采用集中度指数（CR_n）作为测算指标，即某一具体行业内规模最大的前几家企业的相关数值占整个行业或市场的份额，这些相关数值可以选取产值、产量、销售额、资产总额等。将我国三大石油公司——中国石油天然气集团、中国石油化工集团和中国海洋石油总公司的年度原油生产总量占全国原油生产总量的比重作为集中度指数的测算指标，测算结果见表 2.8。

表 2.8　我国石油产业市场集中度

指标 年份	前三大企业产量	总产量（万吨）	CR_3（%）
2005	17718.37	18135.30	97.70
2006	17834.34	18476.60	96.52
2007	17935.24	18631.80	96.26
2008	18249.48	19044.00	95.83
2009	18251.75	18949.00	96.32
2010	15499.40	20301.40	76.35
2011	19687.85	20287.60	97.04
2012	20537.55	20747.80	98.99
2013	20551.64	20854.02	98.55
2014	20742	21142.9	98.10
2015	21236.63	21455.6	98.97

资料来源：利用《中国统计年鉴》及根据三大石油公司官网数据计算所得。

[①] 曾伏娥、袁靖波、郑欣：《多市场接触下的联合非伦理营销行为——基于市场集中度和产品差异度的二维分析模型》，《中国工业经济》2014 年第 6 期。

从表 2.8 可知，我国石油产业的市场集中度始终保持在 95% 左右的高位微幅波动，三家央企的产量占整个市场产量的绝对数，属于寡头垄断型市场结构。近年来，虽然我国在积极提倡开发和使用新能源，但国内对石油的消费需求量却没有降低，中石油、中石化和中海油的原油销售量亦呈逐年递增趋势（见表 2.9），加上石油资源的不可再生性以及具有规模经济性和技术密集性等特点，这就决定了石油企业长期居于寡头垄断地位。

表 2.9 三家企业成品油销售量、加油站数量对比

年份	类型	单位	中石化	中石油	中海油
2009	成品油	（万吨）	12400	8874.5	—
	加油站	（座）	29698	17262	—
2010	成品油	（万吨）	14000	10247.2	—
	加油站	（座）	30116	17996	—
2011	成品油	（万吨）	15100	11497.4	798
	加油站	（座）	30121	19362	320
2012	成品油	（万吨）	15900	11662	1021
	加油站	（座）	30836	19840	356
2013	成品油	（万吨）	16500	11833	1036
	加油站	（座）	30536	20272	445
2014	成品油	（万吨）	18000	11701.7	—
	加油站	（座）	30551	20386	546
2015	成品油	（万吨）	18900	11625	—
	加油站	（座）	30560	20714	—
2016	成品油	（万吨）	19500	15911	—
	加油站	（座）	30603	20895	—

资料来源：《中石油年报》《中石化年报》及《中海油年报》。

（二）产品差别化

由于在同一行业内产品具有区分度，消费者根据产品存在的差异而产生不同的偏好。产品差别化的策略可以通过产品价格定位差异化、文化差异化、技术差异化和功能差异化这四个途径，从而使得产品在市场竞争中占据有利地位。

在产品价格定位差异方面，纵观我国原油、成品油价格体系的改革与变迁，尤其是自1998年实行与国际市场接轨、改变行政体制单一定价改革以来，虽然我国石油产品市场逐步市场化，但始终没有完全脱离政府主导的定价机制。全国石油产品价格依然参照国际市场的变化调整并根据政府的宏观指导确定，使得国内石油产品在价格定位上的差异很小。在文化定位差异方面，我国石油产业主要依靠政府主导从而建立和发展起来，所有石油企业共享同一种制度文化、物质文化、精神文化，甚至是行为文化，我国石油企业的产品不具备文化差异性。在石油技术差异方面，石油技术差异化主要体现在勘探、开采、储运和加工的技术、设备和仪器上，技术本身的同质度较高。在功能差异化方面，由于石油产品在其他方面的产品差异表现程度很低，消费者体会不到（或消费者没有必要重视）其间的某些差别。总之，对于我国三家大型石油公司而言，无论是产品价格定位差异化和文化差异化，还是技术差异化和功能差异化，产品差异化程度均较小。由于原油、成品油的同质度较高，我国石油企业普遍采取从提高产品的服务质量、发展社会公益、践行绿色低碳发展战略等方面树立企业在社会中的形象，以形成产品差异化。例如，中石油连续十年开展"扶贫助困，共享阳光"奖学活动，千万资金资助甘肃7000名学子圆读书梦；中海油积极回馈社会，长期帮扶沿边地区的贫困市、县。

（三）进入与退出壁垒

进入壁垒是影响市场结构的重要因素，也是"一种生产成本（在某些或某个产出水平上），这种成本是打算进入一个行业的新企业必须负担，而在位企业无须负担"（Stigler，1968）。[①] 从政策性进入壁垒来看，由于石油资源具有不可再生性，且在国民经济中具有重要的战略地位，各国的石油产业基本都是由国家对特定企业进行特许经营授权而建立的。在 1989—2001 年，我国石油石化产业重组，按照政企分开、政资分开的现代企业制度，相继建立中石油、中石化和中海油，并于 2000 年前后相继在海外资本市场上市。目前，我国这三大石油企业享有石油资源勘探、开发和生产特权。中石油负责东北、西北、西南的油气资源开采与加工，中石化负责华东、华南、华北、华中地区的油气资源开采及加工，中海油负责海上油气资源的开采及加工。可见，政策法规的限制使得石油产业几乎不会有新进入者。从资源性壁垒来看，石油资源属于不可再生资源，一国油气的蕴藏储藏量极其有限，新进入者需要花费大量费用购买资源，这给潜在进入者造成巨大的成本压力。从规模经济的进入壁垒来看，按照国际常规，年炼油能力在 250 万吨以上才能达到最小规模经济产量。如果新进入者没有相当雄厚的实力，是无法在承受如此大的成本劣势情况下超越规模经济壁垒。从技术性壁垒来看，石油产业从勘探、开采、储运到加工的每一个环节都是技术密集型产业，需要高精尖的技术、人才以及设备，有些甚至是保密性或专利性技术。可见，进入壁垒已经成为影响我国石油产业组织的重要因素。

退出壁垒对我国石油产业也具有非常重要的影响。石油产业不仅

[①] Stigler Gorge J., *The Organization of Industry*，Homewood，IL：Richard D. Irwin 67，1968.

有巨额的沉没成本（资产专用性强），还会面临高额的退出费用和社会责任。我国石油产业建立和发展的资金主要来源于中央政府和地方政府，当企业面临亏损、竞争不利时，不能按照市场经济的法则行事，无法采用国外企业直接申请破产的方式来处理，需要兼顾考虑国家的经济安全、社会稳定及失业问题等，因而政府会阻止石油企业的退出。

三、我国石油产业组织分析：市场行为

（一）石油产业的定价行为

长期以来，我国石油价格的制定都是基于政府的主导，这是由石油产业集中度高以及本身的特殊性所决定。1998 年之前，政府是我国石油单一的价格制定者，并且不考虑国际石油价格的变化。1998 年之后，国家对石油价格机制进行重大变革，开启了我国原油、成品油价格逐步与国际市场接轨的改革历程。从 2001 年起，国内成品油价格依据新加坡、纽约、鹿特丹三地市场价格相应调整，并允许当国际油价波动幅度超过 5%—8% 的范围时由国家发展改革委调整零售中准价。2006 年，国家发展改革委将成品油价格改为以国际市场原油价格为基础，加上国内生产加工销售过程中产生的费用以确定油价。2007 年，商务部出台的《成品油市场管理办法》规定，原油价格保持与国际市场接轨，成品油价格与国际市场间接接轨。2008 年年底，我国规定当国际市场原油连续 22 个工作日平均价格变化超过 4%，可相应调整国内成品油价格。2013 年年底，我国出台完善成品油价格机制，国内汽柴油价格根据国际市场原油价格变化每 10 个工作日调整一次，若每吨为 50 元以下的调整幅度则当期不做调整，纳入下次调价时累加或冲抵。此后，我国油价运行总体平稳，国内成品油价格更加灵敏反映国际市

场油价变化，保证了成品油正常供应，促进了市场有序竞争，价格调整透明度增强，市场化程度进一步提高。2014年下半年以来，世界石油市场格局发生了深刻变化，成品油价格机制在运行过程中出现了一些不适应的问题。国家发展改革委进一步完善了成品油价格机制，推进价格市场化。2016年1月国家发展改革委对成品油价格形成机制进行调整，即国家发展改革委在《关于进一步完善成品油价格形成机制有关问题的通知》（发改价格〔2016〕64号）中作出如下规定：一是设定成品油价格调控下限；二是建立油价调控风险准备金；三是放开液化石油气出厂价格；四是简化成品油调价操作方式。可见，我国石油定价带有明显的政府色彩。

（二）石油产业的兼并重组行为

纵观我国石油产业的改革与发展历程，主要经历了三个重要阶段：起步阶段（1978—1988年）、改革阶段（1989—2001年）和加快发展阶段（2002年至今）。在起步阶段，我国撤销了国家石油工业部，组建国家石油公司，标志着我国石油行政体制改革正式起步。在改革阶段，我国逐步深化石油产业的行政体制改革，实行政企分开、政资分开，进一步推动石油石化企业重组以建立完善的现代企业制度。随着2000年中石油、中石化和中海油三家央企相继在国外资本市场成功上市，我国石油企业开始实施"走出去"的发展战略，积极参与国际石油项目建设合作。在加快发展阶段，我国健全现代企业制度使之更符合市场经济发展的要求，强化市场在石油产业资源配置中的作用。同时，我国石油企业不断加快"走出去"，纷纷选择在国际资本市场上市，拓宽石油合作的国际领域。2014年中石化斥资5.6亿美元收购了母公司沙特炼化项目的部分权益。2015年12月5日，中石化宣布同意通过

ArcLight 投资伙伴公司和 Freepoint 商品公司的附属公司将美国维尔京群岛前圣克罗伊炼油厂的石油终端为客户进行翻新。中石化将租赁该终端初始 1300 万桶能力的 1000 万桶。对于中小石油企业而言，通过兼并重组能够给企业带来协同效益，从而降低企业成本，提高经济效率。

（三）石油产业延长产业链行为

石油产业的价值链分为上游、中游和下游三个部分，囊括勘探、开采、储运、炼化和油品销售等几大环节。然而，近年来随着国际石油市场竞争愈发激烈，我国石油资源短缺，社会需求多样化，石油企业仅仅依靠单一的资源来源获得原油及成品油已不能适应市场竞争的需要，因而需要延长石油产业的产业链。在上游产业链中，我国参与国外石油建设项目的投资或技术支持，每年从该项目中提取一定比例的石油份额，即以"份额油"的方式参与国外众多项目合作。通过积极参与国际石油产业链内部垂直分工与协作，拓展石油资源的勘探开采空间。在中下游的炼油及销售环节，我国在各省市对一批石油化工项目进行整改再造，致力于构建合理完善的石油产业价值链，对原油进行深加工，丰富成品油结构。

四、我国石油产业组织分析：市场绩效

（一）石油企业生产能力比较

生产能力是反映企业所拥有的加工能力的一个重要技术参数，用于反映企业的生产规模。根据国际标准，石油加工企业要想达到最小规模经济产量，年炼油能力至少要在 250 万吨以上。近年来，全球炼油能力排名前十位的公司中，我国中石油和中石化位列其中，虽占两位，但我国拥有 120 家左右的炼油厂，全国达到最小规模经济产量的

炼油企业比例不到30%，中小型炼油企业数量巨大。我国石油企业的炼油与原油加工环节的产能利用率长期偏低，产能利用率仅为70%左右，产能利用水平不高。因此，一些规模较小和落后装置的炼油厂持续被迫叫停或被优势企业兼并改组已成为不争的事实。

（二）石油企业营利能力比较

近年来我国石油企业的净利率总体上都低于同期的国际水平，营利能力较弱。例如，2013年埃克森美孚石油的净利润率达到8.0%，中石化的净利润率仅为2.0%，二者相差较大。究其原因，源于如下三个方面：在原油开采方面，由于我国大部分主要油田的开采都已进入开采难度大，开采量下滑阶段，这对我国的技术水平和劳动生产率提出了更高要求。在生产和加工方面，尤其是炼油业需要形成规模才能降低成本，尽管目前我国原油年加工量很大，但平均规模落后于世界平均规模。在国际油价方面，国际油价影响我国石油企业的销售收入、产量规模、投资环境以及海外的发展环境等，进而影响石油企业的营利能力和空间。2014年中国石油的净利润大幅不及埃克森美孚，与其资产和产量规模匹配性不强；中海油的总资产回报率与埃克森美孚非常接近，但因为资产和产量规模不在一个层级上，净利润亦远远少于埃克森美孚。在资产收益率方面，中石油的资产收益率不高，中石化的资产收益率始终保持在较低水平，与埃克森美孚公司的收益率差距大。可见，我国石油企业的资产收益能力总体上偏低。

能源是推动我国经济社会发展的重要物质基础，保障能源安全已经成为我国能源安全战略的重要组成部分。本章主要从能源安全要素视角、能源效率视角和石油产业组织视角三个方面对我国能源安全进行了全面分析。从能源安全要素视角研究发现，我国能源安全度较低，能源安全面临着巨大风险。从能源效率视角的研究发现，基于 DEA 方法研究表明，改革开放以来我国能源效率在不断提高，提高能源效率是解决我国能源矛盾的重要途径。我国能源效率提高也可以通过考察能源经济效率、产业结构变化、技术水平以及能源加工转换效率加以证明。我国能源效率较低，需要建立健全能源政策，重视可再生能源发展；需要积极调整产业结构，加强能源研发投入，提升技术水平；通过加强能源国际合作，提升我国能源效率。在影响因素的研究中，能源价格和经济开放程度对我国能源效率有正向作用，产业结构和技术进步对我国能源效率有负向作用。深入研究中部地区能源效率发现，中部地区节能潜力较大，需要提高能源效率。中部地区经济发展水平、产业结构、能源消费结构、R&D 投入对能源效率都有不同程度的影响。中部地区可以通过调整经济增长方式，加快经济发展步伐；积极调整产业结构，淘汰落后生产能力；优化能源消费结构，发展新能源；加大研发力度，提升科学技术水平等手段提高能源效率。从石油产业组织分析的视角进行研究发现：一是我国石油产业的集中度很高，属于寡头垄断型市场结构，石油产业的竞争相当有限。二是由于政策性法规的管制以及石油产业本身的特性，我国石油市场一直存在较高的进入和退出壁垒。通过兼并重组，在提高企业竞争力的同时也淘汰和提升了落后无效率企业，但这基本都是依赖于中石油、中石化等大型企业或政府主导，中小企业缺乏自主能力。三是我国石油企业营利能力较低，产能利用率低，企业缺乏竞争力，与国外石油巨头相比存在差距。

第三章　我国环境保护分析

改革开放以来，我国通过以资源消耗为主的、粗放式的发展模式，实现了经济高速增长，但这种以环境破坏为代价的经济发展难以持续。进入 21 世纪，节能环保和生态文明建设日益受到国家重视，制定并落实具体规划。我国政府在《节能减排"十二五"规划》（国发〔2012〕40 号）中提出："以邓小平理论和'三个代表'重要思想为指导，深入贯彻落实科学发展观，坚持大幅降低能源消耗强度、显著减少主要污染物排放总量、合理控制能源消费总量相结合，形成加快转变经济发展方式的倒逼机制；坚持强化责任、健全法制、完善政策、加强监管相结合，建立健全有效的激励和约束机制；坚持优化产业结构、推动技术进步、强化工程措施、加强管理引导相结合，大幅度提高能源利用效率，显著减少污染物排放；加快构建政府为主导、企业为主体、市场有效驱动、全社会共同参与的推进节能减排工作格局，确保实现'十二五'节能减排约束性目标，加快建设资源节约型、环境友好型社会。"2015 年国务院在《关于加快推进生态文明建设的意见》中提出生态文明建设的具体目标。一方面，要求资源的利用更加高效。对于部分资源利用指标，如单位 GDP 二氧化碳排放、万元工业增加值用水量、非化石能源占一次能源消费比重等，均提出了高于"十二五"期间的标准。另一方面，要求生态环境质量总体改善。包括主要污染物排放总量继续减少，大气环境质量、重点流域和近岸海域水环境质量改善，土壤环境质量总体保持稳定，环境风险得到有效控制，生物多样性速度得到基本控制，全国生态系统稳定性明显增强等。2016 年党的十八届六中全会指出需要加大环境治理力度，以提高环境质量为核心，实行最严格的环境保护制度，深入实施大气、水、土壤污染防治行动计划，实行省以下环保机构监测监察执法垂直管理制度。党的十九大报告指出：加快生态文明体制改革，建设美丽中国。这意味着，生态文明建设已经上升为新时代中国特色社会主义的重要组成部分，需要建设"富强民主文明和谐美丽"的社会主义现代化强国的目标。

我国在环保方面的投入力度不断加大（见表 3.1），环境污染治理投资总额从 2006 年的 2566 亿元增加到 2014 年的 9575.5 亿元，占当年 GDP 的比重也从 1.17% 增加到 2014 年的 1.49%。2015 年我国环境污染治理投资总额则有所下降，即下降到 8806.3 亿元，但随后在 2016 年环境污染治理投资总额又增加到 9219.8 亿元。我国工业污染源治理投资规模也在不断增加，但占当年 GDP 的比重却较低，并且有一定程度的下降。建设项目"三同时"环保投资额也有了大幅度的上升，且占当年 GDP 的比重也在增加。可见，我国越来越重视环境保护，但仍然有较大程度的提升。

当前，我国环境保护现状如何，我国制定了哪些环境保护政策？我国环境保护取得了哪些成效？针对这些问题，本章首先从环境保护、节能减排的相关政策入手，分析环境保护的质量，探究环境保护与经济发展之间的博弈，并进一步实证研究我国环境库兹涅茨曲线。

表 3.1 我国环境污染治理投资情况及占 GDP 的比重

指标\年份	环境污染治理投资总额		工业污染源治理投资		建设项目"三同时"环保投资额	
	规模（亿元）	占比（%）	规模（亿元）	占比（%）	规模（亿元）	占比（%）
2006	2566.00	1.17	483.95	0.22	767.20	0.35
2007	3387.30	1.25	552.39	0.20	1367.40	0.51
2008	4937.03	1.55	542.64	0.17	2146.70	0.67
2009	5258.39	1.51	442.62	0.13	1570.70	0.45
2010	7612.19	1.84	396.98	0.10	2033.00	0.49
2011	7114.03	1.45	444.36	0.09	2112.40	0.43
2012	8253.46	1.53	500.46	0.09	2690.35	0.50
2013	9037.20	1.52	849.66	0.14	2964.5	0.46
2014	9575.50	1.49	997.65	0.15	3113.9	0.46
2015	8806.3	1.28	773.70	0.11	3085.8	0.45
2016	9219.8	1.24	819.0	0.11	2988.8	0.40

注：原始数据来源于历年的《中国统计年鉴》，比例数据根据原始数据计算得到。其中 2013 年和 2014 年的建设项目"三同时"环保投资额数据来源于环保部，智研数据中心整理。

第一节 我国环境保护与节能减排的相关政策

一、我国环境保护的基本政策

1978 年 3 月 5 日，第五届全国人民代表大会第一次会议通过了《中华人民共和国宪法》，明确规定："国家保护环境和自然资源，防治污染和其他公害。"以根本大法的形式，对环境保护作出规定，这在我国尚属首次，为以后的环境保护立法提供了法律依据。1978 年宪法第一次以根本大法的形式，对环境问题作出了规定。同年召开的党的十一届三中全会决定将工作重点转移到经济建设上来，与经济发展密不可分的环境问题成为越来越突出的热点和焦点问题。邓小平同志就曾明确指出应该制定环境保护法，环境保护法的制定提到了国家立法的日程。

1979 年 9 月，我国颁布了新中国成立以来第一部综合性的环境保护基本法——《中华人民共和国环境保护法（试行）》，把我国的环境保护方面的基本方针、任务和政策，用法律的形式确定下来。《环境保护法》共 7 章 33 条。其中第一章（总则）规定：环境保护法的任务，是通过"保证在社会主义现代化建设中，合理地利用自然环境，防治环境污染和生态破坏"，达到"为人民造成清洁适宜的生活和劳动环境，保护人民健康，促进经济发展"的目的。控制新污染源的基本制度和原则是："在进行新建、改建和扩建工程时，必须提出对环境影响的报告书，经环境保护部门和其他有关部门审查批准后才能进行设计。"新建、扩建、改建工程中防治污染和其他公害的设施，"必须与主体工程同时设计、同时施工、同时投产；各项有害物质的排放必须遵守国家规定的标准。"治理现有污染源的原则是"谁污染，谁治理"。《环境保护法》的颁布是我国环境管理走上法治道路的标志，对全国的环境保护工作、环境立法和司法起着积极的促进作用，但该法为"原则通过"的"试行"法，因此应根据实施中出现的问题和情况的变化，在条件成熟时加以修订。《环境保护法》是一个基本法，为使其中规定的方针、原则、要求等得到正确实施，还要制定各种有关的单行法规，如大气污染防治、水体污染防治、海洋环境保护、噪声控制等方面的法规，以及关于环境污染纠纷的处理、违法者应承担的各种责任方面的法规。1989 年在对《环境保护法（试行）》做大范围修改的基础上，正式颁布了新的《环境保护法》，一系列与之相配套的法律法规纷纷颁布，使环境保护法成为我国法律体系中发展最为迅速的部门法。2014 年 4 月 24 日，十二届全国人大常委会第八次会议表决通过了《环保法修订案》，新法于2015年1月1日施行。至此，这部中国环境领域的"基本法"，完成了25年来的首次修订，这也让环保法律与时俱进，开始服务于公众对依法建设"美丽中国"的期待。

经过多年发展，我国的环境保护政策已经形成了一个完整的体系，具体包括三大政策、八项制度，即"预防为主，防治结合""谁污染，谁治理""强化环境管理"这三项政策和"环境影响评价""三同时""排污收费""环境保护目标责任""城市环境综合整治定量考核""排污申请登记与许可证""限期治理""集中控制"八项制度。具体来看，预防为主、防治结合政策，是预先采取措施避免或者减少对环境的污染和破坏，是解决环境问题最有效率的办法。在经济发展过程中，把环境污染控制在一定范围之内，通过各种方式防止环境污染的产生和蔓延。把环境保护纳入国家和地方的中长期及年度国民经济和社会发展计划，对开发建设项目实行环境影响评价制度和"三同时"制度。"谁污染，谁治理"政策，即由污染者承担其污染的责任和费用。通过对超过排放标准向大气、水体等排放污染物的企事业单位征收超标排污费，专门用于防治污染；对严重污染的企事业单位实行限期治理；结合企业技术改造防治工业污染。强化环境管理政策。政府介入环境保护中，担当管制者和监督者的角色与企业一起进行环境治理。通过强化政府和企业的环境治理责任，控制和减少因管理不善带来的环境污染和破坏，逐步建立和完善环境保护法规与标准体系，建立健全各级政府的环境保护机构及国家和地方监测网络，实行地方各级政府环境目标责任制，对重要城市实行环境综合整治定量考核。

我国环境保护的三大政策互为支撑，缺一不可，互相补充，不可替代。"预防为主"的环境政策是从增长方式、规划布局、产业结构和技术政策角度考虑的;"谁污染,谁治理"的环境政策是从经济和技术角度来考虑的;"强化管理"环境政策是从环境执法、行政管理和宣传教育角度来考虑的。三大环境政策构成一个有机整体,是环境保护工作的原则性规定,基本涵盖了环境管理的各个方面,既有宏观管理的内容,也有微观管理的部分。

二、我国节能减排的基本政策

1979 年,世界能源委员会首次提出了节能的概念。从狭义来看,节能是指节约煤炭、石油、电力、天然气等能源。从广义来看,节能是指除狭义节能内容之外的节能方法,如节约原材料消耗,提高产品质量、劳动生产率、减少人力消耗、提高能源利用效率等。减排,就是降低废气排放,废气当中有害物质主要有二氧化硫、二氧化碳、灰尘、一氧化碳、氮氧化物、碳氢化合物、氟化物等。

改革开放初期,面对经济高速发展态势,能源紧缺成为我国国民经济发展的瓶颈,节能受到重视。20 世纪 80 年代以来,我国政府制定了 "开发与节约并重、近期把节约放在优先地位" 的方针,确立了节能在能源发展中的战略地位。1980 年,国务院批转国家经济委员会、国家计划委员会发布了《关于加强节约能源工作的报告》和《关于逐步建立综合能耗考核制度的通知》。节能作为一项专门工作被纳入国家宏观管理的范畴,同时国家成立了专门的节能管理机构,制定并实施了我国资源节约与综合利用工作 "开发与节约并重,把节约放在优先地位" 的长期指导方针。随后,国家颁布了众多的节能减排的纲领性文件,如 1984 年的《中华人民共和国水污染防治法(试行)》与《节能技术政策大纲》，1986 年的《节约能源管理暂行条例》，1990 年的《中华人民共和国防治陆源污染物污染损害海洋环境管理条例》与《国务院关于进一步加强环境保护工作的决定》。为了推动全社会节约能源，提高能源利用效率，保护和改善环境，促进经济社会全面协调可持续发展，我国政府从 1995 年起开始制定节能法，于 1997 年 11 月经全国人大通过了《中华人民共和国节约能源法》，1998 年 1 月 1 日正式实施。该法指出：节能是国家发展经济的一项长远战略方针。国务院和省、自治区、直辖市人民政府应当加强节能工作，合理调整产业结构、企业结构、产品结构和能源消费结构，推进节能技术进步，降低单位产值能耗和单位产品能耗，改善能源的开发、加工转换、输送和供应，逐步提高能源利用效率，促进国民经济向节能型发展。要求"采取技术上可行、经济上合理以及环境和社会可以承受的措施，减少从能源生产到消费各个环节中的损失和浪费，更加有效、合理地利用能源""国家对落后的耗能过高的用能产品、设备实行淘汰制度"。《节能法》的公布和实施确定了节能在中国经济社会建设中的重要地位，用法律的形式明确了"节能是国家发展经济的一项长远战略方针"，为中国的节能行动提供了法律保障。2004 年国务院通过的《能源中长期发展规划纲要（2004—2020 年）（草案）》强调，必须坚持把能源作为经济发展的战略重点，为全面建设小康社会提供稳定、经济、清洁、可靠、安全的能源保障，以能源的可持续发展和有效利用支持我国经济社会的可持续发展。从根本上解决我国能源问题，必须牢固树立和认真贯彻科学发展观，切实转变经济增长方式，坚定不移走新型工业化道路。要大力调整产业结构、产品结构、技术结构和企业组织结构，依靠技术创新、体制创新和管理创新，在全国形成有利于节约能源的生产模式和消费模式，发展节能型经济，建设节能型社会。2012 年 8 月 6 日，国务院以国发〔2012〕40 号印发《节能减排"十二五"规划》。该《规划》分现状与形势，指导思想、基本原则和主要目标，主要任务，节能减排重点工程，保障措施，规划实施六部分。要求到 2015 年，全国万元国内生产总值能耗下降到 0.869 吨标准煤（按 2005 年价格计算），比 2010 年的 1.034 吨标准煤下降 16%（比 2005 年的 1.276 吨标准煤下降 32%）。"十二五"期间，实现节约能源 6.7 亿吨标准煤。2016 年 12 月 20 日国务院以国发〔2016〕74 号印发了《"十三五"节能减排综合工作方案》，要全面贯彻党的十八大和十八届三中、四中、五中、六中全会精神，深入贯彻习近平总书记系列重要讲话精神，认真落实党中央、国务院决策部署，紧紧围绕"五位一体"总体布局和"四个全面"战略布局，牢固树立创新、协调、绿色、开放、共享的发展理念，落实节约资源和保护环境基本国策，以提高能源利用效率和改善生态环境质量为目标，以推进供给侧结构性改革和实施创新驱动发展战略为动力，坚持政府主导、企业主体、市场驱动、社会参与，加快建设资源节约型、环境友好型社会，确保完成"十三五"节能减排约束性目标，保障人民群众健康和经济社会可持续发展，促进经济转型升级，实现经济发展与环境改善双赢，为建设生态文明提供有力支撑。到 2020 年，全国万元国内生产总值能耗比 2015 年下降 15%，能源消费总量控制在 50 亿吨标准煤以内。全国化学需氧量、氨氮、二氧化硫、氮氧化物排放总量分别控制在 2001 万吨、207 万吨、1580 万吨、1574 万吨以内，比 2015 年分别下降 10%、10%、15% 和 15%。全国挥发性有机物排放总量比 2015 年下降 10% 以上。

第二节 我国环境保护的质量分析

一、制定并颁布相关政策

"十二五"以来，党中央、国务院把生态文明建设和环境保护摆上更加重要的战略位置，作出一系列重大决策部署，以大气、水、土壤污染治理为重点，坚决向污染宣战，环境保护取得积极进展。《大气污染防治行动计划》（以下简称《大气十条》）（国发〔2013〕37号）和《水污染防治行动计划》（以下简称《水十条》）（国发〔2015〕17号）颁布实施。《大气十条》明确了2017年及今后更长一段时间内空气质量改善目标，提出综合治理、产业转型升级、加快技术创新、调整能源结构、严格依法监管等10条35项综合治理措施，重点治理细颗粒物（PM2.5）和可吸入颗粒物（PM10）。《水十条》按照"节水优先、空间均衡、系统治理、两手发力"原则，确定了全面控制污染物排放、推动经济结构转型升级、着力节约保护水资源、强化科技支撑、充分发挥市场机制作用、严格环境执法监管、切实加强水环境管理、全力保障水生态环境安全、明确和落实各方责任、强化公众参与和社会监督10个方面238项措施。

二、加强环境污染治理

目前，我国建成发展中国家最大的环境空气质量监测网，全国338个地级以上城市全部具备PM2.5等六项指标监测能力。实施《重点流域水污染防治规划》，加强饮用水水源地和水质较好湖泊生态环境保护。全国地表水国控断面劣V类比例下降6.8个百分点，大江大河干流水质稳步改善。2016年全国地表水国控断面Ⅰ–Ⅲ类水质比例为67.8%，劣Ⅴ类水质比例为8.6%。开展监测的地级及以上城市集中式饮用水水源地中，有93.4%地表水型水源地水质达标，84.6%地下水型水源地水质达标。2016年制定加强地下水污染防治工作方案，实施国家地下水监测工程。加强饮用水安全保障，加快污水处理设施建设。全年完成城镇污水处理量超过540亿立方米，推进黑臭水体整治1285个。2016年12月，环境保护部、财政部、国土资源部、农业部、卫生计生委联合印发《全国土壤污染状况详查总体方案》，部署启动全国土壤污染状况详查工作。2017年7月31日，全国土壤污染状况详查工作动员部署会召开，正式启动全国土壤污染状况详查的工作。目前，生态环境部组织了8个技术指导专家组，在统一协调组织下，赴各地开展农用地详查技术指导与监督检查。

三、加强环境污染执法监督

一是我国加强重点领域风险防控。安排中央专项资金172亿元，支持重金属污染治理，重金属污染事件由2010—2011年的每年10余起下降到2012—2015年的平均每年不到3起。全国堆存长达数十年的670万吨历史遗留铬渣处置完毕。各级环保部门妥善处置各类环境事件近2600起。二是我国提高执法监管水平。以新《环境保护法》为标志，环境保护的立法和执法取得明显进展。2011—2014年，多部门联合开展环保专项整治行动，全国共出动执法人员924万余人（次），检查企业362万余家（次），查处环境违法问题3.7万件。建立行政执法与刑事执法协调配合机制，环境司法取得重大进展。从2015年至今，环境保护部连续三年开展《环境保护法》实施年活动，全面推进环保法及配套办法在省级、地市级和县区级的落实。各省区对新《环境保护法》四个配套办法执行情况，定期进行分析，实行年终考核。各级环保部门还抓住"水十条""大气十条""土十条"实施的有利时机，分阶段、分重点、分区域持续开展执法行动。[①] 三是组建生态环境部。2018 年国务院新组建了生态环境部，从环境保护部到生态环境部，是认真贯彻和落实习近平新时代中国特色社会主义思想、推进我国生态文明领域国家治理体系和治理能力现代化的重大创举。"绿水青山就是金山银山"的发展理念，充分显示了我国对生态环境的重视，高度契合了当前生态文明建设在国家发展中的重要地位，既反映了党中央对绿色发展的高度重视，也反映了人民群众对环境保护的高度期许。

四、环境效益明显提升

党的十八届五中全会首次提出将细颗粒物（PM2.5）等环境质量指标纳入约束性控制，从过去十年单一的主要污染物排放总量约束到"十三五"期间新增环境质量指标约束，标志着环境保护阶段和治理要求发生战略性转变。2015 年党的十八届五中全会提出创新、协调、绿色、开放、共享的发展理念，党中央、国务院对生态文明建设和环境保护作出一系列重大决策部署，各地区、各部门坚决贯彻落实，以改善环境质量为核心，着力解决突出环境问题，取得积极进展。我国污染物排放总量持续大幅下降，环境效益明显。2015 年上半年，我国化学需氧量（COD）、氨氮、二氧化硫、氮氧化物排放量继续大幅下降，

---

① 参见《十八大以来环境法治建设述评：执法行动力度大手段多成效突出》，澎湃新闻，2017 年 10 月 13 日。

已提前半年完成"十二五"规划目标，二氧化硫和氮氧化物排放量减少，带来最明显的环境效益，酸雨面积已经恢复到20世纪90年代水平。化学需氧量排放量下降，推动主要江河水环境质量逐步好转，重要的标志是劣 V 类断面比例大幅减少，由2001年的44%降到2014年的9.0%，降幅达80%。2014年，全国五种重点重金属污染物（铅、汞、镉、铬和类金属砷）排放总量比2007年下降五分之一，重金属污染事件由2010—2011年的每年10余起下降到2012—2014年的平均每年3起，我国节能减排成绩突出。2017年全国万元国内生产总值能耗比上年下降3.7%，完成全年目标任务；万元国内生产总值二氧化碳排放下降5.1%。我国环境质量持续改善，2017年在监测的338个地级及以上城市中，城市空气质量达标的城市占29.3%，比2016年提高4.4个百分点；细颗粒物（PM2.5）未达标城市年平均浓度48微克／立方米，比2016年下降5.9%。

总之，环境保护既包括防止环境遭受破坏，也包括实现环境质量的提高，但加强环境保护不是一蹴而就的，需要参照发达国家在环境保护方面的经验，我国的环境保护仍然面临着压力和挑战。

第三节　我国环境保护与经济发展的博弈

一、博弈论

博弈论又被称为对策论，既是现代数学的一个新分支，也是运筹学的一个重要学科。博弈论考虑游戏中个体的预测行为和实际行为，并研究它们的优化策略。目前，博弈论已经成为非常重要的研究工具之一，在经济学、生物学、国际关系、计算机科学、政治学、军事战略和其他很多学科均有广泛应用。博弈基本概念中包括局中人、行动、信息、策略、收益、均衡和结果等。其中，局中人、策略和收益是最基本要素。局中人、行动和结果被统称为博弈规则。

二、环境保护与经济发展的博弈：政府与企业

（一）政府与企业的行为

作为两类不同的主体，政府与企业所关注的对象与焦点不同。基于各自从利益最大化出发，政府关注的是经济快速发展，企业关注的是利润最大化。从政府的角度来看，无论是其制定的长远发展规划，还是关于参与国际经济合作的相关法律法规，以及相关具体实践，其实施的最大目的便是实现自身的经济利益最大化，体现出明显的政策意图。如果政府追求经济发展，则往往会采取缺乏监管这一措施。如果政府加强监管，又增加了监管成本，导致经济发展放缓。可见，由于政府利益出发点不同，政府虽然在名义上是公共利益的代言人，但在现实中各个政府部门也会从自身的利益角度去考虑问题。地方政府与相关主体间的关系呈现出复杂的利益博弈的态势，当多重利益目标难以达成一致时，谋求地方政府自身利益就可能成为理性的地方官员的选择（时影，2018）。[①] 然而，无论是基于怎样的利益出发点，都有可能导致比较严重的问题。首先，政府的监管不到位。信息不对称理论指出，在社会政治、经济等活动中，一些成员拥有其他成员无法拥有的信息，由此造成信息的不对称。在信息不对称的条件下，政府很难做到全方位的严格监管，即使做到了严格监管，但持续性较差，其结果只能导致政府放弃监管。其次，政府监管需

---

① 时影：《利益视角下地方政府选择性履行职能行为分析》，《甘肃社会科学》2018 年第 2 期。

要有成本，但当政府执行监管的成本超过了对违规企业的罚金所得，政府将很容易产生放弃执行监管的动机。可见，政府是否采取监管行动取决于自身的经济利益最大化，政府的行为是理性的。最后，政府的行为有可能导致企业变本加厉。政府鼓励企业加强污染治理，但企业满足政府要求而需要大量资金，通过向银行借款而发生较大量的债务危机。可见，政府的目的和行为甚至将对企业产生比较严重的影响。

从企业的角度来看，从理性的角度出发，追求利润最大化则成为企业唯一的目标。企业在实现利润最大化的过程中，必然通过扩大收入、降低成本来实现利润最大化。降低成本的手段则表现为对排污的治理，企业如果加大对排污的治理力度，那么企业将增加成本，减少利润；如果企业不治理排污，则能够增加利润，但却给社会造成巨大污染。由于长年低于治理成本的排污费标准达不到激励企业减排的目的，企业往往倾向于通过加大排污而降低治理力度。从实际情况来看，企业的积极性较低。企业加大污染治理在很大程度上依赖于政府的政策推动，环境污染治理可以形成倒逼机制推动企业自主创新，实现生产方式升级改造（张兵兵等，2017）。① 企业加大污染治理需要在一定程度上有较多的成本支出，可能在短时间之内降低企业的收益。然而，从长期来看，依靠技术进步推动企业的发展又能够给企业带来更多的收益。这种效益是否会超出成本支出？按照经济学原理，如果企业的边际收益小于边际成本，那么企业就缺乏加大污染治理的动机。

---

① 张兵兵、田曦、朱晶：《环境污染治理、市场化与能源效率：理论与实证分析》，《南京社会科学》2017年第2期。

可见，政府和企业之间的目标和行为存在不一致性，这种不一致性必将导致二者之间存在博弈。下面，具体分析政府和企业二者之间的博弈关系。

（二）博弈过程

政府与企业各自基于自身利益最大化的目标而存在彼此之间的博弈，假定 R 为企业的收入，C 为企业治理环境污染的费用，Q 为按照国家排污标准排放与实际排放二者之间的差异（假定国家的排污标准小于企业实际的排放标准），$D(Q)$ 为政府对企业治理污染的不足行为所征收的罚金，K 为政府对企业监管的成本，h 为政府对企业进行监管的概率，b 为企业治理污染的概率。于是，政府与企业之间的博弈结果如表3.2所示：当企业治理污染，满足政府要求，并且采用国家标准排放，此时企业无须缴纳罚金，政府进行监管和不监管的支付分别是 K 和 0，而企业的总收益分别是 $R-C$；当企业不治理污染，不满足政府要求，此时政府对企业进行监管，将对其进行罚款，其总收益为 $D(Q)-K$，企业的总收益为 $R-D(Q)$。如果此时政府不监管，则企业即使不治理污染，其总收益仍然为 R。

表3.2　政府与企业博弈支付矩阵

企业

政府		治理污染	不治理污染
	监管	$-K$, $R-C$	$D(Q)-K$, $R-D(Q)$
	不监管	0, $R-C$	0, R

情况一：$D(Q)-K<0$。

当企业治理污染，从博弈的结果可以看出，政府不监管则成为其最优选择；而当企业不治理污染，则政府的最优选择仍然是不监管，

这意味着当 $D（Q）-K<0$ 时，政府采取不监管的策略都是其采取监管策略的占优策略。而当政府采取不监管的策略时，企业不治理污染则成为企业的最优选择。由此当政府的罚金所得不足以弥补其监管成本时，博弈的均衡结果为（不监管，不治理污染）。这一结果表明，如果政府进行监管所得收入不足以弥补其成本支出，那么此时政府将会选择不监管，企业在没有政府监管的前提下也没有动力去治理污染，企业的行为视政府的行为而定。

情况二：$D（Q）-K=0$。

当企业治理污染时，政府的最优选择为不监管，企业不治理污染时，政府监管和不监管的效果将一样。而当政府采取不监管时，企业将不治理污染。当政府采取监管时，企业的最优决策要视其 C 与政府对其进行监管所得的罚金 $D（Q）$ 而定。如果 $C>D（Q）$，则企业将不治理污染，此时最终的博弈均衡结果将为无论政府是否监管，企业都将选择不治理污染，不治理污染将是企业的占优策略。如果 $C<D（Q）$，则企业将治理污染，此时最终的博弈均衡结果将同情况一。

情况三：$D（Q）-K>0$。

当企业治理污染时，政府的最后选择为不监管，企业不治理污染时，政府将进行监管。当政府采取不监管时，企业将不治理污染。当政府采取监管时，企业的最优决策要视其 C 与政府对其进行监管所得的罚金 $D（Q）$ 而定。如果 $C>D（Q）$，则企业将不治理污染，此时最终的博弈均衡结果将为（监管，不进行新能源开发利用）；反之当 $C<D（Q）$，则企业将治理污染，此时将不存在均衡结果，但却存在一个混合战略纳什均衡，具体分析如下：

假定 h 为政府对企业进行监管的概率，当 h 给定时，企业治理污染的收益为：$(R-C) \times h+(R-C) \times (1-h)=R-C$；企业不治理污染的收益为：$[R-D(Q)] \times h+R \times (1-h)=R-D(Q) \times h$。令两种情况下企业的收益相等，此时可以得到 $h^*=C/D(Q)$。

假定企业治理污染的概率为 b，在 b 给定时，政府进行监管的收益为 $(-K) \times b+[D(Q)-K] \times (1-b)=(1-b)D(Q)-K$；政府不进行监管的收益为 0。令两种情况下的收益相等，于是可以得到 $b^*=K/D(Q)$。

可见，混合战略的纳什均衡结果为（h^*，b^*）。当 $h<h^*$ 时，企业不治理污染的收益高于治理污染的收益，企业将选择不治理污染；反之，企业将治理污染。同理，当 $b<b^*$ 时，政府对企业进行监管的收益大于不进行监管的收益，政府将选择对企业进行监管；反之，政府将选择不对企业进行监管。

（三）结果与启示

从上面的分析过程可以看出，政府与企业之间存在博弈。在情况一中，均衡结果为（不监管，不治理污染）；在情况二中，均衡结果要视 C 与 $D（Q）$ 之间的关系而定，即当 $C>D（Q）$ 时，均衡结果将为无论政府是否监管，企业都将选择不治理污染；当 $C<D（Q）$ 时，均衡结果同情况一，即（不监管，不治理污染）。在情况三中，均衡结果要视 C 与 $D（Q）$ 之间的关系而定。当 $C>D（Q）$ 时，均衡结果为（监管，不治理污染）；当 $C<D（Q）$ 时，不存在均衡结果。

不难发现，上述三种情况下的均衡结果中，企业都选择了不治理污染，究其原因在于：首先，政府对企业的监管所得不足以弥补其监管成本，政府放弃对企业的监督导致企业放弃治理污染；其次，即使政府对企业的监管所得可以弥补其监管成本，但企业进行治理污染的边际收益小于其边际成本，这也导致企业接受处罚。而从混合战略均衡结果来看，当企业以尽可能大的概率选择进行治理污染，那么政府对其进行监管的意愿也会减弱，政府监管企业不会获得罚金所得，可以将有限的资源用于发挥最大效用之处。总之，政府与企业之间存在博弈，没有政府的监管，企业治理污染的动力不足。因此，政府需要在治理污染方面作出更大努力，鼓励和支持企业参与。

第四节　我国环境库兹涅茨曲线的实证

一、模型设定与工具变量的选择

（一）模型设定

尽管经济增长与环境污染二者之间表现出多种线性及非线性关系，但从图 3.1 不难看出，经济增长与环境污染二者表现出一定程度的 U 型曲线关系。因此，不妨设定如下模型：

$$PL_t = \beta_0 + \beta_1 \ln G_t + \beta_2 (\ln G_t)^2 + \beta_3 \ln (G_t)^3 + \varepsilon_t \qquad （3.1）$$

其中：PL 表示环境污染指标，运用工业废水排放量、工业废气排放量和工业固体废物产生量这三个指标来拟合环境污染指标；G 表示经济增长，用 GDP 来表示。在模型（3.1）中，要求解释变量具有外生性，此时采用 OLS 方法进行估计是正确的。然而，经济增长决定环境污染已经成为普遍共识，但环境污染对经济增长却具有非常明显的制约作用，因而经济增长这一解释变量在模型中并未具有完全的外生性，而是表现出"内生性"的特性。解决内生性问题，有效办法则是寻找工具变量。

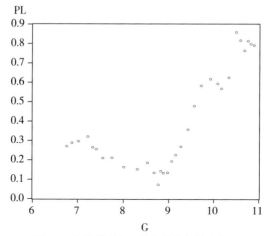

图 3.1 经济增长与环境污染指标的散点图

（二）工具变量的选择

由于选择工具变量不是唯一的，有一定的任意性，加上模型估计中的误差项实际上是不可观测的，要寻找严格意义上与误差项无关而与所替代的随机解释变量高度相关的变量具有一定困难。因此，在选择工具变量时除了遵循一般标准之外，还需考虑额外两个选择标准：一是具有高度相关性，二是通过格兰杰（Granger）因果关系检验即工具变量是解释变量的格兰杰原因。

1. 滞后一期的经济增长

运用滞后一期的自变量，能在一定程度上解决内生性问题。例如，贾中华、梁柱（2014）在研究贸易开放对经济增长的作用时，就选择外部工具变量和滞后一期的贸易依存度（解释变量）作为当期值的工具变量。[①] 借鉴这一做法，采用模型（3.1）中解释变量的滞后一期作为

---

① 贾中华、梁柱：《贸易开放与经济增长——基于不同模型设定和工具变量策略的考察》，《国际贸易问题》2014 年第 4 期。

工具变量。

2. 外商直接投资（FDI）

外商直接投资可以通过规模效应和技术效应提高地区集聚水平，进而作用于东道国的环境污染（许和连、邓玉萍，2012）。[1] 从我国地区来看，与东部城市相比我国中西部城市的外商直接投资对环境污染的影响更加显著（聂飞、刘海云，2015）。[2] 在本节研究的数据期间，外商直接投资与经济增长二者相关系数达到0.9460，属于高度相关。在格兰杰因果关系检验中，当滞后三期时，外商直接投资是经济增长的格兰杰原因，并通过了5%的显著性水平检验。

3. 人口规模（RK）

焦若静（2015）研究发现，人口小国的城市化率与环境污染呈正向线性关系，中型国家的城市化率与环境污染呈U形关系，人口大国的城市化率与环境污染呈倒U形关系。[3] 人口规模是影响我国环境污染各项指标的重要因素（付云鹏等，2015）。[4] 在本节研究的数据期间，人口规模与经济增长二者相关系数达到0.9872，属于高度相关。在格兰杰因果关系检验中，当滞后三期时，人口规模是经济增长的格兰杰原因，并且通过了10%的显著性水平检验。

---

[1]　许和连、邓玉萍：《外商直接投资导致了中国的环境污染吗——基于中国省际面板数据的空间计量研究》，《管理世界》2012年第2期。
[2]　聂飞、刘海云：《FDI、环境污染与经济增长的相关性研究——基于动态联立方程模型的实证检验》，《国际贸易问题》2015年第2期。
[3]　焦若静：《人口规模、城市化与环境污染的关系——基于新兴经济体国家面板数据的分析》，《城市问题》2015年第5期。
[4]　付云鹏、马树才、宋琪：《人口规模、结构对环境的影响效应——基于中国省际面板数据的实证研究》，《生态经济》2015年第3期。

二、指标处理及数据来源说明

（一）环境污染指标

由于衡量环境污染主要考虑工业废水排放量、工业废气排放量及工业固体废物产生量这三个指标，因此利用这三个指标构建统一的环境污染指标。首先，确定功效函数。假定 X_{ij} 为第 i 个序列量的第 j 个指标，X_{ij} 为标准化后的功效函数值，$\max X_{ij}$ 和 $\min X_{ij}$ 分别为系统稳定临界点序参量的上下限值。于是：

$$x_{ij}=\begin{cases}(X_{ij}-\min X_{ij})/(\max X_{ij}-\min X_{ij}) & x_j\text{具有正功效}\\(\max X_{ij}-X_{ij})/(\max X_{ij}-\min X_{ij}) & x_j\text{具有负功效}\end{cases} \quad (3.2)$$

利用熵值赋权法[①]来计算式（3.2）中的权重。假设 x_{ij} 为样本 i 的第 j 个指标的数值（$i=1,2,\cdots,n$），首先需要对指标进行比重化处理：

$$s_{ij}=x_{ij}/\sum_{i=1}^{n}x_{ij} \quad (i=1,2,\cdots,n;j=1,2,\cdots,p) \quad (3.3)$$

其次，计算 x_j 的熵值：

$$h_j=-\sum_{i=1}^{n}s_{ij}\ln s_{ij} \quad (3.4)$$

再次，将熵值逆向化：

$$a_j=\max_j h_j/h_j，\text{其中，}a_j\geqslant 1 \quad (3.5)$$

最后，计算指标 x_j 的权数：

$$w_j=a_j/\sum_{j=1}^{n}a_j \quad (3.6)$$

（二）数据来源说明

利用全国1985—2016年的数据进行实证。其中，2013年之前各变量的原始数据来源于《新中国六十五年》统计资料汇编，工业"三

---

① 熵值赋权法是在信息熵的基础上，根据各指标信息载量的大小来确定指标权数的方法，信息量的大小可用熵值来测度，熵的减少意味着信息量的增加。

废"2006—2015 年的数据来源于历年的《全国环境统计公报》，并利用 2006—2015 年的数据预测得出 2016 年的数据，其余数据来源于《中国统计年鉴》各期。

三、实证结果

（一）单位根检验

对变量进行单位根检验，能够防止"伪回归"，以使得在模型估计中更为准确。采用 ADF 法，检验各个变量的平稳性，结果见表 3.3。在 5% 的显著性水平下，所有变量的一阶差分均为平稳变量。

表 3.3　变量的 ADF 单位根检验结果

变量	ADF 值	1% 临界值	5% 临界值	10% 临界值	p 值	是否为平稳变量
$\ln PL$	0.1627	−3.6617	−2.9604	−2.6192	0.9655	非平稳
$\Delta \ln PL$	−4.3632***	−3.6702	−2.9640	−2.6210	0.0018	1% 条件下平稳
$\ln G$	−2.2771	−3.6999	−2.9763	−2.6474	0.1860	非平稳
$\Delta \ln G$	−3.1922**	−3.6999	−2.9763	−2.6274	0.0316	5% 条件下平稳
$\ln FDI$	1.2828	−2.6471	−1.9529	−1.6100	0.9457	非平稳
$\Delta \ln FDI$	−2.4839**	−2.6443	−1.9525	−1.6102	0.0148	5% 条件下平稳
$\ln RK$	0.7244	−2.6443	−1.9525	−1.6102	0.8661	非平稳
$\Delta \ln RK$	−4.0363***	−2.6443	−1.9525	−1.6102	0.0001	1% 条件下平稳

注：***、** 和 * 分别表示通过 1%、5% 和 10% 的显著性水平检验；单位根检验中有截距项，但无趋势项。

（二）估计结果分析

结合上述分析，估计模型（3.1）有：

$$PL = 6.6347 - 1.5692\ln G + 0.0955(\ln G)^2 + 0.7264AR(1) \qquad （3.7）$$

$$(0.00017)（0.0012）（0.0005）\qquad（0.0000）$$

估计中，R^2=0.9566，D.W.=1.6047。AR（1）表示一阶自回归，用于克服自相关。从估计结果来看，除了变量（$\ln G$）^{3}的系数不显著之外，其余所有变量的系数都通过了 1% 的显著性水平检验，模型拟合程度高。由于 $\beta_1<0$、$\beta_2>0$，因此经济增长与环境污染二者之间的关系表现为 U 形，即随着经济增长，环境污染经历"先改善后恶化"的过程。

四、进一步分析

当前，我国环境污染仍存在较大问题，究其原因表现在如下几个方面：

首先，工业化对环境污染造成重大影响。改革开放以来，随着我国工业化大规模推进，重工业发展迅猛，对环境污染造成重大影响。环境污染不仅在城市地区严重，随着乡镇企业的异军突起，环境污染向农村急剧蔓延，并呈加剧之势。在工业化进程中，工业化进程加快将导致污染物排放增加，环境污染加重（杨仁发，2015）。[1] 工业化发展在我国经济增长中占有重要地位，因而长期以来我国产业结构中第二产业占主导地位，产业结构不合理。我国三次产业结构从 1978 年的 27.9∶47.6∶24.5 变为 2017 年的 7.9∶40.5∶51.6，产业结构仍不够合理。发达国家（或地区）产业结构中第三产业所占比重基本高达 80%。例如，2014 年中国香港第三产业增加值占地区生产总值的比重高达 92.74%，英国和美国第三产业增加值占 GDP 的比重也分别高达 79.63% 和 78.05%。可见，与发达国家（或地区）相比，我国三次产业结构仍不够合理，工业化进程中仍然对环境污染造成重大影响。

其次，环境规制力度不足。环境规制对环境污染有一定的直接抑

---

① 杨仁发：《产业集聚、外商直接投资与环境污染》，《经济管理》2015 年第 2 期。

制作用（李斌、李拓，2015）。[1]为了解决工业污染问题，我国治理工业污染项目投资额从1985年的22.21亿元增加到2016年的819.0亿元，治理工业污染项目投资额在不断增加，表明我国越来越重视治理工业污染。然而，我国治理工业污染项目投资额与GDP之比明显偏低（见表3.1），尤其是在进入2010年之后的3年，治理工业污染项目投资额与GDP之比低于0.1%。尽管2014年的这一比值为0.15%，但仍低于1985年的水平。可见，我国治理工业污染项目投资额在增加，但与GDP相比却不足。从我国三大地区来看，西部地区成为污染密集型产业的净转入区，东、中部地区成为污染密集型产业的选择性转移区（何龙斌，2013）。[2]从我国城镇化进程来看，当人口高速向城镇大规模聚集时，会增加"三废"排放，城镇化中大规模基础设施建设会影响生态环境。从国际来看，由于环境规制水平降低，会导致国外污染密集型产业向中国转移从而造成污染加剧（林季红等，2013）。[3]因此，我国需要坚持绿色发展理念，不断加强环境规制。

再次，科技投入不足。我国科技投入规模从1985年的103.42亿元增加到2016年的6563.96亿元，是1985年的63.47倍。作为财政支出重要构成部分的科技投入，政府科技投入增加能够降低污染排放，这是由于政府财政支出能够通过看得见的手的调节，将更多的公共资源投入科技、教育等领域，支持企业环境友好型技术研发，促进资源的高效利用和污染的不断减少，不断降低环境污染程度（关海玲、张鹏，

---

[1]　李斌、李拓：《环境规制、土地财政与环境污染——基于中国式分权的博弈分析与实证检验》，《财经论丛》2015年第1期。

[2]　何龙斌：《国内污染密集型产业区际转移路径及引申——基于2000—2011年相关工业产品产量面板数据》，《经济学家》2013年第6期。

[3]　林季红、刘莹：《内生的环境规制："污染天堂假说"在中国的再检验》，《中国人口·资源与环境》2013年第1期。

2013)。①然而，与 GDP 相比我国科技投入明显不足。在 1985—1988 年，我国科技投入与 GDP 之比保持在 1% 以上，但自 1989 年之后这一比值却低于 1%，甚至在 2007 年低至 0.6653%。进入 2012 年之后，我国科技投入与 GDP 之比保持在 0.80% 以上，但仍低于 0.9%。可见，我国不仅需要增加科技投入的绝对规模，也要增加相对规模。

最后，出口贸易结构需要改善。孔淑红、周甜甜（2012）研究发现，我国出口贸易存在诸多不利于环境保护的因素，出口生产规模扩张会导致排污量增加以及资源耗费，造成净效益的损失。②尤其是对于重工业而言，重工业出口比重的增加带来了 PM2.5 和二氧化硫污染情况的加剧（刘修岩、董会敏，2017）。③在出口贸易中，化学相关制品出口、按原料分类的制品出口与机械运输设备产品出口与环境污染密切相关，这些产品在生产过程中不但产生大量的固体废弃物，而且还产生大量有毒的污水和废气。目前，我国工业制成品出口占我国出口的比重高达 95%，其中的化学品、轻纺产品、橡胶制品、矿冶产品、机械及运输设备等出口占工业制成品出口的比重则超过七成，这些工业制成品出口会在很大程度上造成环境污染。

改革开放以来，我国相继制定和颁布了关于环境保护与节能减排的相关制度和政策。在 20 世纪 80 年代，国家将环境保护作为基本国策之一，进入 90 年代则大力实施可持续发展战略。进入 21 世纪，党和国

---

① 关海玲、张鹏：《财政支出、公共产品供给与环境污染》，《工业技术经济》2013 年第 10 期。
② 孔淑红、周甜甜：《我国出口贸易对环境污染的影响及对策》，《国际贸易问题》2012 年第 8 期。
③ 刘修岩、董会敏：《出口贸易加重还是缓解中国的空气污染——基于 PM2.5 和 SO_2 数据的实证检验》，《财贸研究》2017 年第 1 期。

家提出树立和落实科学发展观，加快转变经济发展方式，建设生态文明，推动我国环境保护从认识到实践发生了重要变化。我国的环境保护质量显著提高，不仅制定并颁布了相关政策，加强了环境污染治理，并加强了环境污染执法监督，明显提升环境效益。然而，政府在发展经济和保护环境中，政府与企业行为及目标的不一致性，使得二者之间存在博弈。在所分析的三种均衡结果中，企业都选择了不治理污染，没有政府的监管，企业治理污染的动力不足。因此，政府需要在治理污染方面作出更大努力，鼓励和支持企业参与。

本章构建了环境库兹涅茨曲线模型，基于工具变量法，利用我国1985—2016年的年度数据进行实证。研究发现，我国环境库兹涅茨曲线呈U形变化。当前我国环境污染在增加，源于我国工业化对环境污染造成重大影响，环境规制力度不足，科技投入不足，出口贸易结构需要改善。我国需要进一步调整和优化产业结构，并通过加大科技投入，防治产业污染，加大反腐倡廉力度，从而加大环境污染治理。

第四章　我国经济稳定增长分析

　　萨缪尔森认为宏观经济学必须承担两大任务：一是解释并"驯服"经济周期，二是解释并促进经济增长。萨缪尔森高度重视经济增长问题，指出经济增长是一国潜在的 GDP 或国民产出的增加，即当一国生产可能性边界曲线向外移动时，便实现了经济增长（萨缪尔森和诺德豪斯，2007）。[①] 当前，世界经济快速增长（见表 4.1），2016 年世界经济总量达到 752780.49 亿美元，比 2010 年增加了 21.49%。同期，中国经济总量也从 2010 年的 59266.12 亿美元增加到 2016 年的 112182.81 亿美元，比 2010 年增长 89.29%，中国经济总量占世界经济总量的比重从 2010 年的 9.56% 增加到 2016 年的 14.9%，比重上升主要得益于自身经济的快速增长。中国经济在世界经济中的地位越来越高，并已成为世界经济中不可缺少的重要部分。

表 4.1　世界及中国经济增长状况

国家和地区	经济总量（亿美元）		经济增长率（%）							
	2010 年	2016 年	2009 年	2010 年	2011 年	2012 年	2013 年	2014 年	2015 年	2016 年
世界	619634.3	752780.49	−0.60	6.95	4.0	2.4	2.5	2.6	2.9	2.4
中国	59266.12	112182.81	9.2	10.6	9.5	7.7	7.7	7.3	6.9	6.7

资料来源：数据来源于国际货币基金组织数据库。

[①]　保罗·萨缪尔森、威廉·诺德豪斯：《宏观经济学》，人民邮电出版社 2013 年版。

自 2012 年开始我国经济增长率明显下降（见表 4.1），经济保持中高速增长，我国经济步入新常态。所谓新常态，首先是针对过去长期形成的一种习惯状态而言，这种习惯状态突出表现在经济增长速度很快，但不平稳，波动起伏很大，发展模式粗放，尤其是造成资源的过度消耗，环境的破坏，以及一系列经济结构的失衡，如经济增长对投资的过度依赖，对工业尤其是重工业的过度依赖，城乡差距、收入差距巨大等。在经济新常态下，我国经济增长从高速转为中高速，从规模速度型粗放增长转向质量效率型集约增长，从要素投资驱动转向创新驱动。我国需要主动适应和引领经济发展新常态，坚持以提高经济发展质量和效益为中心，有利于继续保持经济发展良好态势。其中，重要环节之一便是保持经济稳定增长，保持经济稳定增长已经成为当前和未来我国经济增长的重要任务。

在开放经济条件下，我国经济稳定增长状况如何？就这一问题，本章借鉴学者们的研究方法，实证研究在开放经济条件下我国经济增长的稳定性。此外，本章将进一步从适度消费率、适度投资率以及适度外贸依存度进一步深入探讨，从而全面了解我国经济稳定增长。

第一节　开放经济条件下我国经济稳定增长分析

一、国内外相关研究

2008 年爆发的国际金融危机对世界经济产生了重大影响，由于存在众多不确定性因素，世界经济仍旧行进在缓慢复苏的道路上，经济向好形势仍然十分曲折。在世界经济形势前景仍不明朗的影响下，我国政府提出了"调结构，稳增长，促改革"的发展要求，将稳增长作为当前和未来我国经济增长的重要方向，即稳增长就是要在一个较长时期内保持经济不断平稳增长的态势。

目前，国内学者从不同视角研究了稳增长问题。在影响因素方面，王根贤（2012）指出，物业税不仅能够发挥财富调节平衡功能，而且能够促进房地产投资回归理性，有利于经济稳定增长。[①]与外生金融深化和内生金融抑制政策的实施不同，金融资本的内生形成有助于中国经济的稳定增长（王定详等，2009）。[②]郭守亭等（2017）研究了降低投资率对我国宏观经济稳定的影响，发现我国投资减少 GDP 的 5%，GDP 的增速将下降到 4% 左右。[③]在对策方面：我国应该维持合理的赤字水平与国债规模，以保证财政的可持续性，有效发挥财政政策促进经济稳定增长的作用（邓晓兰等，2013）。[④]我国也应当通过促进信息消费和文化教育服务，扩大内需，为经济持续稳定增长提供不竭的动力、红利和广阔的市场（许光建，2013）。[⑤]新常态下稳增长是新的探索，要创新宏观经济的思路和模式，找准着力点，充分发挥市场的激励和促进作用，培育经济发展的新动力（李元华，2015）。[⑥]实现经济稳定增长和碳排放降低的双重目标（纪玉山等，2013）。[⑦]此外，制度差异

①　王根贤：《基于宏观经济稳定增长的物业税设计》，《地方财政研究》2012 年第 10 期。

②　王定详、李伶俐、冉光和：《金融资本形成与经济增长》，《经济研究》2009 年第 9 期。

③　郭守亭、王宇骅、吴振球：《我国扩大居民消费与宏观经济稳定研究》，《经济经纬》2017 年第 2 期。

④　邓晓兰、黄显林、张旭涛：《公共债务、财政可持续性与经济增长》，《财贸研究》2013 年第 4 期。

⑤　许光建：《以深化改革和扩大内需为抓手努力保持经济稳定增长——当前我国宏观经济形势和政策分析》，《价格理论与实践》2013 年第 8 期。

⑥　李元华：《"新常态"下中国稳增长与促平衡的新挑战和新动力》，《经济纵横》2015 年第 1 期。

⑦　纪玉山、关键、王塑峰：《经济稳定增长与碳排放双重目标优化模型》，《河北经贸大学学报》2013 年第 1 期。

是引起我国区域经济增长差异的重要因素之一，制度创新是当前我国经济增长的关键（何雄浪、姜泽林，2016），[1] 因而需要进一步推进制度创新。

在开放经济条件下，经济稳定增长如何？国内学者提出了一种解决国际收支和国际债务失衡的数量分析方法，运用经济学和数学方法推导出国外净资产和经常项目收支动态方程，初步揭示了国外净资产和经常项目收支与其他经济变量之间的内在联系。[2] 基于上述分析框架，一些学者进一步提出了相关实证研究方法，并对美国的经济状况进行了具体验证，并推出美国今后一阶段实现经常项目收支逆转或国外净资产逆转的经济稳定增长条件和政策选择。[3] 本节将基于上述研究思路及研究方法，对在开放经济条件下我国经济稳定增长进行实证研究。

二、开放经济条件下的经济稳定增长模型

在开放经济条件下，国与国之间存在经济往来，如国际贸易、国际金融往来等，彼此之间存在紧密的经贸关系。开放经济条件下，国民收入恒等式为：

$$Y_{收} = C + S + T \qquad\qquad (4.1)$$

在式（4.1）中，$Y_{收}$ 表示国民收入，C 表示国民消费，S 表示国民储蓄，T 表示政府财政收入。与国民收入恒等式相对的是国民支出恒等式，即：

---

[1]　何雄浪、姜泽林：《制度创新与经济增长——一个理论分析框架及实证检验》，《工业技术经济》2016 年第 5 期。

[2]　潘国陵：《国际金融理论与数量分析方法》，上海人民出版社 2000 年版。

[3]　夏维普：《开放体系经济稳定增长条件的实证分析》，上海海运学院，硕士学位论文，2002 年。

$$Y_支=C+I_d+G+X-M \tag{4.2}$$

式（4.2）中，$Y_支$表示国民支出，C表示国民消费，I_d表示国内投资，G表示政府支出，X表示商品出口，M表示商品进口。当国民收入等于国民支出即实现均衡时，有：

$$(S-I_d)+(T-G)=(X-M) \tag{4.3}$$

式（4.3）表示在开放经济条件下经济均衡体系。其中，（$S-I_d$）表示储蓄投资差额，（$T-G$）表示财政收支差额，（$X-M$）表示经常项目差额。

假定财政收支处于平衡状态，即 $T-G=0$，不考虑资产折旧，假定汇率 E 保持不变，于是一国的国外净资产动态方程为：

$$f=\frac{s\sigma-g}{E\sigma(g-s\rho)}+\left(f_0-\frac{s\sigma-g}{E\sigma(g-s\rho)}\right)e^{(s\rho-g)t} \tag{4.4}$$

其中，$f=F/Y$表示 t 时刻国外净资产 F 与一国国内总产出 Y 的比值。$f_0=F_0/Y_0$ 表示初始时期国外净资产 F_0 与国内总资产 Y_0 之比。$g=\Delta Y/Y$ 为经济增长率，$s=S/Y$ 为国民储蓄率，$\sigma=Y/K$ 表示国内资本产出率，ρ 表示国外净资产创造的产出与国外净资产之比，即国外净资产产出率。

当国际收支处于平衡时，一国国外净资产增量为经常项目收支差额 B，即：

$$B=dF/dt \tag{4.5}$$

结合上述分析，经常项目收支动态方程为：

$$b=g\frac{s\sigma-g}{E\sigma(g-s\rho)}+(b_0-g\frac{s\sigma-g}{E\sigma(g-s\rho)})e^{(s\rho-g)t} \tag{4.6}$$

其中，$b=B/Y$表示 t 时刻经常项目收支差额 B 与一国国内总产出 Y 的比值。$b_0=B_0/Y_0$ 表示初始时经常项目收支 B_0 与国内总资产 Y_0 之比。式（4.6）即为开放经济条件下经济稳定增长模型。

三、研究方法、变量选择及数据来源

（一）研究方法

式（4.6）表明，t 时刻经常项目收支差额 B 与一国国内总产出 Y 的比值 b 由经济增长率、储蓄率、汇率、国内资本产出率等因素所决定，这意味着，如果这些决定因素共同作用产生的结果与比值 b 二者之间存在偏差，那么经济将不处于稳定增长状态。如果由决定因素共同作用决定的结果大于比值 b，那么需要推动经济快速增长；反之，如果由决定因素共同作用决定的结果小于比值 b，那么该国对外经济发展已经超前，超过本国经济稳定增长的要求。因此，可以利用式（4.6）来计算等式两边的结果，进而判断等式两边的均衡性。

（二）变量选择及数据来源

研究数据区间为 1985—2016 年，具体变量选择及数据来源如下：

1. 对外经济交流情况 b

采用国际收支差额与 GDP 之比来表示一国全部对外经济交流情况。国际收支差额反映了在特定时期之内，一国进行的全部对外经济交易的记录结果，是一国自主交易的结果。在此，假定一国的国际收支差额等于该国经常项目差额和资本与金融项目差额二者之和。1985—2016 年我国经常项目和资本与金融项目的数据来源于国家外汇管理局网站，GDP 数据来源于国家统计局网站，并根据当年的人民币兑美元汇率折算为以亿美元表示的单位。

2. 国民储蓄率 s

从理论上来看，国民储蓄率等于一国全部储蓄除以国内净产值。运用最终消费支出来计算国民储蓄率，即最终消费率为最终消费支出占支出法国内生产总值的比重，国民储蓄率等于 1– 最终消费率。最终

消费率数据来源于历年的《中国统计年鉴》。

3. 资本产出率 σ

资本产出率是描述投资和产出关系的参量，资本产出率等于产出与资本投入之比。根据《中国统计年鉴》中的相关指标，采用资本形成率的倒数来衡量资本产出率，而资本形成率是指资本形成总额占支出法国内生产总值的比重。资本形成率的数据来源同最终消费率的数据来源。

4. 国外净资产产出率 ρ

国外净资产产出率是国外净资产创造的产出与国外净资产之比，由于国外净资产与一国的对外投资密切相关，而其产出也可被认为是投资所创造出来的收益，并且会进一步推动投资增加。因此，采用一国对外直接投资增长率来代替国外净资产产出率。1984—2010 年中国历年对外直接投资的数据来源于赵图图、卢进勇（2011）。[①]2011—2016 年数据来源于历年的《中国对外直接投资统计公报》，根据年度数据计算得到当年的增长率。

5. 经济增长率 g

经济增长率是期末 GDP 与期初 GDP 的比值，反映了一国经济增长的速度。1985—2016 年我国 GDP 增长率来源于国家统计局网站。

6. 汇率 E

上述研究思路假定，一国汇率保持不变，但实际上在开放经济条件下，汇率变动更为平常，因此需要按照汇率的实际状况来确定。1985—2016 年的数据来源于国家统计局网站。

---

① 赵图图、卢进勇：《中国对外直接投资现状、问题及对策分析》，《对外经贸实务》2011年第 12 期。

四、实证结果分析

利用式（4.6）右边计算得到结果，并和国际收支与 GDP 之比的真实值进行比较，具体结果见表 4.2。不难看出：

首先，国际收支与 GDP 之比的实证结果与真实值二者之差表现出明显的阶段性特征。第一阶段：在整个 20 世纪 80 年代中后期，国际收支与 GDP 之比的实证结果与真实值二者之间的差值相互交替，差距相对较小，意味着在这一时期，我国经济增长较为稳定，实际经济增长运行比较理想。第二阶段：进入 90 年代并一直持续到 2003 年，我国国际收支与 GDP 之比的实证结果基本均小于真实值，这意味着在这一段比较长的时期之内，我国经济出现快速增长之势，并表现出一定的超前增长。其中，1993 年和 1998 年这两年的结果为正，这主要是受到 1992 年经济体制改革以及 1997 年东南亚金融危机的滞后影响所致。1992 年我国进行了社会主义市场经济体制改革，并以市场作为资源配置的重要手段，传统的计划经济体制已经出现一定问题，而在改革的过程中需要有一定的适应期。1997 年东南亚金融危机使得我国对外经济交往面临着严峻挑战，这对我国对外经济正常发展构成了巨大冲击。可见，经济环境变化均会对我国经济发展产生巨大影响。第三阶段：2004 年之后，我国国际收支与 GDP 之比的实证结果基本上大于真实值，说明我国经济增长开始放慢脚步，尤其是在 2008 年受到国际金融危机的巨大影响，这一差值表现出异常现象。与 20 世纪 80 年代末期的情况相比，2004 年之后的数值更大，意味着这一时期我国经济缓慢增长。可见，我国 2004 年之后经济缓慢增长与 2003 年之前的快速增长形成了鲜明对比。

表 4.2　实证结果

年份	国际收支与GDP之比真实值	国际收支与GDP之比实证结果	实证结果—真实值	年份	国际收支与GDP之比真实值	国际收支与GDP之比实证结果	实证结果—真实值
1985	−0.0079	−0.0079	0.0000	2001	0.0390	—	—
1986	−0.0036	0.0009	0.0045	2002	0.0460	0.0116	−0.0344
1987	0.0193	0.0123	−0.0069	2003	0.0594	0.0558	−0.0036
1988	0.0082	0.0212	0.0130	2004	0.0917	3.4612	3.3695
1989	−0.0013	0.0068	0.0081	2005	0.0979	50.9420	50.8441
1990	0.0387	0.0067	−0.0320	2006	0.0944	2.8029	2.7085
1991	0.0515	0.0247	−0.0268	2007	0.1253	0.0678	−0.0576
1992	0.0125	−1.3120	−1.3244	2008	0.0390	—	—
1993	0.0187	0.0430	0.0243	2009	0.0864	0.0873	0.0009
1994	0.0714	0.0145	−0.0569	2010	0.0860	0.1740	0.0880
1995	0.0549	0.0272	−0.0277	2011	0.0530	0.0953	0.0423
1996	0.0547	0.0296	−0.0250	2012	0.0215	0.0750	0.0536
1997	0.0603	0.0414	−0.0189	2013	0.0514	0.1727	0.1212
1998	0.0244	0.0275	0.0031	2014	0.0249	0.1423	0.1174
1999	0.0240	0.0150	−0.0091	2015	0.0178	0.1837	0.1660
2000	0.0185	0.0129	−0.0057	2016	0.1451	1.3729	1.2278

注：2001 年和 2008 年的实证结果为奇异值，在此省略。

其次，随着我国国际收支与 GDP 之比的实证结果与真实值之差表现出明显的阶段性特征，我国经济增长的稳定性在下降。在 1985—1989 年，我国国际收支与 GDP 之比的实证结果与真实值二者之间的差值的平均值为 0.0037，而到了 1990—2003 年这一段时期，平均值为 −0.1182[①]，2004—2016 年平均值为 4.8894[②]，这意味着实证结果与真实值二者之间的差值在进一步增大，也说明了在开放经济条件下我国增长的稳定性在下降。那么，为什么我国经济增长的稳定性在下降？

① 扣除了 2001 年的异常结果。
② 扣除了 2008 年的异常结果。

下面，从需求结构与产业波动状况两方面展开分析：

在需求结构方面。从理论层面上看，消费需求、投资需求与净出口是拉动一国经济增长的"三驾马车"，因此经济波动是三大需求波动的综合结果。改革开放以来，我国经济高速增长主要是由需求扩张拉动，经济进入新常态之后的长期增长趋势主要取决于内需增速的变化（郭克莎、杨阔，2017）。[①] 对于消费需求，由于边际消费倾向递减，消费需求对经济波动起到"自动稳定器"的作用，能够稳定经济增长。同时，目前我国消费率依旧偏低，对经济增长的促进作用仍有很大的提升空间（刘金全、王俏茹，2017）。[②] 消费需求作为最终需求，仍然对经济增长产生直接和最终的决定作用。对于投资需求，由于存在加速作用，产品需求的变化会引致投资需求的巨大波动，因而投资需求波动比经济波动更为明显。对于净出口，由于存在经济波动、汇率变动、进出口政策变化等一系列影响因素，导致净出口波动往往较大。从实际情况来看，改革开放以来我国最终消费支出比重、资本形成总额比重以及货物和服务净出口比重的变化都比较平稳。最终消费支出比重占国内生产总值支出的比重最大，说明消费需求在我国总需求中占有最为重要的地位。然而，我国最终消费支出所占比重从 1978 年的 62.1%（1981 年达到 67.1%）下降到 2012 年的 50.1%，随后这一比重上升到 2016 年的 53.6%，但所占比重整体上在下降。在其他条件不变的前提下，我国宏观经济需求结构中消费需求所占比重的下降将导致经济增长稳定性下降。

在产业波动状况方面。经济波动实际上是三次产业各自波动综合

---

① 郭克莎、杨阔：《长期经济增长的需求因素制约——政治经济学视角的增长理论与实践分析》，《经济研究》2017 年第 10 期。

② 刘金全、王俏茹：《最终消费率与经济增长的非线性关系——基于 PSTR 模型的国际经验分析》，《国际经贸探索》2017 年第 3 期。

作用的结果，因而三次产业所创造价值在 GDP 中所占比重的变化会对
一国经济增长稳定性产生影响，即在 GDP 中占较大份额的产业其产业
增加值的波动幅度较小，则经济增长相对稳定；反之，在 GDP 中占较
大份额的产业其产业增加值的波动幅度较大，则经济增长稳定性较差。
在 1978—2016 年我国三次产业增加值占 GDP 的比重中，长期以来第
二产业增加值所占比重最大，且变动的离散系数为 0.37，高于同期第
三产业增加值变动的离散系数（0.30）。[①] 这表明以第二产业为主体的产
业增长波动需要降低，我国经济增长稳定性需要提高。

　　总之，对改革开放以来我国经济稳定增长进行了实证研究，发现
我国经济增长稳定性在下降。由于经济波动影响经济长期稳定增长，
造成社会资源的巨大浪费，从而影响经济稳定增长的持续性，因而需
要积极制定应对措施保持经济稳定增长。

第二节　我国适度消费率分析

一、国内外相关研究

　　《二十一世纪议程》指出："地球所面临的最严重的问题之一，就
是不适当的消费和生产模式，导致环境恶化，贫困加剧和各国的发展
失衡"，因而需要"更加重视消费问题"。众所周知，消费、投资与净
出口是拉动一国经济增长的"三驾马车"，一国总需求也由消费需求、
投资需求和净出口需求这三部分构成。一般而言，消费需求的大小可
以采用消费率来表示，即一国（或地区）在一定时期内（通常为一年）

---

　　① 　根据 1978—2016 年我国三次产业增加值增长率的原始数据计算得到，数据来源于 2017
年《中国统计年鉴》。

最终消费支出（包括居民消费支出和政府消费支出）总额占当年国内生产总值的比重，又称为最终消费率。在假定净出口需求比较稳定的前提下，研究消费率和投资率二者之间的关系，即：当消费率比较高，则用于投资积累的资金比重较小，导致产品供不应求，无法满足未来消费者的正常消费需求，导致通货膨胀；当消费率比较低，社会总支出中用于投资的比重比较大，导致产品供大于求，超出消费者的正常需求，对经济增长造成负面影响。因此，保持适度消费率不仅能够满足经济增长的基本要求，而且有助于促进经济稳定增长。

关于适度消费率的研究，从新古典经济增长理论到现代经济增长理论均有涉及。在新古典经济增长理论中，哈罗德—多马模型假定储蓄能够有效转化为投资，发现"经济增长率与储蓄率成正比、与资本—产出比率成反比"这一结论。以索洛为代表的新古典经济学家利用 C-D 生产函数，推导出"实际投资等于持平投资"条件下的经济增长稳态平衡路径。[①]随后，拉姆齐—卡斯—库普曼（无限期界模型）和戴蒙德模型（世代交叠模型）研究了经济长期增长问题。[②]在现代经济增长理论中，罗默（Romer，1986）、卢卡斯（Lucas，1988）等经济学家提出的内生增长理论，将知识积累、人力资本等内生技术变化纳入经济增长模型。[③]此

---

① 索洛假定市场处于完全竞争、储蓄率外生以及技术进步率不变，并将资本和劳动作为促进经济增长的两个重要投入要素。参见 Solow, R., "A Contribution to the Theory of Economic Growth", *Quarterly Journal of Economics*, Vol.70, No.1（1956）。

② 无限期界模型以长生不老家庭的效用最大化为目标，推导出经济均衡增长的"鞍点路径"。Cass D., "Optimum Growth in an Aggregate Model of Capital Accumulation", *Review of Economic Studies*, Vol. 32, No.3（1965）. 世代交叠模型则推导出"资本边际生产率等于人口增长率"的最优经济增长路径。Diamond Peter, "National Debt in a Neoclassical Growth Model", *American Economic Review*, Vol. 55, No.5（1965）.

③ Romer P., "Increasing Returns and Long-Run Growth", *Journal of Political Economy*, Vol. 94, No.10（1986）. Lucas R., "On the Mechanics of Economic Development", *Journal of Monetary Economics*, Vol. 22, No.1（1988）.

外，投资乘数理论以及各种消费函数理论深入探讨了投资与消费问题。[①]

国内学者研究我国消费率问题，主要围绕如下视角开展：一是研究相关因素对消费率的影响。我国居民消费率的影响因素众多，如房地产价格（李雅林，2013）、五种社会保险参与率（李国璋、梁赛，2013），但工业化和国际化对我国居民消费率影响最为显著（陈利馥等，2018）。[②] 二是研究现阶段我国居民消费率问题。目前，我国居民消费率被低估（康远志，2014）。[③] 居民消费率长期不高，但正处于消费率 U 型曲线的爬坡阶段，仍有较大提升空间（邹蕴涵，2017）。[④] 三是研究我国消费率下降的原因。居民可支配收入水平、税收负担的轻重、物价指数甚至区域产业结构等都直接或者间接地影响到消费支出规模及支出结构，导致居民消费率下降（傅程远，2016）。[⑤] 同时，我国居民消费率不断下降也源于居民受住房价格上涨影响，为买房而积累储蓄（徐文舸，2017）。[⑥] 四是研究提高我国消费率的对策。加快城乡二元结构的转变与提高农村居民消费水平是提高消费率最重要的有效途径（李丽莎，2011）。[⑦] 提升居民消费率需要依靠持续的产业升级推动经济增长，而中短期可将加速城市化进程、促进各产业均衡发展作为政策重

[①] 　消费函数理论主要包括凯恩斯的绝对收入假说、杜森贝里的相对收入假说、迪利安尼和弗里德曼的生命周期—持久收入假说等。

[②] 　李雅林：《房地产价格对消费影响的实证研究——以江西上饶为例》，《武汉金融》2013年第3期。 李国璋、梁赛：《我国社会保障水平对消费率的影响效应分析》，《消费经济》2013年第3期。 陈利馥、刘东皇、谢忠秋：《我国居民消费率的影响因素分析》，《统计与决策》2018年第2期。

[③] 　康远志：《中国居民消费率太低吗》，《贵州财经大学学报》2014年第2期。

[④] 　邹蕴涵：《我国居民消费率发展趋势分析》，《宏观经济管理》2017年第9期。

[⑤] 　傅程远：《中国消费率下降成因的实证研究——基于1999—2012年省际面板数据的分析》，《经济问题探索》2016年第2期。

[⑥] 　徐文舸：《国内总储蓄率高企及居民消费率下降的分解与探究》，《社会科学研究》2017年第1期。

[⑦] 　李丽莎：《城乡二元经济结构对消费率的影响》，《改革与战略》2011年第10期。

点（乔晓楠等，2017）。[①] 五是研究我国适度消费率问题。当前，我国最终消费率低于适度消费率下限，我国消费率水平明显偏低，依靠扩大消费需求拉动经济增长的效果仍不明显（刘志雄，2014）。[②] 由于过度的消费是不可持续的并会削弱经济长期的增长，因而需要更全面地理解消费与经济增长的关系，构建可持续、均衡化的适度消费理念（康远志，2014）。[③]

当前，我国消费率的适度水平应该如何？通过制定怎样的措施保障适度消费率的实现？针对这些问题，借鉴马喆（2011）的研究模型，[④] 实证研究当前我国的适度消费率，为实现经济稳定增长提出可行的解决措施。

二、模型构建

（一）基本假定

基本假定：（1）净出口需求比较平稳并且份额较小，消费需求和投资需求是一国总需求的两大构成部分。（2）只考察总量消费需求与投资需求，不对消费需求中的居民消费与政府消费做区分，也不区分投资需求中的私人投资与政府投资。（3）适度消费率不是一个确定的数值，而是一个合理的区间，其上限与下限分别是对改革开放以来历年适度消费率上限与下限的平均。

---

① 乔晓楠、张欣、贾晶茹：《居民消费率一般演进规律与我国的特殊性研究》，《经济纵横》2017 年第 4 期。

② 刘志雄：《改革开放以来我国适度消费率的实证研究》，《广西社会科学》2014 年第 8 期。

③ 康远志：《消费不足还是低估？——兼论扩大内需话语下适度消费理念的构建》，《消费经济》2014 年第 2 期。

④ 马喆：《中国适度消费率研究》，辽宁大学，博士学位论文，2011 年，第 45—49 页。

（二）适度消费率的下限

投资需求的波动较强，造成经济增长周期性波动，不利于经济稳定增长。消费需求相对比较稳定，有利于促进经济稳定增长。为了保障经济稳定增长，消费需求对经济增长的贡献率应大于或等于投资需求对经济增长的贡献率，即：

$$(C_t - C_{t-1})/(Y_t - Y_{t-1}) \geqslant (I_t - I_{t-1})/(Y_t - Y_{t-1}) \tag{4.7}$$

其中，C_t 表示第 t 期的消费需求，Y_t 表示第 t 期的经济增长，I_t 表示第 t 期的投资需求。改进式（4.7）得到：

$$g_{C_t} \cdot C_{t-1}/g_{Y_t} \cdot Y_{t-1} \geqslant g_{I_t} \cdot I_{t-1}/g_{Y_t} \cdot Y_{t-1} \tag{4.8}$$

其中，g_{C_t} 表示第 t 期的消费增长率，g_{I_t} 表示第 t 期的投资增长率。用 CY_t 表示第 t 期的消费率，IY_t 表示第 t 期的投资率，则有：

$$g_{C_t} \cdot CY_{t-1} \geqslant g_{I_t} \cdot IY_{t-1} \tag{4.9}$$

根据上述假定，消费率与投资率二者之和等于1，有：

$$CY_{t-1} \geqslant \frac{g_{I_t}}{g_{C_t} + g_{I_t}} \tag{4.10}$$

用 λ 表示当期消费率与前一期消费率之间的关系系数，即 $CY_{t-1} \cdot \lambda = CY_t$，于是有：

$$CY_t \geqslant \lambda \cdot \frac{g_{I_t}}{g_{C_t} + g_{I_t}} \tag{4.11}$$

不难看出：适度消费率的下限与投资支出增长率正相关，与消费支出增长率负相关，即投资支出增长率越高，维持经济稳定所需的消费率也越高。消费支出增长率越高，则维持经济稳定所需的消费率也就越低。

（三）适度消费率的上限

对投资率公式进行适当变形，得到式（4.12）：

$$IY_t = \frac{I_t}{Y_t} = \frac{I_t}{Y_t - Y_{t-1}} \cdot \frac{Y_t - Y_{t-1}}{Y_t} \qquad (4.12)$$

令 g_{Y_t} 表示经济增长率，即有：

$$Y_t = (1 + g_{Y_t})Y_{t-1} \qquad (4.13)$$

将式（4.13）代入式（4.12）得：

$$IY_t = \frac{I_t}{Y_t - Y_{t-1}} \cdot \frac{g_{Y_t}}{1 + g_{Y_t}} \qquad (4.14)$$

于是：

$$CY_t = 1 - \frac{I_t}{Y_t - Y_{t-1}} \cdot \frac{g_{Y_t}}{1 + g_{Y_t}} \qquad (4.15)$$

界定资本—增量产出比率 $ICOR_t$ 为：

$$ICOR_t = I_t/(Y_t - Y_{t-1}) \qquad (4.16)$$

适度消费率是需要能够保障经济以充分就业时的潜在增长率持续增长，令潜在经济增长率为 $g^*_{Y_t}$，适度消费率为 CY^*_t，并将式（4.16）代入式（4.15）得到：

$$CY^*_t = 1 - ICOR_t \cdot \frac{g^*_{Y_t}}{1 + g^*_{Y_t}} \qquad (4.17)$$

从式（4.17）中不难看出，在 $ICOR_t > 0$ 的前提下，当 $ICOR_t$ 越大，适度消费率就越小；当 $ICOR_t$ 越小，适度消费率就越大。$ICOR_t$ 越小，意味着投资效率越高。在影响投资效率的众多因素中，投资结构对投资效率的影响最为显著，因此投资效率一定存在最大值，即 $ICOR_t$ 存在最小值，这也就意味着适度消费率必定存在最大临界值。

三、指标选择、数据来源及说明

（一）消费支出 C_t、投资支出 I_t 及其增长率

在支出法国内生产总值的构成中，最终消费支出、资本形成总额

以及货物和服务净出口是重要的三项构成。利用最终消费支出与资本形成总额来分别表示消费支出以及投资支出。1978—2016 年的数据来源于历年的《中国统计年鉴》，下同，消费支出以及投资支出增长率分别根据年度支出额计算得到。

（二）最终消费率 CY_t 与资本形成率 IY_t

最终消费率指最终消费支出占支出法国内生产总值的比重，资本形成率则指资本形成总额占支出法国内生产总值的比重。

（三）经济增长率 g_{Y_t} 及潜在经济增长率 $g_{Y_t}^{*}$

经济增长率反映一国经济增长的速度，潜在经济增长率是指一国（地区）当所有的资源被充分利用时的经济增长率，又称为"正常生产率"（杨旭等，2007）。[①] 估计潜在经济增长率，先利用 H-P 滤波法估算各年度的潜在产出，并依据潜在产出估算潜在经济增长率。

（四）资本—增量产出比率 $ICOR_t$

根据 $ICOR_t$ 的计算公式，资本形成总额以及支出法 GDP 均来自于历年的《中国统计年鉴》。

四、改革开放以来我国适度消费率的测算

（一）λ 值的估算

采用 OLS 方法，利用 1978—2016 年的最终消费率对 λ 进行估算，有：

$$CY_t = 0.9965CY_{t-1} + 0.5238MA(1) \qquad （4.18）$$
$$（0.0000）\qquad（0.0006）$$

估计中，$R^2 = 0.9565$，调整的 $R^2 = 0.9552$，D.W.=1.8565。CY_{t-1} 的系

[①]　杨旭、李隽、王哲昊：《对我国潜在经济增长率的测算》，《数量经济技术经济研究》2007年第 10 期。

数为 $\lambda=0.9965$，加上移动平均 $MA(1)$ 的系数也小于 1，意味着 CY_t 将表现出下降的趋势。实际上，从 1978—2016 年我国最终消费率的变化可见，最终消费率确实表现出明显的下降趋势。1983 年我国最终消费率高达 66.8%，2010 年我国最终消费率降到历史最低点，仅为 48.5%。随后我国最终消费率上升，2016 年我国最终消费率上升到 53.6%。

（二）潜在增长率的估算

采用 H-P 滤波方法（Hodrick & Prescott，1980），[①] 对 1977—2016 年的支出法国内生产总值进行处理，得到潜在产出，进而根据潜在产出计算得到 1978—2016 年的潜在经济增长率。从估计结果来看（见图 4.1），改革开放之后，随着我国经济的快速增长，潜在经济增长率整体上表现出下降趋势，即从 1978 年的 26.36% 下降到 2016 年的 7.96%。潜在增长率本身的下降造成 2010 年以来我国经济持续走低（郭学能、卢盛荣，2018）。[②] 从供给侧来看，新常态下我国潜在经济增长率下降，主要源于劳动力成本上升、投资收益率下降带来的资本投入减少以及全要素生产率的贡献下降（昌忠泽、毛培，2017）。[③] 这对潜在生产能力产生巨大的负面影响。此外，近年来城市房地产价格上升，土地价格上升，也在减低经济的潜在增长率。

（三）资本—增量产出比率

从整体来看（见图 4.1），改革开放之后我国资本—增量产出比率的变化表现出两个鲜明的特点：首先，资本—增量产出比率在 20 世纪 90

---

　　① R., Hodrick and E.C. Prescott *Post-war U.S. Business Cycle: An Empirical Investigation, Mimeo*, Pittsbursh: Carnegie-Mellon University, 1980.

　　② 郭学能、卢盛荣：《供给侧结构性改革背景下中国潜在经济增长率分析》，《经济学家》2018 年第 1 期。

　　③ 昌忠泽、毛培：《新常态下中国经济潜在增长率估算》，《经济与管理研究》2017 年第 9 期。

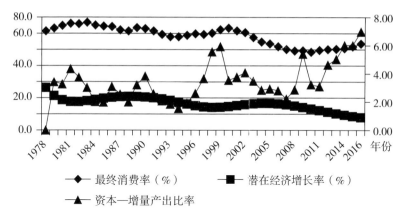

图 4.1　1978—2016 年我国最终消费率、潜在经济增长率与资本—增量产出比率

注：最终消费率、潜在经济增长率的纵坐标在左侧，资本—增量产出比率的纵坐标在右侧。

年代中期前后表现出较大差异。1979—1996 年资本—增量产出比率的离散系数为 0.2963，1997—2016 年资本—增量产出比率的离散系数为 0.3286，波动水平变大。其次，东南亚金融危机之后，我国资本—增量产出比率相对较高。1998 年和 1999 年的资本—增量产出比率高达 5.57 和 5.93，2009 年也达到 5.41。可见，金融危机之后我国通过增加大量投资刺激经济增长，同时也表明我国投资效率较低。

（四）我国适度消费率的区间估计

依据式（4.11）和式（4.17），并结合计算出来的 λ、潜在经济增长率以及资本—增量产出比率，对计算出来的历年适度消费率的下限、上限分别进行平均，得到我国适度消费率的下限为 47.0%，上限为 54.0%，即构成区间［47.0%，54.0%］。与当年实际最终消费率相比较不难看出：2004 年之前我国最终消费率水平均高于适度区间的上限，表明在改革开放之后很长一段时期我国最终消费水平确实很高；2004—2007 年，我国最终消费率处于适度消费率区间，但最终消费率却表现出明显的下降趋势。2008 年之后，我国最终消费率低于并不断靠近适度消费率区间的下限，表明当前我国消费水平确实较低，如何提高消费率，则成为我国经济发展中的重要任务。

五、进一步分析

首先，通过消费拉动内需仍有待加强。改革开放以来，我国经济高速增长，但高速增长的最强动力不是消费，而是投资和净出口，消费需求始终是短板。从贡献率来看（见表4.3），从2002年到2010年，我国最终消费支出对经济增长的贡献以及对经济增长的拉动均低于当年资本形成总额对经济增长的贡献和拉动，表明随着最终消费率的下降，对经济增长的贡献也在降低。2011年之后，最终消费支出的贡献以及对GDP的拉动超过资本形成总额的贡献和拉动，表明我国在通过消费拉动内需方面越来越注重，但拉动力度仍有待提高。

表4.3　三大需求对国内生产总值增长的贡献率和拉动

项目 年份	贡献率（%）			拉动（百分点）		
	最终消费 支出	资本形成 总额	货物和服务 净出口	最终消费 支出	资本形成 总额	货物和服务 净出口
2002	55.6	39.8	4.6	5.1	3.6	0.4
2003	35.4	70.0	−5.4	3.6	7.0	−0.6
2004	42.6	61.6	−4.2	4.3	6.2	−0.4
2005	54.4	33.1	12.5	6.2	3.8	1.4
2006	42.0	42.9	15.1	5.3	5.5	1.9
2007	45.3	44.1	10.6	6.4	6.3	1.5
2008	44.2	53.2	2.6	4.3	5.1	0.3
2009	56.1	86.5	−42.6	5.3	8.1	−4.0
2010	44.9	66.3	−11.2	4.8	7.1	−1.3
2011	61.9	46.2	−8.1	5.9	4.4	−0.8

年份 \ 项目	贡献率（%）			拉动（百分点）		
	最终消费支出	资本形成总额	货物和服务净出口	最终消费支出	资本形成总额	货物和服务净出口
2012	54.9	43.4	1.7	4.3	3.4	0.2
2013	47.0	55.3	−2.3	3.6	4.3	−0.1
2014	48.8	46.9	4.3	3.6	3.4	0.3
2015	59.7	41.6	−1.3	4.1	2.9	−0.1
2016	64.6	42.2	−6.8	4.3	2.8	−0.4

注：资料来源于 2017 年《中国统计年鉴》。

其次，不同群体的消费增速存在较大差异。1978—2016 年我国居民消费年均增长 14.6%，政府消费年均增长 15.5%。20 世纪 90 年代中期之后，政府消费增速逐年加快，占最终消费的比重不断提高；居民消费增速则逐年减缓，占最终消费的比重不断降低。同期，农村居民消费年均增速仅为 11.5%，城镇居民消费年均增速 16.9%。农民收入增长缓慢，现实购买力不足，成为制约消费需求的重要因素。实际上，自 20 世纪 90 年代之后我国居民储蓄意愿就不断增加，平均消费倾向持续下降，这不仅与收入水平的变化和分配差距的扩大有关，也与转型期所面临的不确定性相关。我国居民在教育、养老、医疗、卫生等方面的预期支出压力较大，加上房地产价格居高不下，导致预防性储蓄增加，居民不得不抑制当期消费以满足预防需求。

再次，我国消费率低于同一水平下的发达国家或地区。国际经验表明，一国人均 GDP 从 1000 美元到 3000 美元这一阶段，消费率和消费结构将出现较大调整，并呈现一定规律性。2016 年我国人均 GDP 为 53980 元（折合为 8126.7 美元），城镇居民人均可支配收入为 33616 元

（折合为 5060.90 美元），人均 GDP 及城镇居民收入水平已经达到较高水平。然而，我国消费水平较低，低于同一水平下的韩国以及中国台湾地区。在 20 世纪 80 年代，韩国消费率就达到 60% 以上，而其人均GDP 超过 6000 美元时其消费率达到 65% 左右。中国台湾在 20 世纪 90年代之后居民消费占地区生产总值比重一直处于 55% 以上。我国居民消费增长受到三大因素的制约：一是刚性特征决定居民消费难以更快增长；二是消费结构失衡，资源与环境难以承受消费过快增长；三是公共投入不足，贫富差距过大，压抑居民消费。我国提高居民消费比例，需要注意对经济增速不要影响过大，以避免宏观经济不稳定与大的波动（郭守亭等，2017）。①

最后，消费与投资二者之间不协调变化。改革开放之后，我国消费率表现出大幅度下降趋势，而投资率却在不断提高。1978 年我国消费率和投资率二者分别为 61.4% 和 38.9%，2016 年二者分别为 53.6%和 44.2%，二者差距进一步缩小。相比之下，发达国家和许多发展中大国的投资率一般为 20%—30%，消费率一般为 70%—80%。由于在短期内投资会对消费产生促进作用，但在长期这种促进作用会逐渐减弱，并产生挤占作用（石中和等，2013）。② 消费与投资二者之间存在此消彼长的关系，意味着投资率提高，必然导致消费率降低，而这又不利于我国经济持续、稳定和健康发展。

总之，当前我国最终消费率低于适度消费率下限，消费率水平明显偏低，依靠扩大消费需求拉动经济增长的效果仍不明显。为此，需

---

① 郭守亭、王宇骅、吴振球：《我国扩大居民消费与宏观经济稳定研究》，《经济经纬》2017年第 2 期。

② 石中和、林晓言、徐丹：《投资与消费的关联性研究：相互促进与相互挤占》，《价格理论与实践》2013 年第 9 期。

要制定相关措施，适当提高消费率，保持适度消费率水平。

第三节　我国适度投资率分析

一、国内外相关研究

改革开放以来，我国经济的快速增长主要依靠消费需求、投资需求与净出口需求"三驾马车"共同拉动。其中，依靠投资需求拉动更为明显。我国全社会固定资产投资从 1980 年的 910.9 亿元增加到 2017 年的 641238 亿元。我国固定资产投资增加保持良好态势，有助于促进经济快速增长，居民收入水平持续增加以及人民生活质量不断改善。然而，以固定资产投资为主的投资规模快速增加引起的投资率增加受到怎样的因素影响？我国投资率是否处于适度水平？就这两个问题，国内学者分别开展了研究，但却未将二者统一在一个框架内进行研究。本节基于凸性经济增长模型的最优储蓄率决定理论，构建投资率的影响因素模型，实证研究这些影响因素对投资率的影响，在此基础上计算模拟投资率值并与实际值进行比较，分析投资适度性。

长期以来，经济学家对最优储蓄率决定问题的研究非常深入，形成了基于索洛模型的最优储蓄率决定理论、基于卡斯—库普曼—拉姆齐模型的最优储蓄率决定理论、基于萨缪尔森（Samuelson，1958）提出并经戴蒙德（Diamond，1965）扩展的叠代模型的最优储蓄率决定理论，以及基于凸性经济增长模型的最优储蓄率决定理论。由于存在储蓄投资转换机制，得到了众多经济学派的论证，因此可以基于研究最优储蓄率问题来研究投资率的决定。费尔德斯坦和霍里奥克（Feldstein and Horioka，1980）研究了储蓄与投资二者之间的相关性。[1] 随后，贝克斯特和克鲁西尼（Baxter and Crucini，1993）在一般均衡模型分析框架下考察储蓄与投资的关系。[2] 彼得斯（Peeters，1995）、奥伯斯特菲尔德等（Obstfeld et al.，1995）、杰罗姆等（Jerome et al.，2005）等则分别考察了不同国家的储蓄—投资转化率问题。[3] 国内学者徐冬林、陈永伟（2009）实证检验了我国各地区间投资与储蓄的相互关系。[4] 然而，储蓄并不等于资本，资本的形成必须通过储蓄向投资转化（陈文魁、王刚，2013）。[5] 投资在很大程度上是由储蓄的规模以及储蓄向投资转化的效率所决定。目前，我国存款转化为投资资本的效率持续降低，储蓄投资转化效率整体上还处于较低水平（罗超平等，2016）。[6] 因此，需要不断完善间接金融转化机制，疏通转化障碍，完善储蓄—投资转化机制。

在研究各种因素对投资及投资率的影响方面，国内学者基于不同视角开展了研究。例如，王蓓、崔治文（2012）研究发现，消费支出有效税率的正冲击对投资率和经济增长率的影响最大，并在短期内有

---

① Feldstein, M. and C. Horioka, "Domestic Saving and International Capital Flows", *Economic Journal*, Vol.90, No.2（1980）.

② Baxter, M. and Crucini, M., "Explaining Savings—Investment Correlations", *The American Economic Review*, Vol.83, No.3（1993）.

③ Peeters, M., "The Public–Private Savings Mirror and Causality Relations among Private Savings, Investment, and (twin) Deficits: A Full Modeling Approach", *Journal of Policy Modeling*, Vol.21, No.5 (1995). Obstfeld, M. and Rogoff, K., *The Intertemporal Approach to the Current Account in Handbook of International Economics* (G. Grossman and K. Rogoff, Eds.), The Netherlands: North–Holland Publishing Company, the Netherlands, 1995. Jerome H., Mathilde M., *Another Brick in the Feldstein–Horioka Wall: An Analysis on European Regional Data*, Working Paper, 2005.

④ 徐冬林、陈永伟：《区域资本流动：基于投资与储蓄关系的检验》，《中国工业经济》2009年第3期。

⑤ 陈文魁、王刚：《对我国储蓄向投资转化的几点思考》，《知识经济》2013年第1期。

⑥ 罗超平、张梓榆、吴超、翟琼：《金融支持供给侧结构性改革：储蓄投资转化效率的再分析》，《宏观经济研究》2016年第3期。

利于投资率增加。[1] 沈翔（2012）研究发现，二元经济转型能够促进投资提高，但也造成了投资率居高不下。[2] 林仁文、杨熠（2013）研究发现，我国有效投资占投资的比例在50%—90%，且在1980年之后比例不断下降。[3] 张成思、张步昙（2016）研究发现，经济金融化显著降低了企业的实业投资率。[4]

实际上，投资规模需要保持适度性，即需要保持在合理区间范围之内，避免投资对国民经济产生不良危害。投资规模与经济增长具有相互制约和相互影响的关系，因而经济稳定增长本身也就要求投资处于合理的区间范围之内。合理投资规模不是某一个具体的数值，而是一个围绕最优投资规模上下波动的具有上限和下限的区间。[5] 在这一方面，孙先定、黄小原（2002）基于期权理论建立了产业投资决策的期权模型，开创了确定投资规模及其优化的理论探讨。[6] 周学仁、蔡甜甜（2012）确定了"十二五"时期我国投资规模的合理区间为［27.91%，41.86%］。[7] 目前，我国实际投资率已经突破了合理投资率的上限，投资率急需调整。

当前我国投资率是否适度？张燕（2012）认为，我国的投资率与世界上绝大多数国家特别是发达国家相比一直偏高，由此引发了

---

[1] 王蓓、崔治文：《有效税率、投资与经济增长：来自中国数据的经验实证》，《管理评论》2012年第7期。

[2] 沈翔：《二元经济转型影响投资率的实证研究》，《金融经济》2012年第18期。

[3] 林仁文、杨熠：《中国的有效投资与高投资率》，《现代管理科学》2013年第6期。

[4] 张成思、张步昙：《中国实业投资率下降之谜：经济金融化视角》，《经济研究》2016年第12期。

[5] Li, X., Li, Z. and Chan, M., "Demographic Change, Savings, Investment, and Economic Growth: A Case from China", *Chinese Economy*, Vol.45, No.2（2012）.

[6] 孙先定、黄小原：《产业投资规模基于期权观点的优化》，《预测》2002年第1期。

[7] 周学仁、蔡甜甜：《"十二五"时期我国投资规模合理空间分析》，《科技促进发展》2012年第9期。

对我国今后经济增长方式之争。[①] 鉴于我国经济发展阶段及特点，投资率还将在较长一段时期内维持较高水平。张羲等（2012）研究发现，重庆市投资效率伴随投资率的增加在降低，源于我国政府部门作为投资主体所造成。[②] 由于长期的固定资产投资失误造成的产业结构扭曲化导致我国产能过剩，其深层原因则是粗放的增长方式、僵化的体制机制和失误的产业政策等。我国需要控制投资规模、优化投资结构和提高投资效益，以此加快产业结构优化升级（胡荣涛，2016）。[③]

总之，国内外学者从不同视角开展了对储蓄—投资转化、投资的影响因素以及合理投资规模问题的研究，但不难发现这些研究基本上割裂开来。如何将这些问题置于一个统一的框架之下开展研究，也就成为了本节研究的突破点。

二、凸性经济增长模型分析及实证模型构建

20 世纪 80 年代之后，众多经济学家基于索洛（Solow，1956）模型，突破需要满足稻田条件，形成了凸性模型这一类新型增长模型，包括：琼斯和惠野真理（Jones & Manuelli，1990），金和里贝罗（King & Rebelo，1990），巴罗（Barro，1990），里贝罗（Rebelo，1991），格鲁姆和拉维库马尔（Glomm & Ravikumar，1992），琼斯、惠野真理和罗西（Jones，Manuelli & Rossi，1993），里贝罗和斯托基（Rebelo & Stokey，

---

① 张燕：《对当前中国投资率问题的若干认识》，《福建金融》2012 年第 1 期。
② 张羲、张勇进、刘启君：《重庆市直辖以来投资效率与投资率关系的实证研究》，《江苏科技大学学报（社会科学版）》2012 年第 1 期。
③ 胡荣涛：《产能过剩形成原因与化解的供给侧因素分析》，《现代经济探讨》2016 年第 2 期。

1995）等。①在他们的研究中，不少学者采用 AK 生产函数模型来研究，这一模型将 AK 技术与家庭、企业的最优化行为相结合，即生产函数为：

$$F(K, L)=Y=AK \tag{4.19}$$

其中，F 和 Y 为产出，K 为资本投入，L 为劳动投入，A 为技术水平的常数，$A>0$。下面，分别分析代表性家庭的行为、企业的行为及均衡状态。

（一）代表性家庭的行为

假定代表性家庭具有无限寿命，代表性家庭会选择一定的消费水平，以使效用最大化，其效用函数为：

$$U = \int_0^\infty u(c)e^{-(v-n)t}dt \tag{4.20}$$

其中，u 为效用函数，$u(c)=\dfrac{c^{(1-\theta)}-1}{1-\theta}$；$c$ 表示消费；θ 表示跨期替代弹性；n 表示人口增长率；$\rho=v-n$ 表示主观贴现率（即时间偏好率）。

代表性家庭的消费行为会受制于一定的资产约束，即：

$$\dot{a}=(r-n) \cdot a+w-c \tag{4.21}$$

其中，a 为人均资产；r 为利率；w 为工资率。式（4.21）表明，人均资产的增量来自于两部分：一是人均资产的净收益，二是储蓄。由于存在上述约束，代表性家庭负债不能无限增长，将受制于如下

① Jones, L.E. and Manuelli, R., "A Convex Model of Equilibrium Growth", *Journal of Political Economic*, Vol.98, No.5 (1990). King, R. G., Rebelo, S., "Public Policy and Economic Growth: Developing Neoclassical Implications", *Journal of Political Economy*, Vol.98, No.5 (1990). Barro, R., "Government Spending in a Simple Model of Endogenous Growth", *Journal of Political Economy*, Vol.98, No.5 (1990). S. Rebelo, "Long-run Policy Analysis and Long-run Growth", *Journal of Political Economy*, Vol.99, No.3 (1991). Glomm, G., Ravikumar, B., "Public versus Private Investment in Human Capital: Endogenous Growth and Income Inequality", *The Journal of Political Economy*, Vol.100, No.4 (1992). Larry E. Jones & Rodolfo E. Manuelli & Peter E. Rossi, *On the Optimal Taxation of Capital Income*, National Bureau of Economic Research, Inc, 1993. Stokey, N. L., and Rebelo, S., "Growth Effects of Flat-rate Taxes", *Journal of Political Economy*, Vol.103, No.3 (1995).

条件：

$$\lim_{t\to\infty}\left\{a(t)\cdot\exp\left[-\int_0^t[r(v)-n]dv\right]\right\}\geqslant0 \tag{4.22}$$

在均衡时，式（4.22）取值为0。于是，在式（4.21）和式（4.22）的约束之下，代表性家庭实现效用最大化时的消费增长率为：

$$g_c=\frac{\dot{c}}{c}=\frac{r-\rho}{\theta} \tag{4.23}$$

（二）企业行为

令 y 表示人均产出，Ak 表示人均资本存量。根据式（4.19）可以得到：

$$y=f(k)=Ak \tag{4.24}$$

当企业实现利润最大化这一目标时，边际资本生产率等于资本的租金价格，边际劳动生产率等于工资率，即：

$$f_k'(k)=A=r+\delta \tag{4.25}$$

$$f_L'(k)=0=w \tag{4.26}$$

其中，δ 表示资本折旧率。

（三）均衡状态

在封闭经济条件下，代表性家庭人均资产等于企业人均资本，即 $a=k$。将这一条件结合式（4.25）、式（4.26）两式并代入式（4.20）、式（4.22）和式（4.23）得到：

$$\dot{k}=(A-\delta-n)\cdot k-c \tag{4.27}$$

$$g_c=\frac{A-\delta-\rho}{\theta} \tag{4.28}$$

$$\lim_{t\to\infty}\left\{k(t)\cdot e^{-(A-\delta-n)t}\right\}=0 \tag{4.29}$$

当给定初始消费水平 c（0）时，t 时刻的消费水平为：

$$c(t) = c(0) \cdot e^{\frac{A-\delta-\rho}{\theta} \cdot t} \qquad (4.30)$$

将式（4.30）代入式（4.29）得到：

$$\dot{k} = (A-\delta-n) \cdot k - c(0) \cdot e^{\frac{A-\delta-\rho}{\theta} \cdot t} \qquad (4.31)$$

于是：

$$k(t) = H \cdot e^{(A-\delta-n)t} + \frac{c(0)}{\dfrac{(A-\delta) \cdot (\theta-1)}{\theta} + \dfrac{\rho}{n} - n} \cdot e^{\frac{A-\delta-\rho}{\theta} \cdot t} \qquad (4.32)$$

将式（4.32）代入式（4.29）中，考虑横截性条件要求常数 H 为 0，于是：

$$c(t) = \frac{c(0)}{\dfrac{(A-\delta) \cdot (\theta-1)}{\theta} + \dfrac{\rho}{n} - n} \cdot k(t) \qquad (4.33)$$

在均衡时，人均资本增长率等于人均消费增长率，即：

$$g_k = g_c = \frac{A-\delta-\rho}{\theta} \qquad (4.34)$$

根据式（4.24），当均衡时，人均产出增长率等于人均资本增长率，也等于人均消费增长率，即：

$$g_y = g_k = g_c = \frac{A-\delta-\rho}{\theta} \qquad (4.35)$$

在封闭经济中，均衡状态时的储蓄率等于：

$$s = \frac{\dot{K} + \delta K}{Y} = \frac{g_K + n + \delta}{A} = \left[\frac{A-\rho+\theta n+(\theta-1) \cdot \delta}{\theta A} \right] \qquad (4.36)$$

可见，均衡时影响储蓄率的因素包括技术进步率、时间偏好率、人口增长率、跨期替代弹性等。由于投资率与储蓄率二者之间存在的关系，上述因素同样影响投资率。因此，可以构建如下模型来研究上述因素对投资率的影响：

$$inv_t = \beta_0 + \beta_1 A_t + \beta_2 \rho_t + \beta_3 n_t + \beta_4 \theta_t + \varepsilon_t \qquad (4.37)$$

利用式（4.37）可以模拟出各 t 期的投资率，然后将模拟值与实际值相比较。若实际值低于模拟值，则"投资不足"；若实际值高于模拟值，则"过度投资"。

三、相关解释变量的测算方法及数据来源说明

（一）跨期替代弹性

跨期替代弹性 θ 是现代经济增长理论模型中作为解释消费选择与储蓄率内生化的重要参数，这在卡斯—库普曼—拉姆齐模型中早已提出，顾六宝、肖红叶（2004）基于这一模型得到历年跨期替代弹性：[①]

$$\theta_t = \frac{\dot{c}/c_t}{r_t - \rho_t} \qquad (4.38)$$

其中，$\dot{c}/c_t$ 为人均消费增长率；r_t 为资本报酬率，ρ_t 为时间偏好率。这三个变量的测算如下：

1. 人均消费增长率

将按 GDP 支出法计算的最终消费支出总额除以当年全国总人数，计算得到名义人均消费量。利用当年的 CPI（采用环比物价指数）计算得到人均消费量实际值，并计算得到人均消费增长率。上述指标 1978—2016 年的年度数据均来自于历年《中国统计年鉴》，下同。

2. 资本报酬率

资本报酬率是净利润与平均资本总额的比率，在此采用（人均

---

① 顾六宝、肖红叶：《中国消费跨期替代弹性的两种统计估算方法》，《统计研究》2004 年第 9 期。

GDP 增量 – 人均收入增量）/ 人均资本增量 ×100% 计算得到。其中：人均收入这一指标采用城镇居民家庭人均可支配收入和农村居民家庭人均纯收入分别根据城镇人口与农村人口所占比例作为权重加权计算得到。

3. 时间偏好率

时间偏好率是投资者因放弃现在消费进行投资而希望在未来得到的回报率，回报率越高，则越偏好于未来投资。时间偏好率又可以用折现率来衡量，即折现率 = 无风险报酬率 + 风险报酬率 + 通货膨胀率。基于数据来源，采用一年期存款利率加上 CPI 来衡量时间偏好率。1978—2016 年一年期存款利率的年度数据来源于中国财务总监网（www.chinacfo.net）。其中，一年期存款利率在一年中有调整时，采用简单算术平均法计算。

（二）技术进步率

考虑新古典经济增长模型，运用全要素生产率（Total Factor Productiviag, TFP）表示技术进步，通过索洛余值法即可求出。考虑 C–D 生产函数：

$$Y_t = A_t K_t^{\alpha} L_t^{\beta} \tag{4.39}$$

对式（4.39）两边同取对数，移项整理得到：

$$\ln A_t = \ln Y_t - \alpha \ln K_t - \beta \ln L_t \tag{4.40}$$

四、实证结果分析

（一）模型估计

分别利用式（4.38）、式（4.40）估算出跨期替代弹性和技术进步率（计算结果略），并结合时间偏好率、人口增长率和投资率的数据，利用式（4.37）进行估计。在估计过程中，发现跨期替代弹性的系数远远通不过 5% 的显著性水平检验，剔除之后，重新估计发现时间偏好率的系数也通不过 5% 的显著性水平检验。考虑自回归移动平均，最终得到如下估计结果：

$$inv_t=41.7891+5.1783A_t-0.7551n_t+1.3556MA(1)+0.5585MA(2) \quad （4.41）$$
$$（0.0000）（0.0528）（0.0008）（0.0000）（0.0004）$$

估计中，R^2=0.8524，D.W.=1.8381，可决系数较高，不存在自相关，模型估计效果较好。不难看出，技术进步率是影响投资率的重要因素，对投资率的影响非常明显。技术进步率每增加 1%，将使投资率增加 5.1783%。实际上，技术进步对投资产生重要影响。从全球来看，技术进步提高了生产力水平，迅速增加跨国公司的国际投资机会，带动相关产业的快速发展，并进一步为投资提供了便利。从供给层面来看，技术进步促进经济增长，并引起产业结构变化，进而导致投资结构变化。从需求层面来看，技术进步开拓了物质生活、精神生活的新领域，使单位产品的实际成本下降，人均收入增加，并通过对外贸易影响产业结构，从而影响投资结构。可见，技术进步有助于优化产业结构，促进投资。人口增长率的系数为 –0.7551，表明人口增长率下降，投资率将增加。凯恩斯认为，人口减少将引起有效需求不足，导致经济停滞，人口增长则会刺激消费需求和投资需求。西蒙·库兹涅茨则认为，人口增长和技术进步、社会结构的变化等都是实现生产能力扩大及经济增长的基本因素。改革开放以来，我国坚持实行计划生育政策，人口数量平稳增长，人口素质全面提高，为国家提供充足的劳动力。人口平稳增长通过刺激投资需求促进技术革新，减少投资风险，提高劳动力的技术水平，并有助于投资的稳定增加。

（二）投资适度性分析

基于式（4.41）模拟得到历年的投资率，并与当年实际投资率进行比较，结果见图 4.2。从整体上来看，我国投资率实际值与模拟值之比保持在 1 左右上下波动，交替出现，并表现出比较明显的变动特点。

首先，从投资不足的阶段来看，我国投资不足主要集中在 20 世纪 80 年代、90 年代初期，以及从 1996 年开始到 2007 年长达 10 余年的时间之内（不考虑 2004 年的特殊情况）。在 80 年代和 90 年代初期，我国投资不足成为当时经济运行的鲜明特点。在 1978—1984 年我国投资率表现出先降后升的趋势，1983 年的投资率处于改革开放以来我国投资率的最低点，当年的投资率仅为 32.38%。同时，这一时期的投资率也处于改革开放以来的最低水平。在这一时期，我国经济处于一种全面短缺的状态：产品短缺、技术短缺和资本短缺。从全社会固定资产投资来看，1981 年我国固定资产投资总额仅为 961 亿元，不足 1000 亿元。即使到了 1984 年，固定资产投资总额也仅为 1832.9 亿元。除了政府投资之外，我国民营投资涉及领域较窄，除城乡建房外，主要投向一些简单的机械加工工业、初级矿产品采掘业、食品制造业。从外来投资来看，这一时期我国的外来投资主要是以港澳台为主体的小规模投资，港澳台投资占我国吸引外资总额的 80% 左右，外来投资比较集中。由于我国投资面临诸多政策限制，导致国内投资明显不足。进入 20 世纪 90 年代，我国投资环境明显改善，投资规模明显增加，全社会固定资产投资从 1990 年的 4517 亿元增加到 1992 年的 8080.1 亿元，几乎翻了一番。然而，这一时期随着全社会固定资产投资效果系数在不断下降，我国固定资产投资效率也在不断下降（王蔚静、伏宝会，1997）。[1]自

---

[1]　王蔚静、伏宝会：《试论我国近年来固定资产投资效率》，《投资研究》1997 年第 6 期。

1996 年之后长达十余年的时间里，我国投资均表现为不足的特点，内需不足问题已经成为制约我国经济结构调整和科学发展的重要原因。内需不足不仅由于国民消费需求不足，国内投资需求不足也是其重要原因。在这一时期，尽管我国投资大规模增加，但仍达不到实际需求水平，尤其是在 1999—2001 年，全社会固定资产投资速度偏慢，年增长率分别仅为 5.1%、10.3% 和 13%，基本低于其他年份的固定资产投资增长速度。

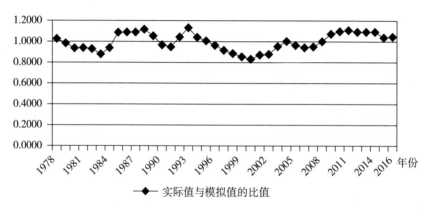

图 4.2　1978—2016 年投资率实际值与模拟值之比

其次，从过度投资的阶段来看，主要集中在 1985—1989 年、1992—1995 年和 2008 年之后。不难看出，在我国处于过度投资的阶段，往往伴随着物价的大幅度上涨，如在 1985—1989 年这一阶段，物价水平较高，尤其是在 1988 年和 1989 年，这两年的物价水平分别达到 118.8% 和 118.0%，处于严重的通货膨胀时期。在 1992—1995 年这一时期，我国物价指数又分别达到 106.4%、114.7% 和 124.1%，再次处于严重的通货膨胀时期。这一时期的通货膨胀是改革开放以来我国出现的比较典型的需求拉动型通货膨胀，由于房地产热及由此刺激产生的国内需求迅速膨胀，吸纳了大量国内资金及资源，使我国经济再度转为内需主导，从而诱发了高通货膨胀。2008 年国际金融危机之后，我国固定资产投资增长更为快速，从 2008 年的 172828.4 亿元增加到 2016 年的 606465.7 亿元，是 2008 年的 3.51 倍。自 2007 年开始，我国全社会固定资产投资与 GDP 的比例已经超过 50%，即从 2007 年的 51.5% 增加到 2016 年的 81.26%。投资过快形成了两个自我循环的市场，使我国经济发展中投资与消费不均衡，进口市场与消费市场不均衡，导致原材料工业品价格、PPI 与居民消费价格指数感受不同步，上游产品价格下降，居民消费价格不降反升（程卫红，2013）。[①] 可见，依靠投资拉动经济增长已经成为 2008 年国际金融危机之后我国经济运行的重要特征，但过度投资越来越明显，过度投资有可能严重制约我国经济增长，并引发经济增长的大幅回调。实际上，与投资快速增长相反的是，近两年来我国经济增长速度有所放缓，因而需要转变经济增长方式，投资增速也需要逐步适应经济放缓趋势。

总之，改革开放以来我国投资波动表现出比较明显的投资不足及过度投资波动特点，投资适度性问题需要进一步关注。

第四节　我国适度外贸依存度分析

一、国内外相关研究

外贸依存度是指一国进出口贸易总额占其国内生产总值的比重，

---

① 程卫红：《投资率与消费率：国际经验、引发错觉、发展对策》，《华北金融》2013 年第 6 期。

通常用来衡量一国或地区的经济对国际市场的依赖程度。改革开放以来，尤其是 2001 年我国加入世界贸易组织（World Trade Organization，WTO）后，对外贸易在促进我国经济增长中的作用日益突出。随着对外贸易规模的持续扩大，我国对外贸易依存度也远远高于世界外贸依存度的平均水平。我国外贸进出口迅速增长，本质上反映了我国国际竞争力不断提高，表明我国在国际分工体系中扮演了越来越重要的角色。此外，外贸依存度过高表明国外市场需求正在成为我国经济增长的一个重要动力。然而，过高的外贸依存度也会对我国产生一定程度的负面影响，如过高的外贸依存度将激发我国与其他国家的经贸冲突，并为"中国威胁论"提供口实；过高的外贸依存度将加大我国经济所面临的国际经济和政治风险，使我国在能源和原材料等问题上"代人受过"。因此，保持外贸依存度的适度性显得越来越重要。

由于外贸依存度主要用于反映对外贸易在国民经济中的地位，衡量一国或地区贸易开放程度，同时反映该国或地区与国际市场联系的程度，国内学者对外贸依存度的适度性问题已经初步开展了研究。例如，王秀芳、姚金安（2008）从定性的角度深入探讨了适度外贸依存度的内涵，根据历史经验数据，判断我国适度外贸依存度的大体区间应该维持在 40%—50%。① 张智革、吴薇（2011）通过观察改革开放以来我国对外贸易依存度变化趋势和主要特征，从国际对比的角度，着重分析了影响贸易依存度的主要因素，并对我国贸易依存度的适度性进行了实证分析，为正确解读外贸依存度指标、客观评价我国的外贸依存度水平提供了可参考的依据。我国外贸依存度的预期值为 40.27%，

---

① 王秀芳、姚金安：《适度外贸依存度的再探讨》，《经济问题探索》2008 年第 4 期。

即对外贸易依存度的适度范围值。[①]

保持适度外贸依存度具有非常重要的作用。尤其是作为一个发展中的大国，我国应当着眼于扩大内需，调整需求结构中国内需求与国外需求的比重，在此基础上保持适当的外贸依存度，才能更好地实现宏观政策目标。改革开放以来，随着我国外贸依存度的不断提高，现阶段我国外贸依存度的适度区间是什么，我国实际的外贸依存度是否超过了适度区间？本节将采用1978—2016年的数据对这些问题进行实证研究。

二、影响因素及模型构建

（一）影响因素

1.经济发展水平

经济发展水平是指一个国家经济发展的规模、速度和所达到的水准。经济发展水平可以直接影响一个国家对外贸易的商品结构及在国际贸易中的地位，并通过决定该国在国际分工中的地位进而影响其所获得的贸易利益。一般情况下，反映一个国家经济发展水平的常用指标有国民生产总值、国民收入、人均国民收入、经济发展速度、经济增长速度。

2.经济规模

对于小国而言，由于其国内市场狭小，为了发展专业化和规模经济，小国将比大国更严重地依赖于对外贸易。对于大国而言，国内市场及资源条件允许其发展专业化和规模经济，通过发展内需也能推动经济的快速增长。可见，一个国家拥有的资源越多，就越容易自给自足。

3.产业结构

经济发展阶段不同，经济结构也不同，经济结构也会对贸易依存

---

① 张智革、吴薇：《中国对外贸易依存度的动态分析》，《国际经贸探索》2011年第10期。

度水平产生影响。日本和韩国的经验表明，当一国的工业化主要是以轻工业为主要推动力量时，贸易依存度水平会高；工业化的主导部门为重化工业时，贸易依存度较低。

4. 制度因素

在传统的国际贸易理论中，通常将制度视为外生变量或将制度简单内化为生产技术或税收，势必会遗漏一国对外贸易比较优势的形成因素。阿西墨格鲁等（Acemoglu et al., 2008）指出，契约制度质量会影响企业的技术选择进而影响地区的比较优势形成。[①] 制度与国家出口质量之间存在显著正相关关系，良好的制度会对出口质量产生显著的提升作用（李方静，2016）。[②]

（二）模型构建

实际上，影响外贸依存度的因素非常多，除了上文列举的经济发展水平、经济规模、产业结构和制度因素之外，还有一国的发展战略、外贸政策、政府行为等因素对外贸依存度的影响。根据上述 4 个主要影响因素，构建如下实证模型：

$$TRADE=\alpha \cdot GDP^{\beta_1} \cdot RGDP^{\beta_2} \cdot IN^{\beta_3} \cdot D^{\beta_4} \cdot e^{\varepsilon} \qquad （4.42）$$

式（4.42）中，$TRADE$ 表示外贸依存度，GDP 表示经济规模，$RGDP$ 表示经济发展水平，IN 表示产业结构，D 表示制度因素。对上述模型两边取自然对数处理得到：

$$\ln TRADE=\ln\alpha+\beta_1\ln GDP+\beta_2\ln RGDP+\beta_3\ln IN+\beta_4\ln D+\varepsilon \qquad （4.43）$$

在实证中，外贸依存度采用我国对外贸易总额与当年 GDP 之比

---

① Acemoglu D., Robinson J., "Persistence of Power, Elites, and Institutions", *American Economic Review*, Vol. 98, No.1 (2008).

② 李方静：《制度会影响出口质量吗？——基于跨国面板数据的经验分析》，《当代财经》2016 年第 12 期。

计算得到。制度因素则采用虚拟变量来设定。改革开放以来，我国在 1992 年进行了社会主义市场经济体制改革，2001 年加入世贸组织，2010 年中国超过日本成为世界上第二大经济体。因此，可以分别采用 0、1、2、3 来分别衡量这些重大历史事件。衡量产业结构升级的指标，可以借鉴付凌晖（2010）的做法，首先将三次产业分别占生产总值的比重作为空间向量中的一个分量，构成一组三维向量 $X_0=(x_{1,0}, x_{2,0}, x_{3,0})$；其次分别计算 X_0 与产业由低层次到高层次排列的向量 $X_1=(1, 0, 0)$，$X_2=(0, 1, 0)$，$X_3=(0, 0, 1)$ 的夹角 θ_j（$j=1,2,3$）：[①]

$$\theta_j = \arccos\left(\frac{\sum_{i=1}^{3}(x_{i,j} \cdot x_{i,0})}{\sum_{i=1}^{3}(x_{i,j}^2)^{1/2} \cdot \sum_{i=1}^{3}(x_{i,0}^2)^{1/2}}\right) \quad （4.44）$$

定义产业结构高级化指标（W）的计算公式：

$$W = \sum_{k=1}^{3}\sum_{j=1}^{k}\theta_j \quad （4.45）$$

式（4.45）中，W 越大，产业结构高级化水平越高。

三、实证分析

依据式（4.43）可以得到估计结果，但由于产业结构指标和制度因素指标的系数非常不显著，删除这两个因素重新估计得到如下结果：

$$\ln TRADE = -4.2484 + 2.1014\ln GDP - 2.1738\ln RGDP + 1.0411MA(1) + 0.4511MA(2)$$
$$（0.0295）（0.0395）\qquad（0.0457）\qquad（0.0000）（0.0055）$$

$$（4.46）$$

---

① 付凌晖：《我国产业结构高级化与经济增长关系的实证研究》，《统计研究》2010 年第 8 期。

估计中，R^2=0.9082，D.W.=1.7420。可以看出，ln*GDP* 的系数为
2.1014，ln*RGDP* 的系数为 –2.1738。经济规模越大，外贸依存度也就
越高；而经济发展水平越快，则外贸依存度将越低。二者的相互作用，
将使得外贸依存度趋于稳定。将相关数据代入进一步计算得到，外贸
依存度预测值的平均值为 34.7%。实际上，进入 21 世纪以来，我国外
贸依存度非常高（见表 4.4），尤其是在 2005—2007 年，我国外贸依
存度超过 0.6 以上。2008 年金融危机之后，我国外贸依存度开始下降，
2016 年我国外贸依存度降到 0.3271，低于外贸依存度预测值的平均值，
表明当前我国外贸依存度已经处于比较合理的水平。

表 4.4　1978—2016 年我国外贸依存度

年份	外贸依存度	年份	外贸依存度	年份	外贸依存度	年份	外贸依存度
1978	0.0965	1988	0.2518	1998	0.3152	2008	0.5631
1979	0.1109	1989	0.2419	1999	0.3301	2009	0.4316
1980	0.1242	1990	0.2946	2000	0.3916	2010	0.4884
1981	0.1490	1991	0.3284	2001	0.3805	2011	0.4831
1982	0.1435	1992	0.3353	2002	0.4221	2012	0.4518
1983	0.1429	1993	0.3160	2003	0.5129	2013	0.4337
1984	0.1650	1994	0.4191	2004	0.5903	2014	0.4103
1985	0.2271	1995	0.3831	2005	0.6242	2015	0.3563
1986	0.2487	1996	0.3361	2006	0.6424	2016	0.3271
1987	0.2533	1997	0.3383	2007	0.6177	—	—

注：原始数据来源于历年《中国统计年鉴》，根据原始数据计算得到。

保持经济稳定增长已经成为当前和未来我国经济增长的重要任务。
本章研究了在开放经济条件下我国经济增长的稳定性，从适度消费率、
适度投资率和适度外贸依存度三个层面进一步深入探讨，从而全面了
解我国经济稳定增长。

　　本章借鉴了学者们的研究方法，实证研究在开放经济条件下我国经济增长的稳定性。研究发现：改革开放以来我国经济增长稳定性在下降，源于需求结构的不稳定以及产业结构波动导致。

　　本章实证研究了改革开放以来我国的适度消费率，发现当前我国最终消费率低于适度消费率下限，我国消费率水平明显偏低，依靠扩大消费需求拉动经济增长的效果仍不明显。我国需要积极制定中长期政策，鼓励和促进居民消费；适度控制投资规模，改变大量依靠政府投资拉动经济增长的模式；缩小收入差距，提高居民收入水平；进一步完善社会保障体系，继续深化相关配套改革。

　　基于凸性经济增长模型的最优储蓄率决定理论，构建投资率的影响因素模型，并进行实证研究。在此基础上，计算模拟投资率值并与实际值进行比较，分析投资适度性。研究发现，技术进步率和人口增长率是影响我国投资率的重要因素。我国投资尤其是固定资产投资存在较多问题，需要保持投资的适度增长，即需要提高政府公共投资决策的透明度，积极鼓励扩大民间投资，优化投资的区域结构和产业结构，并加强和改善投资管理，避免低水平重复建设。

　　从外贸依存度的适度性来看，本章进行的实证研究进一步表明，当前我国外贸依存度在下降，外贸依存度处于越来越合理的水平。我国作为一个大国，应当着眼于扩大内需，调整需求结构中国内需求与国外需求的比重，在此基础上保持适当的外贸依存度，才能更好地实现宏观政策目标。

第五章　我国能源安全保障与环境保护的相互关系及影响

　　自20世纪50年代之后，全球经济快速发展，工业化进程不断加快，引发了学者们对两个重要问题的思考：一是能源消费与环境污染的现状如何？二是能源消费是否会引起环境污染？在能源消费方面，全球能源消费规模在不断增加，人均能源消费不具有收敛性（吴巧生、汪金伟，2013）。[①]在2015年全球一次能源消费增长中，97%的全球消费增长来自新兴经济体，新兴经济体占全球能源消费的58.1%。2017年全球能源消费的80%源于发展中国家，当年全球一次能源消费强劲增长，约增2.2%，高于2016年的1.2%，为2013年以来最快增长。[②]从能源消费构成来看天然气领涨全球能源消费，石油仍然是全球最重要的燃料之一。在环境污染方面，自20世纪20年代之后，环境污染问题日益严重威胁着世界各国，治理环境污染问题也随即经历了从工业污染治理、城市环境污染综合防治，再到生态环境综合防治、区域污染防治四个阶段。1994年3月21日《联合国气候变化框架公约》正式生效，成为世界上第一个为全面控制二氧化碳等温室气体排放，以应

---

　　① 吴巧生、汪金伟：《世界能源消费收敛性分析——基于 Phillips & Sul 方法》，《北京理工大学学报》2013年第1期。

　　② 参见《2018BP 世界能源统计年鉴》。

对全球气候变暖给人类经济和社会带来不利影响的国际公约。随着工业化进程加快，全球环境污染问题日益严重，如大气污染、海洋污染、城市污染等，给生态系统造成直接破坏和给人类社会造成间接危害。美国健康效应研究所、健康指标和评估研究所发布的《2017年全球空气状况》指出，在全球范围内，长期处于PM2.5的环境中对于约27%的慢性阻塞性肺疾病致死、17%的缺血性心脏病致死、17%的肺癌致死、14%的卒中致死负有责任。可见，世界经济发展始终与能源消费和环境污染密不可分，尤其是在过去的40年中环境污染主要是由全球能源的生产和消耗导致。[①]

当前，我国能源安全和环境污染问题越来越突出，能源消费是环境污染的重要影响因素。能源使用是导致环境恶化的主要原因之一（王姗姗等，2010）。[②] 我国雾霾污染存在显著的空间相关性，但不同地区能源消费对雾霾污染的影响程度存在差异（唐登莉等，2017）。[③] 目前，我国的能源体系结构存在诸多风险和问题，如能源紧缺、对外依存度高，排放量大、环境污染严重等，已不再适应当前绿色发展和生态文明建设的要求。党的十八大报告提出："推动能源生产和消费革命，控制能源消费总量，加强节能降耗，支持节能低碳产业和新能源、可再生能源发展，确保国家能源安全。"同时，需要"着力推进绿色发展、循环发展、低碳发展，形成节约资源和保护环境的空间格局……"党的十九大报告进一步提出："推进能源生产和消费革命，构建清洁低碳、

---

① 汪明：《我国环境质量和能源消费的灰色关联分析》，《江苏商论》2012年第4期。
② 王姗姗、徐吉辉、邱长溶：《能源消费与环境污染的边限协整分析》，《中国人口·资源与环境》2010年第4期。
③ 唐登莉、李力、洪雪飞：《能源消费对中国雾霾污染的空间溢出效应——基于静态与动态空间面板数据模型的实证研究》，《系统工程理论与实践》2017年第7期。

安全高效的能源体系。""像对待生命一样对待生态环境，要统筹山水林田湖草系统治理，实行最严格的生态环境保护制度"，并将污染防治作为决胜全面建成小康社会的三大攻坚战之一。可见，能源安全保障与环境保护已经成为当前我国需要密切关注的焦点。在建设"美丽中国"的新形势下如何保障能源安全同时加强环境保护，为我国实现经济稳定增长的政策选择提供策略支持已是紧迫任务。

为了更深入分析我国能源安全保障与环境保护二者之间的关系及影响，本章从如下内容依次开展研究：首先，研究能源消费对环境污染的影响。运用理论模型分析能源消费对环境污染的影响，构建计量模型并利用 1984—2016 年我国的年度数据进行实证，并进一步探究能源消费影响环境污染的直接渠道和间接渠道。其次，研究环境规制对能源消费的影响。构建衡量环境规制及能源消费的指标，利用全国 30 个省、自治区和直辖市（不考虑西藏自治区的数据）2004—2016 年的面板数据，运用协整检验、格兰杰（Granger）因果关系检验以及面板模型估计，实证研究环境规制对能源消费的影响。最后，研究能源安全保障与环境保护的相互关系及影响。构建衡量能源安全保障与环境保护的衡量指标，利用全国 30 个省、自治区和直辖市（不考虑西藏自治区的数据）2003—2016 年的面板数据，分别从全国、东部地区、中部地区和西部地区进行估计，并进一步探究能源安全保障与环境保护关系的影响机制。

第一节　我国能源消费对环境污染的影响

一、模型分析

前述研究已经表明，能源消费是环境污染的重要影响因素。能源价格扭曲对雾霾污染具有正向影响，但能源价格扭曲对雾霾污染的影响存在着区域差异（冷艳丽、杜思正，2016）。[1] 实际上，影响环境污染的因素非常多，经济增长便是重要的影响因素之一。著名的环境库兹涅茨曲线（EKC 曲线）指出，当一个国家经济发展水平较低的时候，环境污染的程度较轻，但随着人均收入的增加，环境污染由低趋高，环境恶化程度随经济增长而加剧；当经济发展达到一定水平之后，即到达某个临界点或者"拐点"之后，随着人均收入的进一步增加，环境污染又由高趋低，其环境污染的程度逐渐放缓，环境质量逐渐得到改善（Grossman Gene M., Alan Krueger, 1995）。[2] 格罗斯曼等（1995）认为，经济规模、经济结构和技术是经济影响环境的三大直接途径，其他都是间接途径。[3] 我国经济增长对二氧化硫排放具有显著的非线性影响（金春雨、吴安兵，2017）。[4] 当经济增速高于 7% 时，不存在 EKC 拐点，增长将必然引起污染；当经济由高速切换至中高速后，会出现 EKC 拐点（杜雯翠、张平淡，2017）。[5] 由于能源消费和经济增长均是环境污染的重要影响因素，不妨构建如下函数：

$$EN_t = E_t^{\lambda} Y_t^{\phi} \varepsilon_t \tag{5.1}$$

其中，EN_t 表示第 t 期的环境污染，E_t 表示第 t 期的能源消费，Y_t

---

[1]　冷艳丽、杜思正：《能源价格扭曲与雾霾污染——中国的经验证据》，《产业经济研究》2016 年第 1 期。

[2]　Grossman G. M., Krueger A. B., *Environmental Impacts of the North American Free Trade Agreement*, NBER Working Paper, 1991.

[3]　Grossman Gene M. & Helpman Elhanan, *Innovation and Growth in the Global Economy*, Cambridge, MA: MIT Press, 1991.

[4]　金春雨、吴安兵：《工业经济结构、经济增长对环境污染的非线性影响》，《中国人口·资源与环境》2017 年第 10 期。

[5]　杜雯翠、张平淡：《新常态下经济增长与环境污染的作用机理研究》，《软科学》2017 年第 4 期。

表示第 t 期的经济增长。$\lambda>0$，$\phi>0$，意味着随着能源消费增加和经济增长，环境污染将增加。按照新古典经济增长理论，经济增长会受到资本和劳动的影响，即经济增长可由式（5.2）决定：

$$Y_t=K_t^{\alpha}\left[A_tL_t\right]^{\beta} \tag{5.2}$$

其中，$\alpha>0$，$\beta>0$。于是，将式（5.2）代入到式（5.1）可得：

$$EN_t=E_t^{\lambda}\left\{K_t^{\alpha}[A_tL_t]^{\beta}\right\}^{\phi}\varepsilon_t=E_t^{\lambda}K_t^{\alpha\phi}[A_tL_t]^{\beta\phi}\varepsilon_t=E_t^{\lambda}K_t^{\chi}[A_tL_t]^{\varphi}\varepsilon_t \tag{5.3}$$

其中，$\chi=\alpha\phi$，$\varphi=\beta\phi$。K、L 和 A 分别表示资本、劳动和劳动的有效性。借鉴索洛（1956）模型的动态性研究，得到资本、劳动与劳动的有效性的动态性如下：[①]

$$\dot{K}_t=sY_t-\delta K_t \tag{5.4}$$

$$\dot{L}_t=nL_t \tag{5.5}$$

$$\dot{A}_t=gA_t \tag{5.6}$$

其中，s 为储蓄率，δ 为资本的折旧率，n 为劳动的增长率，g 为技术进步的增长率。能源类型包括两类：传统能源和新能源。传统能源消费将减少能源数量，新能源开发将增加能源数量即增加能源供给，传统能源消费速度与新能源开发速度二者之间的差异决定了能源消费的数量。于是有：

$$\dot{E}_t=(b-\tau)E_t \quad (b>0) \tag{5.7}$$

其中，b 为传统能源消费速度，τ 为新能源开发速度。如果 $b-\tau<0$，能源供给将会增加，而这也为能源消费增加提供了基础；如果 $b-\tau>0$，能源供给将会减少，能源消费增加将进一步减少能源供给。由式（5.4）可以变形得到：

---

① Solow, R., "A Contribution to the Theory of Economic Growth", *Quarterly Journal of Economics*, Vol.70, No.1（1956）.

$$\frac{\dot{K_t}}{K_t} = s\frac{Y_t}{K_t} - \delta \tag{5.8}$$

在平衡增长路径，平衡增长路径所需要的 K 与 Y 均以一个不变的速率增加。而从式（5.8）来看，要使 K 的增长率保持不变，Y/K 就必然不变，K 与 Y 的增长率必然相等，即有 g_Y/g_K。

分别对式（5.3）两边取自然对数，再对时间求导得到：

$$g_{EN_t} = \lambda g_{E_t} + \chi g_{K_t} + \varphi \left[g_{A_t} + g_{L_t} \right] \tag{5.9}$$

其中，g 表示增长率。当经济处于平衡增长路径时，将能源消费、劳动的有效性和劳动的增长率代入式（5.9）得：

$$g_{EN}^{\ *} = \frac{\varphi(g+n) + \lambda(b-\tau)}{1-\chi} \tag{5.10}$$

其中：$g_{EN}^{\ *}$ 表示均衡环境污染增长率。从式（5.10）不难看出：首先，如果不存在新能源开发即 $\tau=0$，当 g 和 n 保持不变时，$g_{EN}^{\ *}$ 的变化取决于 b 的变化。当 b 增加，即传统能源消费增长，将导致 $g_{EN}^{\ *}$ 增加，这意味着能源消费增加将增加环境污染。其次，如果新能源开发速度超过传统能源消费速度，将导致 $b-\tau<0$，此时将减缓 $g_{EN}^{\ *}$ 水平，这意味着新能源开发将有助于控制环境污染。那么，为什么新能源开发将有助于控制环境污染？以我国为例，近年来随着传统能源供给不足，我国对煤、原油和天然气进口量均持续增加。2017 年我国进口煤炭 27090万吨，比 2016 年增加 1547 万吨，增长 6.06%。国内原油产量不足，需求较大，出口量微乎其微，净进口量持续走高。2017 年我国原油进口量突破 4 亿吨，攀升至 41957 万吨，比 2016 年增长了 10.1%，并创历史新高。全年进口成品油 2964 万吨，比 2016 年增长 6.4%。2017 年天然气进口量为 6857 万吨（约为 956 亿立方米），比 2016 年同期增长

26.9%，对外依存度由 2016 年的 34.8% 增至 38.8%。[①] 这些传统能源的大量进口及使用严重损害了生态环境，需要通过加大新能源开发和使用力度，提高能源转换效率，在促进我国经济增长的同时更好地保护环境。从技术层面来看，新能源开发离不开技术支持。由于存在资源约束[②]，我国能源利用效率低，排放量大，污染严重，能源消费会影响经济增长，这是我国未来很长一段时期能源问题的软肋。当 b 增加时，由于能源消费对经济增长会产生一定的制约作用，实现资源的高效利用则是经济增长的必然选择，因而在资源约束的条件下我国经济增长的路径在于技术创新和资源的优化配置（于雪霞，2011）。[③] 于是，通过技术创新解决能源消费对经济增长的约束，技术创新有助于抑制能源消费对环境污染造成的影响。

二、模型设定、指标选择与数据来源

（一）模型设定

环境污染是能源利用过程带来的经济活动而产生的附带影响（马德峰，2013），[④] 是人类直接或间接地向环境排放超过其自净能力的物质或能量，从而使环境的质量降低，对人类的生存与发展、生态系统和财

---

① 参见中电传媒于 2018 年出版的《中国能源大数据报告（2018）》。

② 王迪等（2009）认为，资源约束对经济增长的影响主要包括两种观点：一是认为在经济发达区域，由于资源的有限供给，经济发展受限于资源赋存状况，资源对经济发展具有约束作用；二是认为在资源丰裕的地区，由于资源产业"挤出效应""荷兰病效用"等存在，资源反而对经济增长产生限制作用。王迪、聂锐、李强、倪蓉：《资源约束对经济增长的作用机制研究》，《煤炭经济研究》2009 年第 10 期。涂涛涛、马强（2012）研究发现，资源供给约束的存在削弱了不同部门间的关联性，从而减弱了无资源约束下主导产业对整体国民经济的带动作用。同时，随着资源约束苛刻性的增加，主导产业的范围将呈逐渐减少的趋势。涂涛涛、马强：《资源约束与中国主导产业的选择——基于垂直联系视角》，《产业经济研究》2012 年第 6 期。

③ 于雪霞：《低碳时代经济增长与资源约束》，《资源与产业》2011 年第 4 期。

④ 马德峰：《浅析环境、能源与污染治理之间的动态模型构建》，《资源节约与环保》2013 年第 3 期。

产造成不利影响。假定能源供给数量保持不变，随着能源消费不断增加，能源约束将越明显。基于众多学者的研究，结合上述分析，利用相关数据，实证研究能源消费对环境污染的影响。构建模型如下：[①]

$$EN_t=\beta_0+\beta_1\ln EN_{t-1}+\beta_2NY_t+\beta_3X_t+\varepsilon_t \qquad （5.11）$$

其中，EN_t 表示第 t 期的环境污染水平增长率；$\ln EN_{t-1}$ 表示滞后一期的环境污染水平的自然对数，用于控制环境污染的收敛效应；NY_t 表示能源消费；X 表示其他控制变量，在实证研究中控制变量选择固定资产投资、货物进出口贸易、外商直接投资、政府财政支出、金融机构贷款和就业人数这六个。

（二）指标选择与数据来源

由于数据限制，研究对象为 1984—2016 年的年度数据，具体指标选择与数据来源如下：

1. 环境污染水平（EN）

分别采用工业废水排放量、工业废气排放量和工业固体废物排放量与工业增加值之比来衡量，表示单位工业增加值的环境污染水平。环境污染水平的增长率通过环境污染水平计算得到，所有原始数据均来源于历年的《中国统计年鉴》，下同。其中，2016 年的工业废水排放量和工业废气排放量是利用 2006—2015 年的数据对时间预测得到。

2. 能源消费（NY）

采用能源消费总量与 GDP 之比来衡量消费水平，表示单位 GDP能耗。

---

① Sachs J.D. and Warner A.M., *Natural Resource Abundance and Economic Growth*, National Bureau of Economic Research Cambridge, M.A., NBER Working Paper，1995，No.5398. Papyrakis E. and Gerlagh R., "The Resource Curse Hypothesis and its Transmission Channels", *Journal of Comparative Economics*, Vol.32, No.1（2004）.

3.其他解释变量

固定资产投资（*GD*）采用固定资产投资与 GDP 之比来表示，用来衡量物质资本投入；货物进出口贸易（*MY*）采用货物进出口贸易总额与 GDP 之比来表示，用来衡量对外开放程度；外商直接投资（*FDI*）采用吸引的外商直接投资总额与 GDP 之比来表示，用来衡量经济吸引力；政府财政支出（*CZ*）采用政府财政支出与 GDP 之比来表示，用来衡量政府支出水平；金融机构贷款（*DK*）采用金融机构贷款总额与 GDP 之比来表示，用来衡量金融支出水平；就业人数（*JY*）采用全国就业人口与 GDP 之比来表示，用来衡量就业水平。

三、模型估计及结果分析

（一）模型估计

分别采用工业固体废物排放量 / 工业增加值、工业废水排放量 / 工业增加值和工业废气排放量 / 工业增加值三个指标的增长率衡量的环境污染水平作为环境污染的被解释变量，能源消费及其他变量作为解释变量进行估计。但从模型的估计结果来看，只有以工业固体废物排放量与工业增加值之比的增长率表示的环境污染水平作为被解释变量，其模型估计结果的系数通过了 5% 的显著性水平检验（剔除了不显著的变量后），估计结果如下：

$$EN=-21.9181-0.1044\ln EN_{-1}+4.1967NY+321.8319CZ-74.1612GD \quad (5.12)$$
$$(0.0263)(0.0404) \quad (0.0062)(0.0115) \quad (0.0159)$$

其中，$R^2=0.4292$，D.W.=1.7945。可以看出，滞后一期的环境污染水平对环境污染水平增长率的影响为负，表明环境污染水平存在收敛效应。能源消费对我国环境污染具有正效应，系数为 4.1967。那么，能源消费是否引起环境污染？下面继续用格兰杰因果关系检验探究二者的关系。

（二）单位根检验

在检验变量之间是否存在长期均衡关系之前，需要检验变量的平稳性。如果各变量具有相同阶数的平稳性，那么回归估计可以避免"伪回归"现象。[①] 采用 ADF 法，检验能源消费与环境污染这两个变量的平稳性，检验结果见表 5.1。不难看出，在 5% 的显著性水平下，环境污染与能源消费这两个变量均为原始平稳。

表 5.1　能源消费和环境保护的 ADF 单位根检验结果

变量	ADF 值	1% 临界值	5% 临界值	10% 临界值	p 值	是否为平稳变量
EN	−3.3366[**]	−3.6702	−2.9640	−2.6210	0.0220	5% 条件下平稳
NY	−3.2851[**]	−3.6329	−2.9484	−2.6129	0.0233	5% 条件下平稳

注：***、** 和 * 分别表示通过 1%、5% 和 10% 的显著性水平检验，下同；单位根检验中有截距项，但无趋势项。

（三）格兰杰因果关系检验

根据表 5.1 的检验结果，在检验能源消费与环境保护二者之间的格兰杰因果关系 [②] 时直接采用原始数据进行，检验结果见表 5.2。可以看出，在 5% 的显著性水平下，能源消费是环境污染的格兰杰原因，这表明随着我国能源消费增加，将会导致环境污染。

[①]　Dickey D. A. and Fuller W. A.，"Distribution of the Estimators for Autoregressive Time Series with a Unit Toot"，*Journey of the American Statistical Association*，Vol.74，No.4（1979）．

[②]　如果变量 x 有助于预测变量 y，即根据 y 的过去值对 y 进行自回归时，如果再加上 x 的过去值，能显著地增强回归的解释能力，则 x 是 y 的 Granger 原因；否则，称为非 Granger 原因。参见 Engle R. F. and Granger C.W.J.，"Cointegration and Error Correction: Representation, Estimation and Testing"，*Econometrical*，Vol.55，No.2（1987）。

表 5.2　Granger 因果关系检验结果

关系组	F 统计值	P 值	滞后期	前者对后者存在 Granger 因果关系
NY—EN	3.0421[*]	0.0665	2	成立
EN—NY	1.5600	0.2307	2	不成立

（四）结果分析

为什么我国能源消费会导致环境污染？下面，从直接渠道和间接渠道这两个方面来分析。

在直接渠道方面，能源消费规模增加导致气体排放增加，影响环境。随着我国经济的快速增长，能源消费规模越来越大，2010 年我国就已经超过美国成为世界上最大的能源消费国，当年能源消费量占全球的 20.3%，超过美国（占全球 19%）。改革开放之后，我国政府在发展经济的过程中，制订了各阶段明确的发展目标。1987 年 8 月 29 日，邓小平同志明确阐述了"三步走"战略。[①]其中的第三步就是"到 21 世纪中叶，人均国内生产总值达到中等发达国家水平，人民生活比较富裕，基本实现现代化"。党的十九大提出："从二○二○年到二○三五年，在全面建成小康社会的基础上，再奋斗十五年，基本实现社会主义现代化。""从二○三五年到本世纪中叶，在基本实现现代化的基础上，再奋斗十五年，把我国建成富强民主文明和谐美丽的社会主义现代化强国。"为了实现这些目标，能源消费量必然会随着经济的迅速增长和人民生活水平的迅速提升而大幅提高，能源消耗量的大幅增加必然导致二氧化碳、二氧化硫等污染排放物的增加。能源消费对雾霾污染具有显著的正向影响，尤其是在东部和中部地区能源消费对雾

---

① 2000 年，我国已胜利地实现了"三步走"战略的第一、第二步目标，全国人民的生活总体上达到了小康水平，人均 GDP 达到 848 美元，实现了从温饱到小康的历史性跨越。

霾污染的影响更显著（唐登莉等，2017）。[①]在经济快速增长的大背景下，作为世界上经济快速增长的国家之一，当前我国正面临着能源消费的迅速增长和环境污染日益加重的现实状况。能源消耗的增加会引致环境污染的负外部性，即能源消费量的增加必然会产生过多的污染排放。

在间接渠道方面，能源消费促进经济增长，经济增长导致环境污染，即能源消费通过经济增长导致环境污染。一方面，能源是经济活动中重要的生产要素，在经济发展过程中缺一不可，能源是经济增长的动力，能源消费对经济增长具有拉动作用。能源消费的增加能够促进经济增长，尤其是石油消费对经济的促进作用最强（聂荣、李森，2016）。[②]对于企业而言，企业需要不断利用能源转化的能量进行物质生产，通过能源要素投入结构调整，引导企业生产经营活动，从而带动经济发展和产业结构的升级（袁程炜、张得，2013）。[③]另一方面，随着我国经济规模的扩大，会消耗大量能源，从而产生较大规模的污染排放量。早在2010年12月，我国环境保护部环境规划院就已指出，经济发展造成的环境污染代价持续增长，我国生态环境年"折损"近万亿，由经济增长引起的环境污染问题已经越来越严重。长期以来，我国经济增长模式表现出高投入、高能耗的特点，这种模式导致了以第二产业为主导的产业结构，使得经济增长对电力需求不断加大，尤其是火力发电导致的环境污染问题日益严峻（彭昱，2012）。[④]从区域

①　唐登莉、李力、洪雪飞：《能源消费对中国雾霾污染的空间溢出效应——基于静态与动态空间面板数据模型的实证研究》，《系统工程理论与实践》2017年第7期。

②　聂荣、李森：《我国能源消费与经济增长关系分析》，《沈阳师范大学学报（社会科学版）》2016年第1期。

③　袁程炜、张得：《帕累托效率视角下的能源消费与经济增长关系研究》，《税收经济研究》2013年第1期。

④　彭昱：《经济增长、电力业发展与环境污染治理》，《经济社会体制比较》2012年第5期。

层面来看，我国区域经济协同发展的同时，区域污染同样严重（徐辉等，2018）。[①]

总之，我国能源消费引起环境污染，对环境污染具有正效应。我国是一个典型的能源消费大国，能源消费大量增加所带来的环境污染不可避免。我国北方地区发生的雾霾天气，其原因便在于长期以来我国石油、煤炭燃烧产生的碳化合物给环境带来了巨大的破坏力，因而治理环境污染刻不容缓。选择清洁能源抑制以能源消费产生的污染为衡量指标的环境压力的上升（Apergis & Payne，2009），[②] 以解决能源消费及环境污染问题，是较为可行的做法。

第二节　我国环境规制对能源消费的影响

一、研究方法、指标选择及数据来源

（一）研究方法

构建衡量环境规制及能源消费的指标，运用协整检验、格兰杰（Granger）因果关系检验以及面板模型估计，研究环境规制对能源消费的作用。

（二）指标选择

1. 被解释变量——能源消费（NY）

能源消费是在一定时期内全国或某地区用于生产、生活所消费的各种能源数量之和，反映全国或全地区能源消费水平、构成与增长速

[①] 徐辉、韦斌杰、张大伟：《经济增长、环境污染与环保投资的内生性研究》，《经济问题探索》2018 年第 10 期。

[②] Apergis N. & J. E. Payne, "CO$_2$ Emissions, Energy Usage, and Output in Central America", *Energy Policy*, Vol.37, No.8（2009）.

度的总量指标。从能耗的角度考虑能源消费，采用万元生产总值能耗来表示能源消费，即能源消费等于能源消费总量与地区生产总值之比。

2. 解释变量——环境规制（ER）

环境规制是社会性规制的一项重要内容，目的是实现环境和经济发展相协调。学者们采用排污税额及比率、环境污染治理投资额以及能源强度等来度量环境规制。工业污染治理是环境规制的重要领域，莱文森等（Levinson el al.，2005）提出了环境规制评价指数，即环境规制等于工业污染治理投资完成额与工业产值的比值。[①] 由于工业产业结构存在地区差异，需要对工业产业结构进行调整（沈能、刘凤朝，2012）。[②] 于是，有如下测算环境规制的公式：

$$ER_{it} = \frac{I_{it}}{Y_{it}} \bigg/ \frac{Y_{it}}{GDP_{it}} \times 100\% = \frac{I_{it} \cdot GDP_{it}}{(Y_{it})^2} \times 100\% \qquad （5.13）$$

式（5.13）中，ER 表示环境规制，I 表示工业污染治理投资，Y 表示工业增加值，GDP 表示地区生产总值，i 和 t 分别表示第 i 省区和第 t 年度。

3. 控制变量——技术进步（TE）

技术进步体现为经济系统中中间产品的种类增多（罗默，Romer，1990）。[③] 提升技术进步的重要途径之一就是通过科技投入，科技投入包括科技投入中的人力投入部分和资金投入部分，分别采用研究与试验发展人员全时当量（人·年）和研究与试验发展经费内部支出表示。

---

① A. Levinson A., M.S. Taylor, "Trade and the Environment: Unmasking the Pollution Haven Effect", *International Economic Review*, Vol.49, No.1（2005）.

② 沈能、刘凤朝：《高强度的环境规制真能促进技术创新吗？——基于"波特假说"的再检验》，《中国软科学》2012 年第 4 期。

③ Romer, Paul M., "Endogenous Technological Change", *Journal of Political Economy*, Vol.98, No.2（1990）.

采用相对数表示技术进步，即用研究与试验发展经费内部支出与研究与试验发展人员全时当量二者之比并乘以 100% 来表示技术进步。

（三）数据来源说明

利用全国 30 个省、自治区和直辖市（不考虑西藏自治区的数据）2004—2016 年的面板数据进行实证。其中：2004—2016 年的工业污染治理投资数据均来自于《中国环境统计年鉴》各期；2012—2016 年的数据分别来源于 2013—2017 年《中国统计年鉴》；2004—2016 年的工业增加值和地区生产总值数据均来自于历年的《中国统计年鉴》；2004—2016 年的研究与试验发展人员全时当量（人·年）和研究与试验发展经费内部支出数据均来自于《中国科技统计年鉴》各期；2004—2016 年的能源消费数据均来自于各地区的统计年鉴，根据能源消费和地区生产总值数据计算得到万元生产总值能耗。

二、实证分析

（一）单位根检验

对环境规制、技术进步与能源消费这三个变量面板数据的单位根检验采用 Breitung t–stat 和 Im, Pesaran and Shin W–stat 这两个统计量，结果见表 5.3。可以看出，在 5% 的显著性水平下，三个指标的原始数据均是不平稳的，而其对应的一阶差分数据均通过了 1% 的显著性水平检验，表明环境规制、技术进步和能源消费这三个变量具有一阶单位根过程。

表 5.3　基于面板数据的变量单位根检验结果

变量	Breitung t–stat		Im, Pesaran and Shin W–stat		结论
ER	-1.2932^{*}	0.0980	-1.4881	0.0684	10% 平稳
ΔER	-4.3219^{***}	0.0000	-3.9056^{***}	0.0000	1% 平稳

续表

变量	Breitung t–stat		Im, Pesaran and Shin W–stat		结论
TE	-1.8283^{**}	0.0337	6.2089	1.0000	非平稳
ΔTE	-4.1762^{***}	0.0000	-4.3321^{***}	0.0000	1%平稳
NY	3.0424	0.9988	-1.0555	0.1456	非平稳
ΔNY	-5.4103^{***}	0.0000	-4.4670^{***}	0.0000	1%平稳

注：在检验中，考虑个体间差异和趋势；***、** 和 * 分别表示通过1%、5%和10%的显著性水平检验。

（二）因果关系检验

根据单位根检验结果，采用变量的一阶差分进行格兰杰因果关系检验，结果见表5.4。可见，在5%的显著性水平下，技术进步与能源消费之间均存在单项格兰杰因果关系，能源消费与环境规制二者之间存在双向格兰杰因果关系。环境规制与技术进步均是能源消费的格兰杰原因，对能源消费具有直接影响。

表5.4　变量面板数据的因果关系检验

关系组	F 统计值	P 值	滞后期	前者对后者是否存在因果关系
ΔTE—ΔER	1.8223	0.1432	3	接受
ΔER—ΔTE	0.4668	0.7057	3	接受
ΔNY—ΔER	2.5931^{**}	0.0489	3	5%显著性水平拒绝
ΔER—ΔNY	7.9890^{***}	3.9E-05	3	1%显著性水平拒绝
ΔNY—ΔTE	0.2058	0.8924	3	接受
ΔTE—ΔNY	3.1840^{**}	0.0443	3	5%显著性水平拒绝

（三）协整检验

采用JJ检验法，对三个变量之间是否具有长期均衡关系进行协整检验，结果见表5.5。可以看出，在5%的显著性水平下，变量之间存在协整关系，即存在长期均衡关系。

表 5.5　变量面板数据的协整检验

原假设协整个数	特征值	统计量		最大特征值统计量		P 值
		迹统计量	5% 临界值	统计量	5% 临界值	
无 *	0.2140	88.4746	29.7971	65.0189	21.1316	0.0000
至多一个 *	0.0801	23.4557	15.4947	22.5534	14.2646	0.0026
至多两个	0.0033	0.9023	3.8415	0.9023	3.8415	0.3422

注：在检验时考虑线性确定性趋势，检验式的协整空间和数据空间中有常数项、无趋势项，滞后区间为 [1，3]。

（四）估计结果

结合上述分析，估计环境规制与技术进步对能源消费的影响，有式（5.14）：

$$NY=1.5261+4.3503ER-1.8556TE \qquad (5.14)$$
$$(0.0000)\ (0.0001)\ (0.0000)$$

估计中，R^2=0.8612，并考虑截面的固定效应。可以看出：（1）环境规制的系数为 4.3503，环境规制对能源消费具有正向作用，表明随着环境规制的不断加强，能源消费也在增加，加强环境规制并不能有助于降低能源消费。（2）技术进步的系数为 −1.8556，技术进步与能源消费之间存在负向关系，表明加强技术进步能够降低能源消费。实际上，我国技术水平从 2004 年的 0.17 增加到 2016 年的 0.40，[1] 技术进步成为提高能源效率，降低能耗的关键（秦腾等，2015），[2] 技术水平在增加，这无疑有助于降低能源消费。

---

① 利用全国的总量数据可以计算得到，在此略，原始数据（含 2016 年）来源同前。

② 秦腾、佟金萍、曹倩、陈曦：《技术进步与能源消费的经济门槛效应研究》，《科技管理研究》2015 年第 10 期。

（五）进一步分析

为什么加强环境规制并不能有助于降低能源消费？首先，我国环境污染依然严峻，环境规制力度不足。目前，我国工业污染已占污染总量的 70% 以上，成为环境污染的主要根源。我国包括北京在内的多个省区市连续多年遭受大范围的雾霾天气影响，空气质量呈现重度污染状态。为了解决环境污染，我国加大了治理投资力度。据统计，我国环境污染治理项目投资额与工业污染治理项目投资额分别从 1999 年的 823.20 亿元和 152.73 亿元增加到 2016 年的 9219.8 亿元和 819.0 亿元。然而，进入 2010 年后我国工业污染治理投资占环境污染治理投资的比重处于较低水平，2012 年仅为 6.06%。我国环境污染严重，仍需要加大污染治理力度。其次，工业快速发展对我国能源消费提出了巨大诉求。长期以来，工业均是我国国民经济的命脉，为我国实现现代化提供强大的物质基础，并凝聚着最先进的生产力。然而，工业迅速发展对我国经济增长的能源需求产生巨大诉求。近年来，我国工业能源消费占能源消费总量的比重仍超过 66% 以上（见表 5.6），我国工业污染治理在很大程度上治标不治本。从地区来看，近年来随着我国中部、西部地区发挥资源和成本优势，加上大规模承接东部沿海地区的产业转移，中部、西部地区呈现出工业结构高耗能化演进态势，这种高耗能的工业结构决定了较高的能源消费强度（王菲等，2013）。[1]最后，我国能源消费结构不合理。长期以来，煤炭消费占我国能源消费总量的比重超过 2/3 及以上，煤炭消费排放了大量的大气污染物，水电、核电和风电等清洁能源所占比重则相对较低。我国出台的《煤炭工业发

---

[1]　王菲、董锁成、毛琦梁：《基于工业结构特征的中国地区能源消费强度差异分析》，《地理科学进展》2013 年第 4 期。

展"十二五"规划》已明确提出，到 2015 年全国煤炭消费总量控制目标为 39 亿吨左右，通过总量控制实现碳排放减少。实际上，2015 年我国能源消费总量达到 430000 万吨标准煤。我国《能源发展"十三五"规划》进一步提出，到 2020 年我国能源消费总量控制在 50 亿吨标准煤以内，煤炭消费总量控制在 41 亿吨以内。煤炭消费仍然是我国能源消费的重要类型，大量以煤炭消费为主的能源消费结构将继续对我国环境污染造成重大影响，而这也进一步加大了环境规制的难度。

表 5.6   主要年份我国工业能源消费比重

年份	2000	2002	2004	2006	2008	2010	2011	2012	2013	2014	2015	2016
占比（%）	70.09	71.25	71.45	71.50	71.81	72.47	71.84	70.80	69.83	69.44	67.99	66.60

注：原始数据均来源于国家统计局网站，比例数据根据原始数据计算得到。

与环境规制对能源消费的影响结果不同，加强技术进步能够降低能源消费。究其原因，主要体现在如下两个方面：首先，通过加大科技投入力度，促进新能源产业发展。我国《能源发展"十三五"规划》提出，"着力培育能源领域新技术新产业新业态新模式，着力提升能源普遍服务水平，全面推进能源生产和消费革命，努力构建清洁低碳、安全高效的现代能源体系，为全面建成小康社会提供坚实的能源保障。"为实现这一目标，我国在新能源产业发展中不断强化政府的战略主导作用，建设一流的研发基地，不断培育具有世界领先水平的科研人员，形成充满活力和竞争力的能源科技创新体系，并抢占新能源产业技术的制高点。我国不断加大低碳能源产业的投资，注重煤层气、页岩气等非常规油气的发展，利用新的原理（如聚变核反应、光伏效应等）来发展新的能源系统。我国新能源企业自主创新清洁汽柴油生产成套技术，着重开发车用燃料质量升级技术，大力开发与应用新材料，提高效率降低成本。其次，通过加大科技投入，不断提高能源效率，有效节约能源，降低能源消耗强度。近年来，我国越来越重视科技投入，注重技术进步对提高能源效率的长期正向作用（刘志雄，2014）。[①] 我国不断提高能源加工转换效率，2015 年我国能源加工总效率达到 73.72%，其中炼焦炼油的总效率依然保持在较高水平。在能源经济效率方面，我国万元生产总值能耗表现出明显的下降趋势，从 1978 年的 15.68 下降到 2017 年的 0.54；在产业结构方面，我国政府越来越重视经济内涵式发展，并进行经济增长模式调整，以相对集约的发展模式发展工业，能源利用效率也随之提高。

第三节 我国能源安全保障与环境保护的关系及影响

一、指标计算公式及数据来源

（一）能源安全保障的计算公式

采用能源安全度来衡量能源安全保障，即：

$$SAFE_{energy} = 1 - \frac{D_{energy} - S_{energy}}{D_{max\,energy} - S_{energy}} \qquad (5.15)$$

其中，$SAFE_{energy}$ 表示能源安全度；D_{energy} 表示能源消费，S_{energy} 表示能源供给，$D_{max\,energy}$ 表示最大能源消费量；$D_{energy}-S_{energy}$ 表示实际能源缺口，为当年实际能源消费量与实际能源供给量之差；$D_{max\,energy}-S_{energy}$ 表示最大能源缺口，表示能源供给不满足能源需求的最大缺口数量。实

---

① 刘志雄：《基于 DEA 的我国能源效率分析及路径选择》，《技术经济与管理研究》2014 年第 12 期。

际能源缺口与最大能源缺口二者的比值越大则能源安全程度越低，因而需要采用 1 减去这一比值。

（二）环境保护的计算公式

采用环境保护度来衡量环境保护，主要考虑产生和处理水平这两个方面，其中处理水平主要采用治理投入水平来衡量，产生水平则采用实际发生水平来衡量。采用如下计算公式：

$$SAFE_{environment} = 1 - \frac{D_{environment} - S_{environment}}{D_{\max environment} - S_{environment}} \qquad （5.16）$$

其中，$SAFE_{environment}$ 表示环境保护度；$D_{environment}$ 表示产生量，$S_{environment}$ 表示处理量，$D_{\max environment}$ 表示最大产生量；$D_{environment} - S_{environment}$ 表示实际尚未处理的环境问题，为当年实际产生量与实际处理量之差；$D_{\max environment} - S_{environment}$ 表示最大尚未处理的环境问题。尚未处理的环境问题与最大尚未处理的环境问题二者的比值越大则表示环境保护程度越低，因而需要采用 1 减去这一比值。根据实际获取的相对完整的数据，采用一般工业固体废物产生量和一般工业固体废物综合利用量来计算环境保护度。

（三）数据来源说明

2003—2016 年 30 个省、自治区和直辖市（不考虑西藏自治区的数据）历年的能源消费数据和能源生产数据均来自于各自的统计年鉴。在"十三五"期间，国务院印发了《"十三五"节能减排综合工作方案》（国发〔2016〕74 号），并规定了到 2020 年全国各省、自治区和直辖市的能耗总量和强度"双控"目标，因此，以此为依据确定最大能源消费量。此外，由于环境保护涉及的层面比较广，如工业领域的废水、废气排放处理，城市生活垃圾处理，林业投资等。由于获取数据的限制，得到相对完整的工业固体废物产生量和综合利用量。因此，采用这一指标计算环境保护度。

二、实证检验

（一）单位根检验

从表 5.7 检验变量的平稳性结果来看，在采用 Breitung t-stat 和 Im, Pesaran and Shin W-stat 这两个统计量进行检验时，经过对数处理的原始数据都并未通过 5% 的显著性水平检验，而一阶差分都通过了 1% 的显著性水平检验，因此能源安全保障与环境保护这两个变量都具有一阶单位根过程，一阶差分为平稳序列。

表 5.7　单位根检验结果

变量	Breitung t-stat		Im, Pesaran and Shin W-stat		结论
$SAFE_{energy}$	1.5345	0.9375	−1.4510	0.0734	非平稳
$\Delta SAFE_{energy}$	−2.4597***	0.0070	−5.6220***	0.0000	平稳
$SAFE_{environment}$	0.7415	0.7708	3.1928	0.9993	非平稳
$\Delta SAFE_{environment}$	−7.9835***	0.0000	−6.7704***	0.0000	平稳

注：在检验中，考虑个体间差异。

（二）全国数据估计

在以环境保护为解释变量，能源安全保障为被解释变量进行估计，被解释变量的系数没有通过 5% 的显著性水平检验。以能源安全保障作为解释变量，环境保护作为被解释变量，估计得到式（5.17）：

$$SAFE_{environment}=0.3347-(9.68E-04)SAFE_{energy} \tag{5.17}$$
$$（0.0000）（0.0000）$$

其中，R^2=0.7205，F=13.6743。模型估计中，考虑截面的固定效应，采用 cross-section weights 进行加权。可以看出，能源安全度每提高1 个点，环境保护度将下降 9.68E-04，保障能源安全会降低环境保护。当前，我国正处于工业化快速发展的重要时期，工业"三废"排放是造成我国环境污染的重要原因。与此同时，我国工业废水处理和工业固体废物处理水平不断提高，工业废水达标总量占排放总量的比重从2000 年的 76.88% 增加到 2011 年的 92.00%，工业固体废物综合利用量占比则从 2000 年的 45.89% 增加到 2014 年的 62.75%。[①] 我国环境保护力度在加强，用于环境保护的财政支出从 2007 年的 995.82 亿元增加到2016 年的 4734.82 亿元，比 2007 年增长 375.47%。可见，我国通过财政支持，减少污染物排放，降低对环境的破坏程度，不断加强环境保护。然而，随着经济的快速发展和国际环境的急剧变化，我国能源安全问题日益突出，影响能源安全的国内外因素越发复杂，要确保未来经济与社会的可持续发展，保障能源安全就显得非常重要。从国家本身的角度考虑，我国应该实现能源的多元化，形成一个洼地效应，使得石油从其他国家或地区流向国内。2014 年 5 月，我国与俄罗斯共同签署了一份天然气"世纪大单"：30 年的供应时间，每年 380 亿立方米的供应量，4000 亿美元（约合 2.5 万亿元人民币）的合同总额。2016年俄罗斯已成为我国第一大原油进口来源国、第一大电力进口来源国和第五大煤炭进口来源国，其中原油进口量 5248 万吨，电力进口量 33亿千瓦时，煤炭进口量 1885 万吨。我国在保障能源安全的同时，大量的传统能源消耗无益于环境保护。保障能源安全与加强环境保护二者之间并驾前行，但矛盾依然凸显。

---

① 原始资料来源于国家统计局网站，根据原始资料计算得到。

（三）东部地区估计

首先，以东部 11 个省市 [①] 的能源安全保障为解释变量，环境保护为被解释变量，得到式（5.18）：

$$SAFE_{environment}=0.6273+0.0550SAFE_{energy} \qquad （5.18）$$
$$（0.0000）（0.0000）$$

其中，R^2=0.9905，F=1338.94。模型估计中，考虑截面的固定效应，采用 cross-section SUR 进行加权。从式（5.18）可以看出，东部地区能源安全保障每提高 1 个点，将使环境保护增加 0.0550，加强能源安全保障有助于促进环境保护。近年来，东部地区能源消费不断增加，能源缺口巨大，能源缺口从 2003 年的 52072.59 万吨标准煤增加到 2016 年的 160413.4 万吨标准煤。为了解决巨大的能源缺口，需要大力发展新能源和可再生能源。[②] 2012 年我国可再生能源投资达到 677 亿美元，成为世界上最大的可再生能源投资国，2017 年我国可再生能源总项目总投资额达到 1266 亿美元，比 2016 年增长 31%。其中，东部地区是可再生能源投资的主体，流向新能源产业的外资大部分集中在东部沿海发达地区，而中西部新能源大省如四川、新疆、西藏等利用外资所占份额却相对偏少，外资投入的区域分布不均衡比较突出。东部地区紧密结合国家发展新能源政策，充分发挥当地风能、太阳能、生物质能等资源和区位优势，坚持节约与开发并重，大力推广使用节能设备和技术，发展清洁能源和可再生能源，实现新能源产业的迅速崛起，

① 注：本书研究的东部地区包括北京、天津、河北、辽宁、上海、江苏、浙江、福建、山东、广东和海南；中部地区包括山西、吉林、黑龙江、安徽、江西、河南、湖北和湖南；西部地区包括内蒙古、广西、重庆、四川、贵州、云南、陕西、甘肃、青海、宁夏和新疆。不考虑西藏的数据。

② 《中国的能源政策（2012）》提出，坚定不移地大力发展新能源和可再生能源，到"十二五"末，非化石能源消费占一次能源消费比重将达到 11.4%，非化石能源发电装机比重达到 30%。

以新能源的可持续发展加快东部地区经济持续快速发展。然而，东部地区能源安全保障对环境保护的作用比较小，这意味着东部地区对环境保护的力度不够。2013 年夏天东部地区的浙江省普遍高达 40 度以上的高温，这本身就意味着环境破坏对人类社会造成的负面作用。因此，东部地区在保障能源安全的同时也需要加强环境保护。

其次，以环境保护为解释变量，能源安全保障为被解释变量，得到式（5.19）：

$$SAFE_{energy}=0.5344+0.5854SAFE_{environment} \qquad （5.19）$$
$$（0.0000）（0.0000）$$

其中，R^2=0.7912，F=49.13。模型估计中，考虑截面的固定效应，采用 cross-section weights 进行加权。从式（5.19）可以看出，当期的环境保护每提高 1 个点，将使能源安全保障增加 0.5854，环境保护对能源安全保障的作用非常明显。结合式（5.18）不难看出，东部地区能源安全保障与环境保护二者之间良性循环，但能源安全保障与环境保护二者之间的影响具有非对称性。

（四）中部地区估计

以中部 8 省能源安全保障为被解释变量，环境保护为解释变量进行估计，得到式（5.20）：

$$SAFE_{environment}=0.5028-0.0031SAFE_{energy} \qquad （5.20）$$
$$（0.0000）（0.0450）$$

其中，R^2=0.8164，F=489.06。模型估计中，考虑截面的固定效应，采用 cross-section SUR 进行加权。从式（5.20）可以看出，当期的能源安全度每提高 1 个点，将使环境保护度减少 0.0031，中部地区保障能源安全对环境保护具有负效应。从能源安全保障来看，中部地区的山西、河南、安徽和江西等省区拥有我国最丰富的煤炭资源，中部地区的快速发展有助于提高我国能源安全保障能力。然而，随着大量开发开采能源，加大了环境破坏力度。从环境保护投资来看，2007年之后中部地区用于环境保护的财政支出在增加，从2007年的290.1亿元增加到2016年的903.91亿元，环境保护投资快速增加。[①]环境保护投资是环境保护的主要推动力，其力度大小和投资效果关系到污染控制、环境建设和生态保护，关系到生态环境质量的改善，最终关系到环境对经济发展的保证和支持程度（周文娟，2010）。[②]从生态文明指数来看，尽管我国生态文明整体水平呈稳步上升趋势，但与东部和西部相比，中部生态文明指数较低（袁晓玲等，2016）。[③]从绿色发展指数来看，2017年国家统计局网站发布的《2016年生态文明建设年度评价结果公报》，首次公布了2016年度各省份绿色发展指数。[④]其中，中部地区中湖南省排名最高，位列第10位；山西省排名最低，位列第29位。十余年来中部地区整体上呈现人均生态足迹逐年增加、人均生态承载力平稳下降的变化趋势。生态供给与需求的矛盾导致了中部地区生态赤字不断增长，尤其是煤炭大省山西。中部地区粗放的经济发展方式是依靠"环境透资"来换取经济的高速增长，生态环境已经不堪重负（梁波，2013）。[⑤]中部地区环境保护投资的作用没有得到有效发挥，环境

---

① 将中部地区当年财政支出中的节能环保数据加总计算得到，数据来源于各省的统计年鉴。

② 周文娟：《环保投资与经济增长实证研究——基于我国东中西部区域比较视角》，《新疆财经大学学报》2010年第3期。

③ 袁晓玲、景行军、李政大：《中国生态文明及其区域差异研究——基于强可持续视角》，《审计与经济研究》2016年第1期。

④ 绿色发展指数是由资源利用指数、环境治理指数、环境质量指数、生态保护指数、增长质量指数、绿色生活指数6个方面构成。

⑤ 梁波：《基于生态足迹模型的中部地区可持续发展评价分析》，合肥工业大学，硕士学位论文，2013年。

污染和碳排放问题依然十分严峻。

（五）西部地区估计

以西部 11 省、自治区和直辖市的能源安全保障为被解释变量，环境保护为解释变量进行估计，得到式（5.21）：

$$SAFE_{environment}=0.4962-0.0025SAFE_{energy} \qquad （5.21）$$

$$（0.0000）（0.0000）$$

其中，R^2=0.9275，F=165.22。可以看出，当期的能源安全度每提高 1 个点，将使环境保护度减少 0.0025，西部地区保障能源安全对环境保护具有负效应。实际上，从能源安全保障来看，西部地区能源供给大于能源消费，二者之差从 2003 年的 1662.32 万吨标准煤增加到 2016 年的 57069.7 万吨标准煤。西部地区拥有丰富的能源资源，其中煤炭保有储量占全国的 60%，原油探明储量占全国的 27.8%，天然气探明储量占全国的 87.5%，可开发的水能资源占全国的 81.1%。然而，西部地区以采掘业和制造业为主的产业结构造成了能源资源的高消耗。西部地区万元生产总值能耗远高于东部和中部地区，其中甘肃、宁夏等省区 2016 年万元生产总值能耗分别达到 1.019、1.827。此外，随着西部地区能源开发规模扩大，生态破坏问题也日益凸显。西部地区在新一轮大开发中承担着经济建设和生态环境保护的双重任务，因而需要以绿色发展理念为指引，构建适合西部地区的发展方式，实现经济、社会、生态的高效、协调、和谐及可持续发展。

三、我国能源安全保障与环境保护关系的影响机制

（一）经济增长

我国能源安全保障与环境保护均受到经济增长的影响。首先，经

济增长影响能源安全保障。无论是总量增加还是品种扩大抑或质量提高，我国能源产品都受到经济快速增长所引起的需求拉动的影响，经济增长不仅为开发利用能源提供了重要手段，也影响和制约着能源开发利用的规模和水平。其次，经济增长影响环境保护。我国快速的经济增长所带来的环境问题日益突出，尤其是在 20 世纪 90 年代中期之后，我国每年由生态和环境破坏带来的损失占 GDP 的比重达到 8% 以上。2011 年我国环境污染造成损失达到 23500 亿元至 28200 亿元，环境污染损失占 GDP 的比重超过 6%。2014 年我国因环境污染经济损失达 3.82 万亿元，因水污染造成经济损失 2400 亿元。环境污染损失包括两类：一类是财产性损失，如企业的污水处理成本、农渔业的收成损失、生态损失等；另一类是健康损失。在经济增长过程中需要注重环境保护，同时需要制定相关措施加以应对。

（二）制度创新

首先，制度创新影响能源安全保障，并在能源安全保障方面发挥不可忽视的作用。例如，美国推出的海洋政策信托基金和能源安全信托基金这两项制度安排，推动了美国能源产业的技术进步和科技创新，并成为相关产业可持续发展的内在动力。目前，我国不断加强能源法制建设，连续新修订出台了《节约能源法》《可再生能源法》《民用建筑节能条例》及《公共机构节能条例》等法律法规。[①]在一系列制度安排下，我国能源供应保障能力显著增强，能源节约效果明显。其次，制度创新影响环境保护。我国通过不断进行制度创新，治理环境污染，加强环境保护。2011 年我国《环境保护法》的修订，将生态环境保护纳入《环境保护法》的调整范围，并对环

----

① 资料来源于《我国的能源政策（2012）》白皮书。

境保护管理体制、环境功能区划等制度方面予以完善，对环境保护起到了重要作用。在 2015 年 1 月 1 日实施的环境保护法，被称为史上最严的环保法，该法共有 70 条，对原有条款进行了系统性修改，明确了政府的职责，划定了生态保护红线，还明确了环境公益诉讼。总之，制度创新同时影响能源安全保障与环境保护，尤其是新能源和可再生能源的开发利用，目的就在于追求保障能源供给和改善环境资源的双重目标。

（三）产业结构调整

首先，产业结构调整影响能源安全保障。改革开放以来，我国产业结构发生了明显变化：第一产业比重下降，第二产业和第三产业比重上升，但第二产业比重偏高，产业结构不合理、效益偏低。从产业能源消费来看，第二产业能源消费总量从 2000 年的 105221 万吨标准煤增加到 2015 年的 299972 万吨标准煤，第二产业是我国产业能源消费的主体，我国能源供给低于能源消费，在很大程度上是由于第二产业的能源消费增长过快。因此，需要调整产业结构，降低第二产业能耗，在一定程度上保障能源安全。其次，产业结构调整影响环境保护。由于技术水平不同，不同产业、不同行业所需要的物质投入构成不同，其在生产过程中所产生的废弃物的规模也相去甚远。当前，冶金、钢铁、水泥等资源密集型产业是我国的重点产业，但这些产业能耗高，排放出的烟尘、废渣和废水非常多，严重污染环境。相比之下，高新技术产业、信息产业等技术密集型产业能耗低，能够减少资源消耗和废弃物排放，有利于环境保护。可见，产业结构是决定一个经济体资源消耗和排放水平的最根本因素，调整产业结构有助于实现我国能源安全保障和环境保护。

（四）技术进步

首先，技术进步影响能源安全保障。从全球来看，市场开放所带来的竞争和技术创新，为各国带来安全的、可负担的能源供应。科技经费的增加有助于高能耗行业能源效率的提高，这些行业通过加强节能技术的开发和利用将有很大的节能潜力（刘畅等，2008）。[1]我国技术进步整体上保持了良好发展态势，技术进步能有效推动工业行业的节能降耗和二氧化碳减排（钱娟、李金叶，2018），有利于提升能源效率（程中华等，2016）。[2]我国要从根本上解决能源安全、能源效率、能源环境等严峻问题，必须走创新发展道路，以能源技术进步（尤其是新能源）推动能源产业发展。其次，技术进步影响环境保护。德国学者厄恩斯特·冯·魏茨察克在《四倍跃进：一半的资源消耗创造双倍的财富》中指出，只要技术革新和效率革命到位，在同样资源消耗条件下实现财富的四倍跃进，或在经济成倍增长的同时资源消耗减半是可能的。[3]互联网技术进步与环境污染存在显著的空间溢出效应，互联网技术进步能显著减少环境污染、改善环境质量（解春艳等，2017）。[4]我国通过加强清洁生产技术的开发和推广，通过科技创新和技术进步，为节能减排提供强大而持久的动力，从而实现环境保护的目的。可见，技术进步对能源安全保障和环境保护具有重要影响。

---

[1]　刘畅、孔宪丽、高铁梅：《中国工业行业能源消耗强度变动及影响因素的实证分析》，《资源科学》2008 年第 9 期。

[2]　钱娟、李金叶：《技术进步是否有效促进了节能降耗与 CO_2 减排？》，《科学学研究》2018 年第 1 期。程中华、李廉水、刘军：《环境约束下技术进步对能源效率的影响》，《统计与信息论坛》2016 年第 6 期。

[3]　［德］厄恩斯特·冯·魏茨察克、［美］艾默里·B. 洛文斯：《四倍跃进：一半的资源消耗创造双倍的财富》，中华工商联合出版社 2001 年版。

[4]　解春艳、丰景春、张可：《互联网技术进步对区域环境质量的影响及空间效应》，《科技进步与对策》2017 年第 12 期。

（五）贸易与投资方式

首先，贸易和投资方式影响能源安全。目前，我国能源安全主要面临着两方面的严重威胁：一是我国的石油供给国大多在政治、经济上不稳定，石油供应量不确定性高；二是我国的石油进口主要依赖海路运输，但我国在维护海上咽喉通畅方面的实力还有待增强。[①] 因此，通过贸易方式保障能源安全需要解决以上现实障碍，而通过海外能源投资能够确保我国在能源安全方面发挥更大作用。在国内能源投资方面，我国继续推进能源投资体制改革，进一步放宽能源领域投融资准入限制，简化行政审批手续，鼓励民间、境外资本参与能源领域投资，保障能源安全。[②] 其次，贸易和投资方式影响环境保护。我国对外贸易对环境的负面影响体现在两方面：一是资源消耗型产品、易污染型产品、废弃物转移进口严重破坏环境；二是生物资源和矿产资源遭受严重的破坏和损耗。我国的出口贸易隐含碳排放量和进口贸易隐含碳排放量都有明显增长，但出口贸易隐含碳排放量增长更快（刘祥霞等，2015）。[③] 从外来投资来看，引进技术、资金也会给我国带来严重的环境问题，发达国家利用出口资金、技术之便，将大量的污染密集型产业转移到我国。外商直接投资会使得我国雾霾（PM2.5）污染表现出显著的"叠加效应"和"溢出效应"，目前我国吸引和利用FDI离环保目标的最优水平还有一定距离（严雅雪、齐绍洲，2017）。[④] 我国要大力发展节能环保产业，将其培育成我国发展的一大支柱产业。通过加强

---

① 资料来源于美国的美中经济与安全评估委员会在向国会提交的《2012年度报告》。
② 资料来源于《能源发展"十二五"规划》（国发〔2013〕2号文件）。
③ 刘祥霞、王锐、陈学中：《中国外贸生态环境分析与绿色贸易转型研究——基于隐含碳的实证研究》，《资源科学》2015年第2期。
④ 严雅雪、齐绍洲：《外商直接投资与中国雾霾污染》，《统计研究》2017年第5期。

节能低碳技术创新与推广，推动传统产业改造升级，促进节能减排以发展壮大节能环保产业。

　　本章模型分析表明，能源消费增加将增加环境污染，而新能源开发将有助于控制环境污染。在利用我国 1984—2016 年数据开展的实证研究发现，能源消费引起环境污染，能源消费对环境污染产生正效应。

　　加强环境规制并不能有助于降低能源消费，但提升技术进步却能够降低能源消费。我国能源消费规模巨大，环境规制力度不够，技术水平有待提升，需要制定相应措施加以解决。

　　我国能源安全保障与环境保护二者之间具有密切的关系，但二者之间的关系表现出一定的地区差异。从全国来看，保障能源安全不利于环境保护，中部地区和西部地区的实证结果印证了这一点，东部地区保障能源安全却有助于环境保护，但能源安全度对环境保护度的正面作用较小。我国能源安全保障与环境保护二者之间的影响，通过经济增长、制度创新、产业结构调整、技术进步以及贸易与投资方式等机制起作用。然而，我国能源安全保障程度不高，环境保护力度不够，需要控制能源消费规模，提高能源效率，减少污染排放，最终更好地保障能源安全与保护环境。

第六章 我国能源安全保障与经济稳定增长的相互关系及影响

能源效率的本质在于探索能源投入量与产出量是否达到最优匹配。在我国工业化发展过程中，能源资源开采、石油煤炭加工、钢铁冶炼及机械制造等高能耗行业快速发展，使得能源消耗强度逐渐加大。我国经济增长越来越面临着能源约束，需要变革能源要素使用方式，树立节约集约循环利用的能源观，节约和高效利用能源。为了更合理有效利用能源，可以开发非常规能源、节约集约能源消费和提高能源利用效率。通过开发非常规能源，能在一定程度上拓宽能源使用领域，增加能源供给总量，但由于受到资本和技术限制，不能破解能源约束性问题。通过节约集约能源消费，能够缓解能源强度过高及能源利用浪费现象，但仍是治标不治本，不能从源头上冲破能源困境。通过提高能源利用效率，调整能源消费结构，加强技术研发和推广，能够破解能源约束性问题，是经济发展方式得以转变的必然路径。我国经济发展方式具有明显的空间相关性和路径依赖性，环境约束下的能源效率对经济发展方式转变的影响非常明显（白俊红、聂亮，2018）。[①]

---

① 白俊红、聂亮：《能源效率、环境污染与中国经济增长发展方式转变》，《金融研究》2018年第10期。

作为经济增长重要物质基础保障的能源，加强能源安全保障是否有助于促进经济稳定增长？现有研究国内外能源安全与经济稳定增长关系的文献，集中于研究能源消费与经济增长的关系，其理论基石仍然为现代经济增长理论，并将能源作为一种生产要素纳入其中研究经济增长问题。达斯格普塔等（Dasgupta et al.，1979）拓展了拉姆齐模型，依据现代经济增长理论，考察能源约束与经济的可持续增长。将自然资源和人造资本纳入生产函数中，假设人造资本与可耗竭资源之间存在不变的替代弹性，发现在最优的增长路径上最终消费将减少。[1]阿杨（Ayong，2001）建立了包含可再生资源的经济增长模型，其中考虑了经济可持续增长、可再生资源和污染之间的关系，以此研究得出拉姆齐均衡的最优经济增长路径。[2]于江波、王晓芳（2013）研究了能源安全与经济增长的双赢机制，并指出实现能源安全和经济增长的具体路径。[3]

为了更深入分析我国能源安全保障与经济稳定增长二者之间的关系及影响，本章从如下内容依次开展研究：首先，研究我国能源效率提升对经济增长的影响。构建能源效率对经济增长影响的模型，并利用1978—2016年我国的年度数据进行实证，并进一步从能源技术效率和能源配置效率两个方面分析能源效率提升对经济增长的促进作用。其次，研究我国能源安全保障与经济稳定增长的关系及影响。构建衡量经济稳定增长的衡量指标，利用1978—2016年我国的年度

---

[1] Dasgupta P.S. and Heal G., *Economic Theory and Exhaustible Resources*, Cambridge: Cambridge University Press, 1979.

[2] Ayong A.D., "Sustainable Growth, Renewable Resoures and Pollution", *Journal of Economic Dynamics & Control*, Vol.25, No.12(2001).

[3] 于江波、王晓芳：《能源安全与经济增长的双赢机制研究》，《北京理工大学学报（社会科学版）》2013年第5期。

数据及全国 30 个省、自治区和直辖市（不考虑西藏自治区的数据）2003—2016 年的面板数据，分别从全国、东部地区、中部地区和西部地区进行估计，并进一步探究能源安全保障对经济稳定增长的影响机制。

第一节　我国能源效率提升对经济增长的影响

一、国内外相关研究

改革开放以来，我国经济快速增长，资本投入和劳动投入等传统投入要素均发挥了巨大的促进作用（刘铠豪、刘渝琳，2014；吴明娥等，2016）。[①] 实际上，影响我国经济增长的因素不仅包括资本投入与劳动投入，还包括外商直接投资（武力超，2013）、国际贸易（黄新飞等，2014）及制度变迁（何雄浪、杨盈盈，2016）等众多因素。[②] 随着我国走"资源节约型、环境友好型"的可持续发展路线不断推进，能源效率越来越成为影响我国经济增长的重要要素而备受关注，学者们探究了能源效率与经济增长二者之间的关系，发现能源效率增长效应和结构变迁效应对经济增长率提高具有积极作用（张建伟、杨志明，2013）。[③] 因此，需要发挥能源效率的作用，依靠技术来解决能源问题，

---

①　刘铠豪、刘渝琳：《破解中国经济增长之谜——来自人口结构变化的解释》，《经济科学》2014 年第 3 期。吴明娥、曾国平、曹跃群：《中国省际公共资本投入效率差异及影响因素》，《数量经济技术经济研究》2016 年第 6 期。

②　武力超：《国外资本的流入是否总是促进经济增长》，《统计研究》2013 年第 1 期。黄新飞、李元剑、张勇来：《地理因素、国际贸易与经济增长研究——基于我国 286 个地级以上城市的截面分析》，《国际贸易问题》2014 年第 5 期。何雄浪、杨盈盈：《制度变迁与经济增长：理论与经验证据》，《中央财经大学学报》2016 年第 10 期。

③　张建伟、杨志明：《能源效率对中国经济增长的实证研究》，《山东社会科学》2013 年第 10 期。

通过能源效率的改进有效抵消能源投入的"增长效应"（桑德拉·巴克伦德、帕特里克·托兰德，2012）。[①]

　　既然能源效率对经济增长具有如此重要的作用，那么能源效率提升能否促进我国经济增长？如果回答是肯定的，那么作用效果如何？针对这些问题，本节基于新古典经济增长模型，进一步构建能源效率对经济增长影响的模型，并进行实证检验。

二、模型构建、指标选择与数据来源说明

（一）模型构建

索洛（Solow，1956）在构建的新古典经济增长模型中，将资本和劳动作为解释变量。考虑 C–D 函数形式有：[②]

$$Y_t = A K_t^\alpha L_t^\beta e_t^\varepsilon \qquad (6.1)$$

其中，Y_t、K_t 和 L_t 分别表示 t 时期的产出、物质资本投入和劳动投入，A 表示常数。近年来，世界各国越发关注能源效率对经济增长的影响，且技术进步是影响经济增长的重要内生变量，考虑能源效率和技术进步这两个解释变量，于是得到：

$$Y_t = A K_t^\alpha L_t^\beta N_t^\gamma J_t^\lambda e_t^\varepsilon \qquad (6.2)$$

其中，N_t 表示第 t 期的能源效率，J_t 表示第 t 期的技术进步。对式（6.2）两边取对数，得到：

$$\ln Y_t = A + \alpha \ln K_t + \beta \ln L_t + \gamma \ln N_t + \lambda \ln J_t + \varepsilon_t \qquad (6.3)$$

---

　　① Sandra Backlund, Patrik Thollander, "Extending the Energy Efficiency Gap", *Energy Policy*, Vol.51, No.51(2012).

　　② Solow, R., "A Contribution to the Theory of Economic Growth", *Quarterly Journal of Economics*, Vol.70, No.1(1956).

（二）指标选择

1. 经济增长

当前，学者们在衡量经济增长这一指标时，主要采用总量指标和相对指标这两种形式。在总量指标中，采用 GDP 来衡量一国经济增长；在相对指标中，采用人均 GDP 来衡量经济增长。结合上述研究方法，本节采用人均 GDP 来表示经济增长。

2. 资本

资本是促进经济增长的重要要素，当期资本投入是实现资本存量的重要途径。资本存量的确定关键在于基期资本存量的选择，具体处理同前。其中，涉及的物价采用 CPI 表示，并以 1978=100 为基期。

3. 劳动

劳动是促进经济增长的重要投入要素，采用历年的就业人数表示劳动投入。

4. 能源效率

采用实际 GDP 与能源消费总量之比表示能源效率。由于 GDP 的数据单位为亿元，能源消费总量的数据单位为万吨标准煤，为了更好实证，将能源消费总量数据单位转换为亿吨标准煤，因而计算出来的能源效率单位为元 / 吨标准煤。

5. 技术进步

技术进步是指技术所涵盖的各种形式知识的积累与改进，是经济增长的重要推动力。以国家财政科技拨款来衡量技术进步。

（三）数据来源说明

1978—2016 年人均 GDP、GDP、就业人数、固定资产投资、能源消费和 CPI 数据均来源于历年《中国统计年鉴》，但其中 1978 年和 1979 年固定资产投资的数据采用加总全国各地区的数据计算得到，当年各地区的数据均来自于各地区当年的统计年鉴，但重庆数据缺乏。

三、实证检验

估计模型（6.3），得到式（6.4）：

$$\ln Y = -7.0402 + 0.5078\ln K + 0.5042\ln L + 0.4073\ln N + 0.0836\ln J + 0.9495MA(1)$$

（00000）（0.0000）（0.0041）（0.0310）　（0.0103）（0.0000）

（6.4）

估计中，R^2=0.9986，D.W.=1.8534，括号中的值为 p 值。可以看出，资本投入、劳动投入、能源效率提升和技术进步每增长 1%，经济将分别增长 0.5078%、0.5042%、0.4073% 和 0.0836%，这些变量对经济增长均有促进作用。在我国经济增长过程中，传统投入要素仍然发挥着重要作用，但能源效率提升已成为促进我国经济增长的不可忽视的重要要素，能源效率对经济增长的促进作用较大。改革开放以来，按照 1978 年不变价计算的我国能源效率从 1978 年的 639.28 元 / 吨标准煤增加到 2016 年的 2719.16 元 / 吨标准煤，能源效率是 1978 年的 4.25 倍，我国能源消费总量在不断增加的同时能源效率也在不断提升。那么，为什么能源效率提升能够促进我国经济增长？

四、进一步分析

（一）能源技术效率提升促进经济增长

能源技术效率是指对现有资源的最优利用能力，即在给定各种投入要素的条件下实现最大产出，或者在给定产出水平下投入最小化的能力（李建中等，2010）。[①] 能源技术效率提升，与技术水平的提升紧密相连。技术水平越先进，能源技术效率提升就越快。从能源消费弹性系数来看，我国能源消费弹性系数也从 2004 年的 1.6 下降到 2016 年的 0.21，表明经济每增长 1 个百分点，能源消耗需增长 0.21 个百分点来支撑经济增长需要，能源利用效率有了明显改善，全社会能源综合利用水平逐步提升。从能源消费结构来看，自 1990 年之后我国煤炭消费量占能源消费总量的比重就开始下降，2016 年所占比重仅为 62%，低于 1990 年 14.2 个百分点。由于煤炭消费比重每提高 1 个百分点，区域每万元地区生产总值能耗将增加 0.009 吨标准煤（邱灵等，2008）。[②] 随着煤炭消费比重下降，万元生产总值能耗也在下降，我国能源技术效率在提高。同期，我国水电、核电和风电消费占能源消费的比重表现出明显的上升趋势，从 1978 年的 3.4% 上升到 2016 年的 13.3%，表明我国清洁能源、新能源开发和利用技术在不断提高，这有利于我国能源技术效率的提升。新能源的开发和利用能够改变我国的能源消费结构，降低煤炭使用量，实现节能减排，促进低碳经济发展。

（二）能源配置效率提升促进经济增长

从我国产业间能源资源优化配置来看，2005 年之后我国第二产业增加值及工业增加值分别占 GDP 的比重均表现出明显下降，这两个指标分别从 2005 年的 47.37% 和 41.76% 下降到 2016 年的 39.8% 和 33.3%。我国产业间能源资源优化配置有了进一步提高，表明能源配置效率在提高。从行业企业间能源资源优化配置来看，技术进步在能源

[①] 李建中、武铁梅、谢威：《我国能源效率与经济增长关系分析》，《生产力研究》2010 年第 9 期。

[②] 邱灵、申玉铭、任旺兵、严婷婷：《中国能源利用效率的区域分异与影响因素分析》，《自然资源学报》2008 年第 9 期。

效率提高过程中起到重要作用。目前，我国对新建企业的排污要求越来越严格。2013年9月17日，环保部发布了《砖瓦工业大气污染物排放标准》，大幅提高污染物排放控制要求，规定新建企业颗粒物排放限值比现行标准严格85%、二氧化硫严格65%，并增加了氮氧化物控制指标。可见，约束性的能源强度目标能够改善能源要素配置效率。我国能源要素正从低效行业向高效行业流动，工业全行业的能源要素配置效率进一步改善（孙传旺、林伯强，2014）。[①]

第二节　我国能源安全保障与经济稳定增长的关系及影响

一、指标计算公式及数据来源

（一）经济稳定增长的衡量指标

从实际经济运行状况来看，实现经济稳定增长需要做到：一是保持适当和合理的经济增长速度；二是需要保持投资和消费的适度增长；三是在货币供给保持适度增长的条件下，保持价格水平的相对稳定以避免价格波动幅度过大。在此，选择经济增长率、投资率、消费率和物价水平这四个指标分别计算各自领域的经济稳定增长程度，即：

$$SAFE_{economy} = 1 - \left| \left(G_{economy} - \bar{G}_{economy} \right) \middle/ \left(G_{\max economy} - G_{\min economy} \right) \right| \quad （6.5）$$

其中，$SAFE_{economy}$ 表示经济稳定增长度；$G_{economy}$ 表示实际经济指标值，$\bar{G}_{economy}$ 表示平均经济指标值，$G_{\max economy}$ 表示最大经济指标值，$G_{\min economy}$ 表示最小经济指标值。$G_{\max economy} - G_{\min economy}$ 表示经济指标值波动范围，$G_{economy} - \bar{G}_{economy}$ 表示实际经济指标值偏离均值的程度，当实际经济指标

---

① 孙传旺、林伯强：《中国工业能源要素配置效率与节能潜力研究》，《数量经济技术经济研究》2014年第5期。

值离均值越近，则意味着经济越稳定增长。采用 1 减去绝对值，是将绝对值的计算结果变成正指标。

（二）计算经济稳定增长的变量、数据来源及指标处理

选择经济增长率、投资率、消费率和物价水平（CPI）这四个指标来分别计算各自领域的经济稳定增长程度，并基于熵值赋权法拟合经济稳定增长程度。1978—2016 年的全国数据、地区数据均来自于国家统计局网站。

（三）计算能源安全保障的指标及数据来源

利用第五章的计算指标，分别从全国、东部、中部和西部进行研究。其中，全国能源消费和能源供给数据来源于历年的《中国统计年鉴》，各地区历年的数据均来自各自的年度统计年鉴，甘肃的数据来源于历年的《甘肃发展年鉴》。

二、实证检验

（一）单位根检验

从全国数据各变量平稳性检验结果来看（见表 6.1），在 10% 的显著性水平下，我国能源安全保障与经济稳定增长指标的原始数据没有通过检验，而一阶数据都通过了检验，可见这两个指标均属于一阶平稳，具有一阶单位根过程。

表 6.1　全国数据各变量单位根检验结果

变量	ADF 值	1% 临界值	5% 临界值	10% 临界值	p 值	是否平稳
$SAFE_{energy}$	4.1615	−4.2191	−3.5331	−3.1983	1.0000	非平稳
$\Delta SAFE_{energy}$	−3.5339*	−4.2268	−3.5366	−3.2003	0.0503	10% 平稳
$SAFE_{economy}$	−0.1766	−2.6327	−1.9507	−1.6110	0.6153	非平稳

变量	ADF 值	1% 临界值	5% 临界值	10% 临界值	p 值	是否平稳
$\Delta SAFE_{economy}$	-6.8261^{***}	-2.6327	-1.9507	-1.6110	0.0000	1% 平稳

注：在能源安全保障检验中，检验方程中包含截距项和趋势项；在经济稳定增长检验中，检验方程中不包含截距项和趋势项。***、** 和 * 分别表示通过 1%、5% 和 10% 的显著性水平检验，下同。

采用 Breitung t-stat 和 ADF-FisherChi-square 这两个统计量对东部、中部和西部地区变量进行单位根检验（见表 6.2），发现经过对数处理的原始数据都并未通过 5% 的显著性水平检验，而一阶差分都通过了 5% 的显著性水平检验。

表 6.2　东部、中部和西部地区变量的单位根检验结果

区域	变量	Breitung t-stat		ADF-FisherChi-square		结论
东部	$SAFE_{energy}$	1.1157	0.8677	42.6428^{***}	0.0052	非平稳
	$\Delta SAFE_{energy}$	-2.6034^{**}	0.0046	36.4784^{**}	0.0270	5% 平稳
	$SAFE_{economy}$	1.7525	0.9602	32.8135^{*}	0.0645	非平稳
	$\Delta SAFE_{economy}$	-3.8816^{***}	0.0001	49.4332^{***}	0.0007	1% 平稳
中部	$SAFE_{energy}$	1.2036	0.8856	14.4815	0.5629	非平稳
	$\Delta SAFE_{energy}$	-2.5462^{***}	0.0054	35.6479^{**}	0.0032	1% 平稳
	$SAFE_{economy}$	-0.1670	0.4337	38.9227	0.9454	非平稳
	$\Delta SAFE_{economy}$	-3.651^{***}	0.0001	41.6189^{***}	0.0000	1% 平稳
西部	$SAFE_{energy}$	0.2754	0.6085	28.1452	0.1709	非平稳
	$\Delta SAFE_{energy}$	-1.9808^{**}	0.0238	73.4908^{***}	0.0000	5% 平稳
	$SAFE_{economy}$	-1.2825^{*}	0.0998	26.6125	0.2263	非平稳
	$\Delta SAFE_{economy}$	-3.7684^{***}	0.0001	43.3312^{***}	0.0043	1% 平稳

注：在检验中，考虑个体间差异。

（二）模型估计结果及分析：全国数据

以能源安全保障作为解释变量，经济稳定增长作为被解释变量进

行估计，有：

$$SAFE_{economy}=0.6962+0.1304SAFE_{energy}+0.5805MA(1) \qquad （6.6）$$
$$（0.0000）（0.0587） \qquad （0.0000）$$

估计中，R^2=0.3301，D.W.=1.9851，$MA(1)$ 表示一阶移动平均，$AR(1)$ 表示一阶移动平均。从式（6.6）可以看出，能源安全保障每提高 1 个点，经济稳定增长将提高 0.1304，加强能源安全保障有助于促进经济稳定增长。然而，当前我国能源供给不足已经成为不争的事实。随着经济较快增长，我国经济结构开始呈现出重化工业特征，高耗能行业发展迅猛，能源需求保持较快增长。据统计，进入 20 世纪 90 年代之后我国能源缺口在不断增加，缺口规模从 1992 年的 1914 万吨标准煤增加到 2017 年的 84000 万吨标准煤。由于能源供给不足，保障能源安全也就成了我国能源领域的重要任务。

此外，从利用式（5.15）和式（6.5）分别计算得到 1978—2016 年我国能源安全度与经济稳定增长度的结果（结果略）中不难看出，能源安全度和经济稳定增长度分别从 1978 年的 0.9868 和 0.8717 下降到 2016 年的 0.3706 和 0.7985，这两个指标都表现出下降趋势，尤其是能源安全度下降更为明显。我国需要进一步加强能源安全保障和保持经济稳定增长，从而有助于维护国家的根本利益。

（三）模型估计结果及分析：东部地区

以能源安全保障为解释变量，经济稳定增长为被解释变量，估计得到：

$$SAFE_{economy}=0.9006+0.0022SAFE_{energy} \qquad （6.7）$$
$$（0.0000）（0.0000）$$

估计中，R^2=0.9994，D.W.=1.9829。从式（6.7）可以看出，东部地

区能源安全保障每提高 1 个点，将使经济稳定增长提高 0.0022，但正效应较小。从实际情况来看，我国东部地区的能源缺口非常巨大，能源资源主要集中分布在中西部地区，而能耗主要发生在东部经济发达地区，西气东输、西电东送等现实状况缓解了我国发展过程中出现的东西部地区能源需求与供给的不平衡难题，为东部地区经济持续、快速发展提供了安全的电力保障。然而，近年来我国东部经济增长速度也在放缓，中西部经济增速明显高于东部，如何提高及保持经济稳定增长也就成了这一地区的重要任务。东部地区是能源消费总量控制的重要地区，这是由于东部发达地区对煤炭替代所需要的能源成本上升有一定承受力，对本身的经济结构转型也有较强的诉求（林伯强，2013）。[①] 东部地区需要保障能源安全，重点则在于从环境治理和能源稀缺的角度出发，加强能源消费总量控制。

（四）模型估计结果及分析：中部地区

估计中部地区能源安全保障对经济稳定增长的作用，有：

$$SAFE_{economy}=0.8743-0.0005SAFE_{energy} \qquad （6.8）$$

$$（0.0000）（0.0609）$$

估计中，$R^2=0.9976$，D.W.=1.7321。从式（6.8）可以看出，中部地区能源安全保障每提高 1 个点，将使经济稳定增长下降 0.0005，但能源安全保障对经济稳定增长的影响作用非常小。中部地区的山西、河南、安徽和江西等拥有我国最丰富的煤炭资源，中部地区的快速发展有助于提高我国能源安全保障能力。其中，山西是产煤大省，煤炭资源丰富，开采条件好，每年产量稳居全国第一。然而，山西能源开发

---

① 林伯强：《人民日报新论：减排、先拧紧能源消费水龙头》，《人民日报》2013 年 9 月 2 日。

和利用效果存在众多问题：以量扩张的开采方式造成了资源的极大浪费，科技含量不足，资源的高附加值较低，加上盲目扩张、无序竞争，造成经济效益较低，环境污染破坏严重，不利于经济的可持续发展。可见，对于中部地区而言，在能源保障充分的基础上，如何发挥能源安全保障对经济稳定增长的作用就至关重要。

（五）模型估计结果及分析：西部地区

估计西部地区能源安全保障对经济稳定增长的作用，有：

$$SAFE_{economy}=0.8747+(7.75E-04)SAFE_{energy} \qquad （6.9）$$

$$（0.0000）（0.0001）$$

估计中，R^2=0.9998，D.W.=2.0411。从式（6.9）可以看出，西部地区能源安全保障每提高1个点，将使经济稳定增长增加7.75E-04，加强能源安全保障有利于实现经济稳定增长，但影响作用非常小。实际上，从能源安全保障来看，西部地区能源供给大于能源消费，二者之差从2003年的2202.22万吨标准煤增加到2016年的56423.33万吨标准煤。西部地区拥有丰富的能源资源，从占全部的比例来看，煤炭保有储量占60%，原油探明储量占27.8%，天然气探明储量占87.5%，可开发的水能资源占81.1%。然而，西部地区以采掘业和制造业为主的产业结构造成了能源资源的高消耗。因此，尽管从数量来看西部地区能源供给充足，但能源利用及其效率较低，能源安全保障存在巨大隐患。

三、影响机制

作为经济稳定增长物质基础的能源安全保障，改革开放以来我国能源安全保障通过怎样的机制影响经济稳定增长？具体来看，影响机制主要在四个层面：一是通过产业结构的调整和优化影响经济稳定增长；二是通过能源效率的提高影响经济稳定增长；三是通过加快新能源研发与投入影响经济稳定增长；四是通过积极参与能源国际合作影响经济稳定增长。

首先，从产业结构的调整和优化来看。改革开放以来，我国三次产业结构从 1978 年的 28.2∶47.9∶23.9 调整为 2017 年的 7.9∶40.5∶51.6，产业结构进一步优化。工业能源消耗是我国能源消耗的重要领域，工业能源消费总量占比一直较大。在国家制定的《节能减排"十二五"规划》中，就提出"重在缓解资源环境约束，建设资源节约型、环境友好型社会，增强可持续发展能力"。在这一政策的指引下，我国工业能源消费占能源消费总量的比重从 2008 年的 71.81% 下降到 2016 年的 66.60%。在能源消费结构中，煤炭对产业结构影响最大（周江、李颖嘉，2011），[1]随着我国在不断调整能源结构及加大对新能源的研发和投入，必将进一步有助于产业结构调整和优化，从而发挥产业结构调整和优化对经济稳定增长的作用。

其次，从能源效率的提高来看。经济增长过程中应注重能源效率的提高，这不仅有助于提高经济发展质量和内在竞争力，也应该是各国制定经济发展战略和产业政策的重要参考依据（姜彩楼等，2012）。[2]改革开放以来，我国能源效率在不断提高，具体来看：在能源经济效率方面，改革开放以来我国万元生产总值能耗的变动表现出明显的下降趋势，万元生产总值能耗从 1978 年的 15.68 下降到 2017 年的 0.54。1996 年之后，我国万元生产总值能耗突破 2.0 以下，2008 年之后更是

---

① 周江、李颖嘉：《中国能源消费结构与产业结构关系分析》，《求索》2011 年第 12 期。
② 姜彩楼、徐康宁、朱琴：《经济增长是如何影响能源绩效的？——基于跨国数据的经验分析》，《世界经济研究》2012 年第 11 期。

突破 1.0 以下。在产业结构变化方面，产业结构调整能够在一定程度上改善能源效率，并且提高产业结构调整质量对能源效率存在显著的促进效应及空间溢出效应（于斌斌，2017）。[①] 在技术水平方面，技术进步是我国能源效率提高的最主要动力。[②] 我国研究与试验发展（R&D）经费占国内生产总值的比重从 1990 年的 0.67% 增加到 2017 年的 2.12%，2017 年全年研究与试验发展（R&D）经费支出 17500 亿元，比 2016 年增长 11.6%，表现出比较明显的上升趋势，说明随着我国进行社会主义市场经济体制改革，国家越来越重视科技投入，注重技术进步对提高能源效率的长期正向作用。

再次，从新能源的研发与投入来看。在政策支持方面，自 2009 年以来我国对新能源产业发展的态度从"积极引导"提升为"战略高度重视"。2010 年国务院发布的《关于加快培育和发展战略性新兴产业的决定》（国发〔2010〕32 号）将新能源产业作为战略性新兴产业之一。2011 年 6 月发布实施的《产业结构调整指导目录（2011 年版）》首次将新能源作为单独门类列入。在"十二五"期间，我国能源结构调整步伐加快，成效显著。其中，非化石能源和天然气消费比重分别提高 2.6 个和 1.9 个百分点，煤炭消费比重下降 5.2 个百分点，清洁化步伐不断加快。水电、风电、光伏发电装机规模和核电在建规模均居世界第一。非化石能源发电装机比例达到 35%，新增非化石能源发电装机规模占世界的 40% 左右。[③] 我国能源发展"十三五"规划提出，要"全面推进

---

① 于斌斌：《产业结构调整如何提高地区能源效率？——基于幅度与质量双维度的实证考察》，《财经研究》2017 年第 1 期。

② Chunbo Ma, David I., Stern, "China's Changing Energy Intensity Trend: A Decomposition Analysis", *Energy Economics*, Vol.30, No.3(2008).

③ 参见国家发展改革委与国家能源局于 2016 年 12 月 26 日联合印发的《能源发展"十三五"规划》。

能源生产和消费革命，努力构建清洁低碳、安全高效的现代能源体系，为全面建成小康社会提供坚实的能源保障"。争取到 2020 年将非化石能源消费比重提高到 15% 以上，天然气消费比重力争达到 10%，煤炭消费比重降低到 58% 以下，发电用煤占煤炭消费比重提高到 55% 以上。

在研发方面，我国能源企业积极提升自主创新能力。2015 年，我国风电装机量再创新高，全国（除台湾地区外）新增安装风电机组 16740 台，新增装机容量 30753MW，比 2014 年增长 32.6%；累计安装风电机组 92981 台，累计装机容量 145362MW，同比增长 26.8%。从区域来看，2015 年我国六大区域的风电新增装机容量均保持增长态势，西北地区依旧是新增装机容量最多的地区，超过 11GW，占总装机容量的 38%；其他地区均在 10GW 以下，所占比例分别为华北地区（20%）、西南（14%）、华东（13%）、中南（9%）、东北（6%）。2015 年，我国各省（自治区、直辖市）风电新增装机容量较多的为新疆、内蒙古、云南、宁夏和甘肃，占全国新增装机容量的 53.3%。2015 年，我国各省（自治区、直辖市）风电累计装机容量较多的省份分别为内蒙古、新疆、甘肃、河北、山东，占全国累计装机容量的 51.7%。从企业来看，以国电、大唐、华能和中电投为代表的数十家能源集团积极参与千万千瓦级风电基地建设和新能源研发工作。发展新能源不仅可以节能减排，而且能够更加有效地利用资源，扩大市场需求，培育新的经济增长点，实现经济可持续发展与环境保护"双赢"（刘志雄、王玥，2012）。[①]

最后，从积极参与能源国际合作来看。2014 年 9 月在北京举行的第 11 届 APEC 能源部长会议，以"携手通向未来的亚太可持续能源发展之路"为会议主题，表明能源国际合作已经成为当前能源领域中的

---

① 刘志雄、王玥：《中国新能源发展分析及路径选择》，《中国矿业》2012 年第 6 期。

重要问题。长期以来，我国传统能源主要以煤炭、石油为主，这些能源属于不可再生能源，并且能源的大量使用会造成严重的污染。通过多年的不断努力，我国能源国际合作格局已经初步形成。其中，"一带一路"沿线国家油气资源丰富、资源国出口多元化和消费国进口多元化需求契合、炼油化工技术和建设施工能力较弱，为我国企业提供了大量新的合作机遇（潜旭明，2017）。[①] 目前，我国已经与三十多个国家建立了双边能源合作机制，并积极参与了二十多个国家的国际组织和国际机制。我国能源国际合作的领域已经从最初的以石油和天然气为主，逐步扩展到电力、风能、能源科技装备等多个方面；已从最初单一由政府主导，发展到现在由政府部门、企业、行业协会共同参与的局面；已从单一的上游勘探开发，逐步拓展到上游一体化合作，包括炼化、加工等多个环节。我国在实施能源"走出去"战略的同时，向世界开放的程度也不断提高。

　　构建能源效率对经济增长影响的模型，实证研究了我国能源效率对经济增长的影响。研究发现，能源效率提升已经成为促进我国经济增长的不可忽视的重要因素，能源效率提升对我国经济增长具有促进作用，这种促进作用主要通过能源技术效率和能源配置效率实现。

　　构建能源安全保障和经济稳定增长衡量指标，实证研究了加强能源安全保障是否有助于促进我国经济稳定增长。研究发现，改革开放以来我国能源安全保障有助于促进经济稳定增长，但地区能源安全保障对经济稳定增长的作用表现出明显差异。东部和西部地区能源安全

[①]　潜旭明：《"一带一路"倡议背景下中国的国际能源合作》，《国际观察》2017 年第 3 期。

保障有利于经济稳定增长，中部地区能源安全保障不利于经济稳定增长。我国能源安全问题较为突出，保持经济稳定增长的任务十分艰巨。我国需要高度重视能源安全保障，也需要积极制定措施保持经济稳定增长，发挥能源安全保障对经济稳定增长的作用。

第七章　我国环境保护与经济稳定增长的相互关系及影响

　　环境污染问题是世界各国越来越关注的一个重要问题。近年来，我国水体污染、大气污染和土壤污染问题严重，日益引起全社会的广泛关注。解决环境污染问题的重要途径之一便是加强环境规制。加强和提升环境规制强度，能够促使企业提高技术水平及生产效率，实现环境保护和出口贸易双赢（王凯，2012），[①]发挥对我国货物贸易出口商品结构优化的促进作用（邵帅，2017）。[②]同时，环境政策的实施对生产率以及经济增长速度也会产生深远的影响（李小胜、宋马林，2015）。[③]解决环境污染问题也需要在经济发展中防治和治理。面对日益严峻的环境现实问题，我国政府已经将环境保护纳入国民经济与社会发展规划之中。在 2015 年 1 月 1 日起我国正式施行了《中华人民共和国环境保护法》，旨在通过保护和改善环境，防治污染和其他公害，保障公众健康，推进生态文明建设，从而促进经济社会

---

　　① 王凯：《环境规制对我国工业行业出口竞争力的影响——以污染密集型行业为例》，《价格理论与实践》2012 年第 1 期。
　　② 邵帅：《环境规制如何影响货物贸易的出口商品结构》，《南方经济》2017 年第 10 期。
　　③ 李小胜、宋马林：《环境规制下的全要素生产率及其影响因素研究》，《中央财经大学学报》2015 年第 1 期。

可持续发展。

在开放经济条件下，世界各国非常关注国际贸易问题，国际贸易始终占据国际经济合作领域的先行地位。如今，"一带一路"倡议及行动更是将我国具有 2000 多年悠久历史的古丝绸之路重新开启，国际贸易地位再次提升。通过开展国际贸易，能够增加国内产出，提高全要素生产率（凯勒，Keller，2004）。[①]

为了更深入分析我国环境保护与经济稳定增长二者之间的关系及影响，本章从如下内容依次开展研究：首先，研究我国环境规制对经济增长的影响。本章在回顾现有相关文献的基础上提出相应假设，构建面板模型及相应指标，实证研究环境规制与双边贸易对我国经济增长的影响，深层次挖掘环境规制与经济增长之间的关系。其次，研究我国环境保护与经济稳定增长之间的关系及影响。目前，学术界开展了从理论到实证多角度对环境污染与经济增长问题的研究，其中围绕环境库兹涅茨曲线开展的学术研究不断得到拓展和丰富，[②]但涉及环境保护与经济稳定增长的研究非常少。本章分别以全国、东部地区、中部地区和西部地区为研究对象，研究我国环境保护与经济稳定增长的相互关系及影响。

---

① Keller, W., "International Technology Diffusion", *Journal of Economic Literature*, Vol. 42, No. 3（2004）.

② David I. Stern, Michael S. Common, Edward B. Barbier, "Economical Growth and Environmental Degradation: The Environment Kuznets Curve and Sustainable Development", *World Development*, Vol. 24, No. 7（1994）. Perman, R. Stern, D. I, "Evidence from Pannel Unit Root and Cointegration Tests that the Environment Kuznets Curve does not Exist", *Australian Journal of Agricultural and Resource Economics*, Vol. 47, No. 3（2003）.

第一节　我国环境规制对经济增长的影响

一、国内外相关研究及假设提出

（一）环境规制对经济增长的影响

环境规制作为社会性规制的一项重要内容，对经济增长具有重要作用。从现有关于环境规制与经济增长关系的理论来看，主要有两种代表性的观点：一是"遵循成本说"，认为环境规制能够提高企业生产成本，降低企业生产效率，不利于经济增长。杰斐和帕默（Jaffe & Palmer，1997）指出，环境规制使得企业增加直接减少污染所消耗的成本，并间接造成企业的某些生产要素价格提高从而提高企业生产成本。[①]二是"创新补偿说"，认为合理的环境规制能够刺激企业进行创新，能够减少污染排放，改善环境质量。波特等（Porter et al., 1995）认为，需要将环境规制作为激发企业创新，提高企业竞争力的来源。[②]布鲁纳米尔和科恩（Brunnermeier & Cohen，2003）则研究发现，环境治理成本每增加 100 万美元，技术创新增加 0.04%。[③]国内学者研究环境规制对我国经济增长的影响所得结论存在差异：一是环境规制促进经济增长。环境规制强度在一定范围内对经济增长起促进作用（张先锋等，2014）。[④]环境规制存在经济增长数量抑制效应和经济增长质量促进效

[①]　Jaffe A. B., and Palmer J. K., "Environmental Regulation and Innovation: A Panel Data Study", *Review of Economics and Statistics*, Vol.79, No.4（1997）.

[②]　Porter, Michael E. and Claasvander Linde, "Toward a New Conception of the Environment Competitiveness Relationship", *Journal of Economic Perspectives*, Vol.9, No.4（1995）.

[③]　Brunnermeier S.B. and Cohen M. A., "Determinants of Environmental Innovation in US Manufactuing Industries", *Journal of Environmental Economics and Management*, Vol.45, No.2（2003）.

[④]　张先锋、韩雪、吴椒军：《环境规制与碳排放："倒逼效应"还是"倒退效应"——基于 2000—2010 年中国省际面板数据分析》，《软科学》2014 年第 7 期。

应的双重作用（黄清煌、高明，2016）。[1] 因此，适当地增加环境规制有助于提升我国经济增长质量（孙英杰、林春，2018）。[2] 二是环境规制不利于经济增长。提高环境规制强度会减缓地区经济增速（赵霄伟，2014），[3] 并在短期内对我国经济总量效应具有抑制作用（徐盈之、杨英超，2015）。[4] 陈诗一（2016）也研究发现，节能减排会在短期内对经济增长造成一定负面影响。[5] 尽管学者们关于环境规制对经济增长影响的研究结论不一，但结合当前国家制定的相关政策以及对经济新常态的深刻认识，不妨提出如下假设：

假设 1：环境规制对我国经济增长具有促进作用。

（二）国际贸易对经济增长的影响

目前，国内学者研究国际贸易对经济增长的影响主要从如下视角开展：一是研究贸易开放对经济增长的影响。贸易开放对我国经济增长具有显著的促进作用，贸易开放显著提高了产能利用率，推进了资本深化，促进了经济增长（张同斌、刘俸奇，2018）。[6] 二是研究出口贸易对经济增长的影响。出口对行业经济增长起到了一定的促进作用，这种促进作用在外资比例高的行业中更为明显（付韶军、高亚

---

[1]　黄清煌、高明：《环境规制对经济增长的数量和质量效应——基于联立方程的检验》，《经济学家》2016 年第 4 期。

[2]　孙英杰、林春：《试论环境规制与中国经济增长质量提升——基于环境库兹涅茨倒 U 型曲线》，《上海经济研究》2018 年第 3 期。

[3]　赵霄伟：《环境规制、环境规制竞争与地区工业经济增长——基于空间 Durbin 面板模型的实证研究》，《国际贸易问题》2014 年第 7 期。

[4]　徐盈之、杨英超：《环境规制对我国碳减排的作用效果和路径研究——基于脉冲响应函数的分析》，《软科学》2015 年第 4 期。

[5]　陈诗一：《新常态下的环境问题与中国经济转型发展》，《中共中央党校学报》2016 年第 2 期。

[6]　张同斌、刘俸奇：《贸易开放度与经济增长动力——基于产能利用和资本深化途径的再检验》，《国际贸易问题》2018 年第 1 期。

春，2013）。[①] 出口贸易结构变化与经济增长有密切的关联性，优化出口结构，有利于改善经济增长环境（董翔宇、赵守国，2017）。[②] 三是研究进口贸易对经济增长的影响。我国进口贸易总体上对经济增长率具有显著正向影响（何雄浪、张泽义，2014），[③] 尤其是进口更多高技术密集型金融、保险和专利及特许费服务对一国经济增长是有利的（杨玲、徐舒婷，2015）。[④] 四是研究服务贸易对经济增长的影响。从理论上看，服务业开放能通过促进服务领域的改革，降低交易成本，进而有效地促进第一、第二、第三产业的发展，推动经济增长（张斌涛等，2017）。[⑤] 从实证上看，生产性服务贸易能够提升经济增长率，因而需要优先发展生产性服务贸易（曹标、廖利兵，2014）。[⑥] 可见，国际贸易对我国经济增长具有重要的促进作用，无论是在出口层面还是进口层面，这种促进作用均较为明显。由于国际贸易表现出明显的双向性，不妨提出如下假设：

假设 2：双边贸易对我国经济增长具有促进作用。

二、研究设计

（一）模型设定

由于在双边经贸关系中一国的政策会影响到对方国家，因此采用

① 付韶军、高亚春：《基于分层线性模型的出口与经济增长关系研究》，《数学的实践与认识》2013 年第 23 期。

② 董翔宇、赵守国：《出口贸易结构与经济增长的规律与启示》，《软科学》2017 年第 3 期。

③ 何雄浪、张泽义：《国际进口贸易技术溢出效应、本国吸收能力与经济增长互动——理论及来自中国的证据》，《世界经济研究》2014 年第 11 期。

④ 杨玲、徐舒婷：《生产性服务贸易进口技术复杂度与经济增长》，《国际贸易问题》2015 年第 2 期。

⑤ 张斌涛、肖辉、陈寰琦：《基于中国省级面板数据的服务业开放"经济增长效应"的经验研究》，《国际商务（对外经济贸易大学学报）》2017 年第 3 期。

⑥ 曹标、廖利兵：《服务贸易结构与经济增长》，《世界经济研究》2014 年第 1 期。

相对量来进行实证，以更好地反映双边变化状态。设定的面板模型为：

$$EC_{ilj,t}=\alpha+EN_{jli,t}+TR_{ilj,t}+\varepsilon_{ilj,t} \qquad (7.1)$$

其中，*EC*、*EN* 和 *TR* 分别表示经济增长水平差异、环境规制强度差异以及双边贸易水平差异。*i* 表示中国，*j* 表示东盟国家，*t* 表示年度，$EC_{ilj,t}$ 表示第 *t* 年中国经济增长与东盟国家经济增长的比值。$EN_{jli,t}$ 表示第 *t* 年东盟国家环境规制强度与中国环境规制强度的比值。$TR_{ilj,t}$ 表示第 *t* 年中国商品与货物出口东盟国家与东盟国家商品与货物出口中国的比值。

（二）变量设定

1. 经济增长水平差异

采用人均 GDP 来衡量经济增长。由于各国经济增长水平不一，增长速度不同，将国家之间的经济增长进行比较能够反映出彼此间经济增长的快慢及差异。于是，中国与东盟国家经济增长水平差异可以采用如下公式计算：

经济增长水平差异 = 中国人均 GDP/ 东盟国家人均 GDP　　（7.2）

2. 环境规制强度差异

环境污染治理来源于对传统能源使用所排放的二氧化硫、二氧化氮及二氧化碳。其中，二氧化硫尤为严重，二氧化硫是形成酸雨的主要物质，严重影响生态环境。控制二氧化硫排放，在一定程度上能够反映出对环境的保护，即可以采用二氧化硫排放量来表示环境规制强度。计算出燃烧煤炭和石油的二氧化硫排放量可以采用式（7.3）（尹显萍，2008）：[1]

---

[1]　尹显萍：《环境规制对贸易的影响——以中国与欧盟商品贸易为例》，《世界经济研究》2008 年第 7 期。

二氧化硫排放量 = 煤炭消费总量 × 煤的二氧化硫排放系数 + 石油消费总量 × 石油的二氧化硫排放系数 　　　　　　　　　（7.3）

其中，煤与石油燃烧时产生的二氧化硫排放系数采用日本科学技术厅出版社出版的《亚洲地区的能源利用与地球环境》的标准，即分别为 0.025 和 0.011。在式（7.3）基础上，进一步计算中国与东盟国家双边的环境规制强度差异指标：

环境规制强度差异 = 东盟国家二氧化硫排放量 / 中国二氧化硫排放量

（7.4）

3. 双边贸易水平差异

由于国际贸易是双向贸易，因而采用出口额与进口额的比值来衡量对外贸易水平，能够反映出双边贸易水平差异。具体公式为：

双边贸易水平差异 = 中国出口东盟国家 / 东盟国家出口中国

（7.5）

（三）数据来源说明

根据数据的获得，本节研究区间为 1990—2016 年，研究对象为中国与东盟中的六个国家（印度尼西亚、马来西亚、菲律宾、新加坡、泰国和越南）。数据来源如下：中国与东盟六国 1990—2016 年的煤炭消费数据（单位：百万吨油当量）和石油消费数据（单位：百万吨）来源于各期的《BP 世界能源统计》。其中，新加坡由于煤炭消费规模小，缺乏历年的煤炭消费数据，在计算新加坡二氧化硫排放量时不考虑煤炭消费，并在计算中国与新加坡环境规制强度差异时均采用统一处理方式。中国对东盟六国货物出口数据以及中国自东盟六国货物进口数据均来自于历年的《中国统计年鉴》，数据为万美元。中国与东盟六国历年人均 GDP 数据均来源于世界银行数据库，单位为美元。其中，

1989 年中国与越南双边贸易数据缺乏，实证中不考虑。

三、实证检验

（一）单位根检验

采用 Breitung t-stat 和 Im，Pesaran and Shin W-stat 对上述三个变量进行单位根检验，结果见表 7.1。在 1% 的显著性水平下，三个变量的原始数据均不平稳，而其对应的一阶差分数据均通过了 1% 的显著性水平检验，表明经济增长水平差异、环境规制强度差异以及双边贸易水平差异这三个变量具有一阶单位根过程。

表 7.1 基于面板数据的变量单位根检验结果

变量	Breitung t-stat		Im，Pesaran and Shin W-stat		结论
EC	2.1936	0.9859	6.9244	1.0000	非平稳
ΔEC	−2.8345***	0.0023	−5.2616***	0.0000	1% 平稳
EN	0.1069	0.5426	0.1404	0.5558	非平稳
ΔEN	−2.5081***	0.0061	−3.8537***	0.0001	1% 平稳
TR	0.3125	0.6227	−1.1467	0.1258	非平稳
ΔTR	−3.1936***	0.0007	−5.2676***	0.0000	1% 平稳

注：在对 EC 和 EN 的检验中，考虑个体间差异；在对 TR 的检验中，考虑个体间差异及趋势；***、** 和 * 分别表示通过 1%、5% 和 10% 的显著性水平检验。

（二）协整检验

采用 JJ 检验法，对三个变量之间的关系进行协整检验，结果见表 7.2。在 5% 的显著性水平下，迹统计量检验中三个变量之间存在两个协整关系，但在最大特征值统计量检验中，三个变量之间存在唯一个协整关系。因此，综合考虑两个统计量的检验结果，得到三个变量之间存在一个协整关系，即存在长期均衡关系。

表 7.2　变量面板数据的协整检验

原假设协整个数	特征值	统计量		P 值	最大特征值统计量		P 值
		迹统计量	5% 临界值		统计量	5% 临界值	
无[*]	0.1620	39.2271	29.7971	0.0031	23.1472	21.1316	0.0257
至多一个[*]	0.1025	16.0799	15.4947	0.0408	14.1722	14.2646	0.0517
至多两个	0.0145	1.9077	3.8415	0.1672	1.9077	3.8415	0.1672

注：在检验式的协整空间中有常数项、无趋势项，滞后区间为 [1，1]。

（三）模型估计及分析

结合上述分析，估计环境规制强度差异与双边贸易水平差异对经济增长水平差异的影响，即有式（7.6）：

$$EC=0.8370+0.1845TR+0.2765TR(-1)-7.1927EN \qquad (7.6)$$
$$(0.0000)(0.0252)\quad(0.0336)\quad(0.0000)$$

估计中，R^2=0.9977，考虑时期的固定效应，并采用 Cross-section SUR 进行加权。式（7.6）中考虑了双边贸易水平差异的滞后一期变量，从而提高模型估计的拟合优度。

从双边贸易水平差异对经济增长水平差异的影响来看，无论是当期还是滞后一期的双边贸易水平差异，其对经济增长水平差异均产生明显的正向促进作用，其系数分别是 0.1845 和 0.2765。根据上述指标的设定，双边贸易水平差异为中国出口东盟国家商品与东盟国家出口中国商品的比值，经济增长水平差异为中国人均 GDP 与东盟国家人均 GDP 的比重，模型估计结果表明，与东盟国家相比，中国对东盟国家出口货物增加能够促进中国经济增长。实际上，中国对东盟六国货物出口规模从 1991 年的 37.28 亿美元增加到 2016 年的 2424.51 亿美元，出口规模强劲，并在 2012 年实现了 4.68 亿美元的顺差，扭转了自 1993—2011 年长达 19 年的贸易逆差，中国对东盟六国货物出口强劲。

从环境规制强度差异对经济增长水平差异的影响来看，环境规制强度差异的系数为 -7.1927，环境规制强度差异与经济增长水平差异之间存在负向关系。然而，环境规制强度差异为东盟国家二氧化硫排放量与中国二氧化硫排放量的比值，环境规制强度差异的下降，即中国环境规制强度提升将有助于促进中国经济增长。

四、进一步分析

（一）中国出口东盟有助于促进中国经济增长

首先，东盟国家为中国出口提供了广阔的大市场。东盟是与中国相邻的经济区域，是中国第三大贸易伙伴和第二大进口来源地。2014年中国与东盟贸易额达 4803.94 亿美元，比 2013 年增长 8.3%，增速较中国整体对外贸易平均增速高出 4.9 个百分点。2017 年中国与东盟贸易额达 5148 亿美元，比 2016 年增长 13.8%，双边贸易额占中国对外贸易总额的比重达到 12.51%。[①] 其中，中国向东盟出口 2791 亿美元，比 2016 年增长 9%；进口 2357 亿美元，比 2016 年增长 20%。越南、新加坡和马来西亚是中国主要的出口对象国，马来西亚、越南和泰国则为主要进口来源国。其次，出口东盟具有重大的战略意义。长期以来，出口与投资、消费一起被称为拉动经济增长的"三驾马车"。作为外需的重要途径——出口，与就业、居民收入以及国内消费紧密联系。加强对东盟国家的经济合作，重视对东盟国家出口，对于我国发挥比较优势、深化国际分工和提高效率，保持较高的潜在增长率，具有重要作用。此外，出口状况能够反映我国经济结构状况，加大对东盟国家

---

① 根据 2017 年中国货物贸易进出口总额 277923 亿元（以人民币计）除以 2017 年全年人民币平均汇率 1 美元兑换 6.7518 元得到以美元计值的中国货物贸易进出口总额。

的出口力度，有助于转变我国经济发展方式、加快经济结构战略性调整。

（二）加强环境规制能够促进中国经济增长

首先，在环境政策方面，我国政府积极制定环境发展战略，通过制定环境保护政策以加强环境保护。自1978年改革开放之后，我国就先后确立了以保护和改善自然生态环境、实现资源永续利用为主要目标的十大林业生态工程。积极参与加强环境保护领域的国际合作，以保护全球环境。党的十八大之后，党和国家领导人对生态文明建设和环境保护提出一系列新思想新论断新要求，目的在于正确处理环境保护与经济增长的关系。合理环境规制政策的制定能使企业实现治污技术的提升（张成等，2011），[①] 这有助于促进我国经济增长。其次，在技术进步方面，由于技术进步早已被证实成为促进经济增长的重要要素，环境规制对技术进步的正面影响也必将促进经济增长。马可尼（Marconi，2010）指出，制定环保税政策可以增加技术改进速度和缩短环境污染减轻的时间。[②] 张晓莹、张红凤（2014）研究发现，我国环境规制对技术进步的效应呈现先下降后上升的趋势，环境规制刺激下的技术进步主要通过技术引进方式实现。环境规制不仅显著促进了企业研发投入，而且加强环境规制有利于各地区工业技术进步。[③] 从技术创新层面来看，由于环境友好型技术创新正是企业保护环境防治污染的必然选择，企业进行环境友好型技术创新的目的之一便是提高生产效

[①] 张成、陆旸、郭路、于同申：《环境规制强度和生产技术进步》，《经济研究》2011年第2期。

[②] Marconi, D., *Trade, Technical Progress and the Environment: The Role of A Unilateral Green Tax on Consumption*, Bank of Italy Temi di Discussione (Working Paper), No.744, 2010.

[③] 张晓莹、张红凤：《环境规制对中国技术效率的影响机理研究》，《财经问题研究》2014年第5期。

率，实现环境保护（周灵，2014）。[①] 当前，我国经济呈现出新常态特征：从高速增长转为中高速增长，经济结构不断优化升级，从要素驱动、投资驱动转向创新驱动，在加大环境规制的同时，提升技术水平，必能促进我国经济增长。

第二节　我国环境保护与经济稳定增长的关系及影响

一、变量选择及数据来源

（一）计算环境保护的变量及数据来源

采用式（5.16）计算环境保护。由于环境保护涉及的层面比较广，如工业领域的废水、废气排放处理，城市生活垃圾处理，林业投资等。由于工业固体废物产生量和综合利用量的数据较为完整，因而采用这两个衡量指标来计算环境保护度。数据来源同上。此外，最大产生量是根据各指标 2003—2016 年的平均增长速度进行预测计算得到。

（二）计算经济稳定增长的变量、数据来源及指标处理

采用式（6.5）计算经济稳定增长。选择经济增长率、投资率、消费率和物价水平（CPI）这四个指标来分别计算各自领域的经济稳定增长程度，并基于熵值赋权法拟合经济稳定增长程度。1978—2016 年的全国数据、省区直辖市（不考虑西藏自治区的数据）数据均来自于国家统计局网站。

---

① 周灵：《环境规制对企业技术创新的影响机制研究——基于经济增长视角》，《财经理论与实践》2014 年第 3 期。

二、实证检验

（一）单位根检验

从全国数据各变量平稳性检验结果来看（见表 7.3），在 1% 的显著性水平下，我国环境保护与经济稳定增长指标的原始数据没有通过检验，而一阶差分数据都通过了检验，可见这两个指标均属于一阶平稳，具有一阶单位根过程。

表 7.3　全国数据各变量单位根检验结果

变量	ADF 值	1% 临界值	5% 临界值	10% 临界值	p 值	是否平稳
$SAFE_{environment}$	−1.2991	−2.6417	−1.9521	−1.6104	0.1748	非平稳
$\Delta SAFE_{environment}$	−3.6631***	−2.6443	−1.9525	−1.6102	0.0007	1% 平稳
$SAFE_{economy}$	−0.1766	−2.6327	−1.9507	−1.6110	0.6153	非平稳
$\Delta SAFE_{economy}$	−5.6002***	−2.6443	−1.9525	−1.6102	0.0000	1% 平稳

注：检验方程中均包含截距项和趋势项。***、** 和 * 分别表示通过 1%、5% 和 10% 的显著性水平检验。

在对东部、中部和西部地区变量的单位根检验中（表 7.4），采用 Levin, Lin & Chut* 和 Im, Pesaran and ShinW-stat 这两个统计量进行检验时，经过对数处理的原始数据都并未通过 5% 的显著性水平检验，而东部和西部地区变量的一阶差分都通过了 1% 的显著性水平检验，中部地区变量的一阶差分通过了 10% 的显著性水平检验。

表 7.4　东部、中部和西部地区变量的单位根检验结果

区域	变量	Levin, Lin & Chut*		Im, Pesaran and ShinW-stat		结论
东部	$SAFE_{environment}$	−0.2155	0.4147	1.5761	0.9425	非平稳
	$\Delta SAFE_{environment}$	−4.0175***	0.0000	−3.6337***	0.0000	1% 平稳
	$SAFE_{economy}$	0.2340	0.5925	−0.3934	0.3470	非平稳
	$\Delta SAFE_{economy}$	−4.6923***	0.0000	−3.2766***	0.0005	1% 平稳

续表

区域	变量	Levin, Lin & Chut*		Im, Pesaran and ShinW-stat		结论
中部	$SAFE_{environment}$	0.8472	0.8016	2.6454	0.9959	非平稳
	$\Delta SAFE_{environment}$	-1.3288^*	0.0920	-3.0306^{***}	0.0012	10% 平稳
	$SAFE_{economy}$	3.9819	1.0000	8.1148	0.9454	非平稳
	$\Delta SAFE_{economy}$	-5.7726^{***}	0.0000	-3.2411^{***}	0.0004	1% 平稳
西部	$SAFE_{environment}$	-1.4110^*	0.0791	1.4402	0.9251	非平稳
	$\Delta SAFE_{environment}$	-7.7743^{***}	0.0000	-4.9634^{***}	0.0000	1% 平稳
	$SAFE_{economy}$	-0.5221	0.3008	-0.9290	0.1764	非平稳
	$\Delta SAFE_{economy}$	-3.0960^{***}	0.0010	-2.9004^{***}	0.0019	1% 平稳

注：在检验中，考虑个体间差异。

（二）模型估计结果及分析：全国数据

以环境保护作为解释变量，经济稳定增长作为被解释变量进行估计，有：

$$SAFE_{economy}=0.7466+0.1017SAFE_{environment}+0.5484MA(1)-0.4096MA(2)$$

$$（0.0000）（0.0245）\qquad\qquad（0.0039）\quad（0.0235）\quad（7.7）$$

估计中，R^2=0.9233，D.W.=2.0208。从式（7.7）可以看出，环境保护每提高 1 个点，经济稳定增长将增加 0.1017，加强环境保护有利于促进经济稳定增长。改革开放以来，我国经济快速腾飞，但经济快速发展也付出了巨大的资源环境代价。从环境污染来看，我国水污染事故频发，如太湖、巢湖、滇池相继大规模爆发蓝藻，一些重要的饮用水源受到污染，严重影响群众的生产生活和社会稳定。从大气污染来看，我国冬天大范围的雾霾天气，已经成为当前我国大气污染问题的重要来源。为了追逐经济利益，以牺牲环境为代价的经济发展，从短期来看取得了经济利益，提高了财政收入，提高了人民的收入水准，但从长远来看却得不偿失。以环境污染为代价取得的经济发展，不仅造成了环境污染，而且损害了人民身体健康，降低了人民生活品质。污染者在使用环境资源时所聚集的财富，与修复治理其破坏环境所需成本相比，相差成百上千倍，代价十分巨大。因此，经济发展不能以牺牲环境为代价。

（三）模型估计结果及分析：东部地区

以环境保护作为解释变量，经济稳定增长作为被解释变量，估计得到：

$$SAFE_{economy}=0.9013+0.0001SAFE_{environment} \qquad （7.8）$$

$$（0.0000）（0.0000）$$

估计中，R^2=0.8189，D.W.=1.9801。从式（7.8）可以看出，东部地区环境保护每提高 1 个点，将使经济稳定增长增加 0.0001，但正效应较小。然而，当前东部地区工业、农业、人口数量众多产生的生活垃圾、生活污水等均高于其他地区。大气、污水、固废、化肥等排放均大幅提高而环保措施不到位将影响该地区经济稳定增长。

（四）模型估计结果及分析：中部地区

估计中部地区能源安全保障对经济稳定增长的作用，有：

$$SAFE_{economy}=0.8762-0.0050SAFE_{environment} \qquad （7.9）$$

$$（0.0000）（0.0427）$$

估计中，R^2=0.9281，D.W.=1.7430。从式（7.9）可以看出，中部地区环境保护每提高 1 个点，将使经济稳定增长降低 0.0050。众所周知，中部地区的山西、河南、安徽和江西等省区拥有我国最丰富的煤炭资源，中部地区的快速发展有助于提高我国能源安全保障能力。其中，山西是产煤大省，煤炭资源丰富，开采条件好，每年产量稳居全国第一。然而，山西能源开发和利用效果存在众多问题：以量扩张的开采方式造成了资源的极大浪费，科技含量不足，资源的高附加值较低，加上盲目扩张、无序竞争，造成经济效益较低，环境污染破坏严重，不利于经济的可持续发展。可见，对于中部地区而言，在能源保障充分的基础上，如何发挥环境保护对经济稳定增长的作用就至关重要。

（五）模型估计结果及分析：西部地区

估计西部地区能源安全保障对经济稳定增长的作用，有：

$$SAFE_{economy}=0.8733-0.0043SAFE_{environment} \qquad （7.10）$$

$$（0.0000）（0.0469）$$

估计中，R^2=0.8524，D.W.=2.1611。从式（7.10）可以看出，西部地区环境保护每提高 1 个点，将使经济稳定增长下降 0.0043，加强环境保护不利于实现经济稳定增长，但影响作用非常小。

总之，从全国和东部地区的实证结果来看，我国环境保护对经济稳定增长均具有正效应，但中部和西部地区的实证研究结果却相反。2015 年 9 月，国家环保部公布的一份由专家组经过长期调研形成的报告明确指出，环境保护的确会对经济产生负面影响，但这种影响体现在短期和小范围内。下面，进一步分析我国环境保护对经济稳定增长的影响机制。

三、影响机制

（一）通过淘汰落后产能影响经济稳定增长

为了保护环境，需要淘汰落后产能，而淘汰落后产能致使 GDP 减少。据估算，《大气污染防治行动计划》（2013）实施以来，淘汰落后产能使得 GDP 减少约 1148 亿元，占同期 GDP 的 0.03%。从短期来看，淘汰落后产能会影响一些地方经济的发展和稳定，对于地方政府而言，会减少其财政收入，造成一定的失业。另外，加强环境保护会导致企业成本增加。企业成本增加，会减少企业的利润。企业需要支付环保成本，降低环保成本需要采取适用减排技术，实现清洁生产，优化内部管理，而不是偷工减料，欺上瞒下，东躲西藏。总之，经济下行是淘汰落后产能的必要过程。[①]

（二）通过环境保护投资影响经济稳定增长

张悦（2016）指出，科技型企业积极开展废弃物污染治理、成立充实环保专项基金、据实承担环境税费，能带来经济利益与环境利益的双赢。[②]然而，环保投资主体是企业，增加环保投资就意味着相应地增加企业生产成本，短期看会降低企业竞争力，因此增加环境保护投资的主体只能是政府。然而，面对环境问题，当环境研发投入水平达到最大时，政府所征收的环境税完全激发了企业的内生治理动机，政府征收环境税和社会组织参与的共同作用可以使得社会福利提高（张同斌等，2017）。[③]我国《环境保护法》修改，一个重点就是强化政府环保责任，让地方政府来平衡经济发展和环境保护的关系。地方政府应当加大保护和改善环境、防治污染和其他公害的财政投入，提高财政资金的使用效益。同时，地方政府应加大环保投入力度，鼓励企业研发新的环保项目。

（三）通过严格执行环境标准影响经济稳定增长

环境标准的提升、法律法规的完善、监管执法的加强等环境行政

---

① 资料参见新华网，见 http://www.ccement.com/news/content/8580428771724.html。
② 张悦：《环境投资与经济绩效关系研究——基于科技型企业的经验证据》，《工业技术经济》2016 年第 1 期。
③ 张同斌、张琦、范庆泉：《政府环境规制下的企业治理动机与公众参与外部性研究》，《中国人口·资源与环境》2017 年第 2 期。

管制措施，从短期来看将增加企业的成本，从而会对地方经济增长、税收、就业等产生负面的影响。当环境标准和执行力度不变时，在经济发展初期过多的环保投入会挤占生产资源，阻碍经济增长，在经济发展到一定水平时，增加环保投入短期是有效的，但随着治污效果的递减，不得不增加更多的投入，从而挤占生产资源，不利于经济增长。当环境标准和执行力度可变时，过于严格的环境规制也可能在保护环境的同时阻碍经济增长（李璇，2015）。[1] 因此，需要从源头上不断提高环保标准及执行力度，促使企业创新和使用清洁技术，实现环境保护和经济发展"双赢"的局面（刘伟明，2014）。[2]

　　本章构建经济增长水平差异指标、环境规制强度差异指标以及双边贸易水平差异指标，利用1990—2016年中国与东盟六国的数据，实证研究了环境规制与双边贸易对我国经济增长的影响。研究发现，我国出口东盟以及加强环境规制确实有助于促进我国经济增长。但在我国出口东盟以及自身的环境保护中，仍然存在众多需要解决的问题。我国与东盟国家需要加强政治互信，加强基础设施建设合作，以及适度转型商品贸易间的竞争，向互补性转变。同时，需要提高环境保护意识，继续加大环境污染治理投资，从而更加有利于促进我国经济增长。

　　从全国和东部地区的实证结果来看，我国环境保护促进经济增长，但中部地区和西部地区的实证结果则得出相反结论。我国经济发展与环境保护之间主要存在着四重囚徒困境，经济政策和环境政策之间囚徒困境的脱困之道在于，让以追求经济增长为主要目标的经济学发展

---

[1] 李璇：《环境规制对经济增长的异质影响探究》，《岭南学刊》2015年第2期。
[2] 刘伟明：《环境污染的治理路径与可持续增长："末端治理"还是"源头控制"？》，《经济评论》2014年第6期。

观走下国家治理的神坛，而让公共管理学的发展观——在需求正义基础上以国民的需求保障为主要目标的发展观回归国家治理的正位（刘太刚，2016）。[①] 此外，地方政府与中央政府的不同利益诉求以及地方政府之间的竞争诱发加剧了区域性的环境利益冲突（张文彬、李国平，2014）。[②] 因此，加强环境保护需要从源头上不断提高环保标准及执行力度，才能促使企业创新和使用清洁技术，实现环境保护和经济发展"双赢"的局面。环境保护要抓住供给侧结构性改革的窗口机遇期，将改善生态环境质量纳入供给侧结构性改革的重要内容，将环境监管作为推进供给侧结构性改革的重要手段，通过全面深化改革提升环境治理体系和治理能力水平（任勇，2016）。[③]

[①] 刘太刚：《我国经济发展与环境保护的囚徒困境及脱困之道——兼论需求溢出理论的公共管理学发展观》，《天津行政学院学报》2016 年第 2 期。

[②] 张文彬、李国平：《环境保护与经济发展的利益冲突分析——基于各级政府博弈视角》，《中国经济问题》2014 年第 6 期。

[③] 任勇：《供给侧结构性改革中的环境保护若干战略问题》，《环境保护》2016 年第 16 期。

第八章　我国能源安全保障、环境保护与经济稳定增长的关系

当前，我国经济增长面临三大问题：一是能源消费增加导致需要加强能源安全保障。20 世纪 70 年代之后发生的数次能源危机，已给世界各国敲响了能源安全的警钟，能源安全问题已成为全球关注的焦点之一。能源安全是为保障对一国经济社会发展和国防至关重要的能源的可靠而合理的供应（王庆一，2012）。[①] 尽管"能源安全"是一个受多种因素交互作用而产生的复杂概念（丹尼尔·耶金，2012），[②] 但保障能源安全始终是能源领域中的重要目标。我国能源消费在快速增长，能源消费在一定程度上能够促进我国经济增长，尤其是当人均消费水平在门限值以内时，能源消费增长对经济增长具有显著的拉动作用（史亚东，2011）。[③] 然而，当前我国经济增长方式仍然十分粗放，经济增长以能源的高消耗为代价，能源消耗高、利用率低，能源安全保障不足。二是我国环境保护有待加强。随着能源消费总量不断上升，污染物产生量继续增加，经济增长的环境约束日趋强化，环境状况总体恶化的趋势尚未得到根本遏制，环境矛盾凸显，压力继续加大。三是保

---

① 王庆一：《中国能源效率评析》，《中国能源》2012 年第 8 期。

② 丹尼尔·耶金：《能源重塑世界》，朱玉犇、阎志敏译，石油工业出版社 2012 年版。

③ 史亚东：《能源消费对经济增长溢出效应的差异分析——以人均消费作为减排门限的实证检验》，《经济评论》2011 年第 6 期。

持经济稳定增长已经成为我国经济增长的必然选择。在 2008 年国际金融危机之后，由于国际经济形势仍然不够明朗，影响经济波动的因素较多，加上在欧盟经济增速放缓的影响下，我国经济增速出现同步下滑（王金明、高铁梅，2013），[①]经济新常态需要保持经济快速健康稳定增长。随着中国特色社会主义进入新时代，我国社会主义初期阶段的主要矛盾已经转为人民群众对美好生活的需要与不平衡不充分的发展之间的矛盾，追求美好生活已经成为时代的主旋律，保持经济高质量发展是实现这一目标的基础，因而更是需要保持经济稳定增长。

我国能源安全保障、环境保护与经济稳定增长三者之间具有怎样的关系？本章主要从两个方面进行探讨：一是基于改进的 CGE 模型探讨能源安全保障与环境保护对经济增长的影响；二是基于耦合协调模型研究能源安全保障、环境保护与经济稳定增长三者之间的关系。

第一节　影响分析：基于改进的 CGE 模型

一、相关研究

目前，学者们已经开始利用 CGE 模型研究能源、环境与经济增长的内在关系。我国能源经济 CGE 模型研究开始于 20 世纪 90 年代，研究领域主要聚焦在中国本土与国内区域，而在全球尺度上的模型研究尚处于起步阶段（齐天宇等，2016）。[②]张友国（2006）应用 CGE 模型

---

① 王金明、高铁梅：《欧盟经济波动对我国影响的计量研究》，《国际经贸探索》2013 年第 4 期。

② 齐天宇、张希良、何建坤：《全球能源经济可计算一般均衡模型研究综述》，《中国人口·资源与环境》2016 年第 8 期。

对我国电价波动与产业结构变化进行了实证研究，发现各行业产出对电价的交叉弹性系数虽然很小，但耗电越多的行业对电价变化的反映越敏感。[1]原鹏飞、吴吉林（2011）建立 CGE 模型开展研究，发现能源价格上涨虽然使得除进口外 GDP、出口、就业等下降，物价水平上涨，但却能够在一定程度上降低能源强度并优化产业结构。[2]刘亦文、胡宗义（2014）借助动态 CGE 模型，研究发现能源技术变动在短期和长期中对主要宏观经济变量、要素市场及节能减排都有较为明显的推动作用。[3]汤维祺等（2016）借助区域间 CGE 模型（IRD—CGE），发现相比于强度减排目标，建立碳市场不仅能够有效降低"污染天堂"效应，还能够提高中西部工业化转型地区的经济增长。[4]

二、基本假设

假设 1：资本和劳动投入是产出的重要要素；

假设 2：能源安全保障和环境保护是影响经济稳定增长的重要因素；

假设 3：劳动的价格为工资，资金的价格为实际利率，能源安全保障和环境保护二者也有价格，即表现为代价。

三、模型构建

从已有研究来看，能够将宏观经济和微观经济两个领域有效连接

---

① 张友国：《电价波动的产业结构效应——基于 CGE 模型的分析》，《华北电力大学学报（社会科学版）》2006 年第 4 期。

② 原鹏飞、吴吉林：《能源价格上涨情景下能源消费与经济波动的综合特征》，《统计研究》2011 年第 9 期。

③ 刘亦文、胡宗义：《能源技术变动对中国经济和能源环境的影响——基于一个动态可计算一般均衡模型的分析》，《中国软科学》2014 年第 4 期。

④ 汤维祺、吴力波、钱浩祺：《从"污染天堂"到绿色增长——区域间高耗能产业转移的调控机制研究》，《经济研究》2016 年第 6 期。

的模型为 CGE 模型（王鑫鑫等，2015）。[①] 借鉴约翰·贝吉因和大卫·罗兰·霍尔斯（John Beghin & David Roland-Holst，2005）CGE 模型，构建如下五个层次的生产网状结构：[②]

考虑里昂惕夫类型的不变替代弹性函数，厂商追求利润最大化，则第一层的要素投入有如下约束：

$$Y_i = \left[\alpha_i^{QT} \cdot QT_i^\rho + \beta_i^{KIL} \cdot NEKL_i^\rho \right]^{1/\rho} \tag{8.1}$$

$$\text{s.t.} \quad \min p_i^{QT} \cdot QT_i + p_i^{KIL} \cdot NEKL_i \tag{8.2}$$

其中，QT_i 为部门 i 其他要素投入量，$NEKL_i$ 为部门 i 能源安全环境保护资金劳动投入量，p_i^{QT} 为部门 i 其他要素投入的价格，p_i^{NEKL} 为部门 i 能源安全环境保护资金劳动投入量。

依据式（8.2）可以解出：

$$NEKL_i = \beta_i^{KIL} \left[\frac{p_i^{QT}}{p_i^{NRKL}} \right]^\sigma \cdot Y_i \tag{8.3}$$

其中，$\rho = \dfrac{\sigma-1}{\sigma}$，$\sigma$ 为其他要素投入对能源安全环境保护资金劳动投入的替代弹性，不难看出在第一层中有：

$$Y_i = f_1(NEKL_i) \tag{8.4}$$

在第二层，厂商为了追求成本最小化，其要素投入及预算约束为：

$$NEKL_i = (\alpha_i^L \cdot L_i^\rho + \beta_i^{NEK} \cdot NE_i^\rho)^{1/\rho}$$
$$\text{s.t.} \quad \min(\omega_i^L \cdot L_i + p_i^{NEK} \cdot NEK_i)^\rho \tag{8.5}$$

其中，ω_i^L 为部门 i 劳动投入的工资，p_i^{NEK} 为部门 i 投入能源安全、环境保护及资金组合的加权价格水平。

---

① 王鑫鑫、米松华、梁巧：《CGE 模型与微观模型连接方法——基于宏观冲击与微观效应整合分析框架的综述》，《经济理论与经济管理》2015 年第 2 期。

② Beghin, J., S. Dessus, D. Roland-Holst, *Trade and the Environment in General Equilibrium: Evidence from Developing Economies*, Kluwer Academic Publishers, 2005.

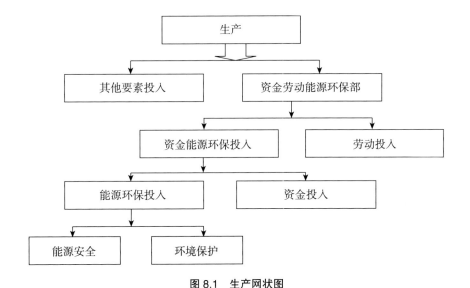

图 8.1 生产网状图

依据式（8.5）可以解出：

$$NEK_i = \beta_i^{NE} \left(\frac{p_i^{NEKL}}{p_i^{NEK}} \right)^{\sigma} \cdot NEKL_i \tag{8.6}$$

其中，σ 为劳动对能源安全、环境保护和资金的替代弹性。在第二层中有：

$$NEKL_i = f_2(NEK_i) \tag{8.7}$$

在第三层中同样引用里昂惕夫不变替代弹性函数有：

$$NEK_i = (\alpha_i^K \cdot K^{\rho} + \beta_i^I \cdot NE_i^{\rho})^{1/\rho}$$
$$\text{s.t.} \quad \min r_i^K \cdot K_i + p_i^{NE} \cdot NE_i \tag{8.8}$$

其中，r_i^K 为部门 i 面对的实际利率水平，p_i^{NE} 为部门 i 投入能源安全和环境保护的加权价格水平。

依据式（8.8）可以解出：

$$NE_i = \beta_i^{NE} \left(\frac{p_i^{NEK}}{p_i^{NE}} \right)^{\sigma} \cdot NEK_i \tag{8.9}$$

其中，σ 为资本对能源安全环境保护的替代弹性。在第三层中有：

$$NEK_i=f_3(NE_i) \tag{8.10}$$

从上述分析不难看出，Y 是 $NEKL$ 的函数，$NEKL$ 是 NEK 的函数，NEK 又是 NE 的函数，这意味着能源安全环境保护 NE 与部门生产活动 Y 之间存在一定的函数关系。于是可以构建经济稳定增长与能源安全、环境保护之间的函数关系：

$$SAFE_{economy}=\alpha_i+\beta_i \cdot SAFE_{energy}+\eta_i \cdot SAFE_{environment}+\mu_i \tag{8.11}$$

其中，$SAFE_{economy}$ 表示经济稳定增长程度，$SAFE_{energy}$ 表示能源安全度，$SAFE_{environment}$ 表示环境保护度。具体计算指标如前文。

四、数据来源

采用 1985—2016 年我国的年度数据进行实证。能源消费规模、能源生产规模、经济增长率、投资率、消费率、物价水平、一般工业固体废物产生量和一般工业固体废物综合利用量的历年数据均来源于历年的《中国统计年鉴》。其中，各指标的最大值、最小值和均值均是利用 1985—2016 年的数据计算得到。

五、实证分析

在计算得到各指标之后，估算式（8.11）得到如下结果：

$$SAFE_{economy}=1.3367SAFE_{energy}+0.5166SAFE_{environment}+0.6132MA(1) \tag{8.12}$$
$$(0.0000) \qquad\qquad (0.0007) \qquad\qquad\qquad (0.0028)$$

估计中，$R^2=0.4554$，D.W.$=1.7209$。可以看出，模型估计的整体效果不是很好，但从估计结果可以看出，加强能源安全保障与环境保护确实能够促进经济稳定增长。能源安全度每增加 1 个点，将使经济稳定增长增加 1.3367，保障能源安全对经济稳定增长具有非常明显的正效应。环境保护度每增加 1 个点，经济稳定增长将增加 0.5166。

第二节　协同分析：基于耦合协调模型

一、相关研究

目前，国内学者基于耦合协调度研究方法，对资源、生态环境与经济增长问题进行了研究。例如，胡曼菲、关伟（2010）研究表明，我国产业结构与资源环境的耦合协调度经历了一个先上升后下降的过程，整体处于较低层次。[①] 杨玉珍（2013）认为，实现生态、环境和经济系统的耦合与协调是应对资源约束、环境恶化等问题的重要路径。[②] 路正南、杨雪莲（2016）研究发现，我国东、中、西部及东北地区四大区域资源、环境、经济系统耦合度均呈缓慢上升态势，由颉颃型升级为磨合型；协调度共经历快速上升、剧烈振荡和反复不定三个阶段；各区域耦合度与协调度空间集聚效应较为显著。[③]

二、研究方法与指标体系

（一）耦合度模型

耦合是指两个或两个以上系统或者运动形式通过各种相互作用而彼此影响的现象，耦合程度通常采用耦合度来衡量。耦合度是对模块

---

① 胡曼菲、关伟：《基于产业结构视角的我国经济与环境耦合系统的演化分析》，《资源开发与市场》2010 年第 10 期。

② 杨玉珍：《我国生态、环境、经济系统耦合协调测度方法综述》，《科技管理研究》2013 年第 4 期。

③ 路正南、杨雪莲：《我国资源环境与经济增长时空耦合区域差异研究》，《统计与决策》2016 年第 21 期。

间关联程度的度量，同时也是描述系统或者要素相互影响程度的指标（董亚娟等，2013）。[1] 计算耦合度的具体步骤如下：

首先，确定效用函数。假定 X_{ij} （$j=1,2,\cdots,n$）表示第 i 个序列量的第 j 个指标，x_{ij} 为标准化后的效用函数值，即为变量 X_{ij} 对系统的效用贡献值，α_{ij} 和 β_{ij} 分别为系统稳定临界点序参量的上、下限值。于是：

$$x_{ij}=\begin{cases}(X_{ij}\text{-}\beta_{ij}) / (\alpha_{ij}\text{-}\beta_{ij}) & x_{ij}\text{具有正效用}\\ (\alpha_{ij}\text{-}X_{ij}) / (\alpha_{ij}\text{-}\beta_{ij}) & x_{ij}\text{具有负效用}\end{cases} \quad (8.13)$$

其次，计算系统内各序列量有序程度的"总贡献"。假定 $U_i(i=1,2,3)$ 是"能源安全保障—环境保护—经济稳定增长"系统序列量，通过加权计算得到：

$$U_i=\sum_{j=1}^{n}\omega_{ij}\cdot x_{ij} \quad (8.14)$$

其中，ω_{ij} 表示权重，有 $\sum_{j=1}^{n}\omega_{ij}=1$。

最后，计算耦合度。

$$C=\left\{(U_1\times U_2\times U_3) / [(U_1+U_2+U_2)^3]\right\}^{1/3} \quad (8.15)$$

其中，U_1、U_2 和 U_3 分别表示三个系统对总系统的贡献度；C 表示耦合度值，取值为 [0，1]，C 越大，则表明耦合程度越高。

（二）协调度模型

协调是指为实现系统总体演进的目标，各子系统或各元素之间相互协作、相互配合、相互促进所形成的一种良性循环态势（王维国，2000）。[2] 公式如下：

---

① 董亚娟、马耀锋、李振亭、高楠：《西安入境旅游流与城市旅游环境耦合协调关系研究》，《地域研究与开发》2013 年第 1 期。

② 王维国：《协调发展的理论和方法研究》，中国财政经济出版社 2000 年版。

$$T = \sqrt{aU_1 \times bU_2 \times cU_3} \qquad\qquad (8.16)$$

T 为综合协调指数，反映协同效应。a、b 和 c 均为待定系数，在实证中均取值为 0.33。

（三）耦合协调度模型

耦合作用与协调程度决定了系统在达到临界区域时走向何种序与结构，即决定了系统由无序走向有序的趋势（刘耀彬等，2005）。[①]计算公式如下：

$$D = \sqrt{C \times T} \qquad\qquad (8.17)$$

D 为耦合协调度；耦合协调度可以划分为四个阶段：$D \in (0,0.4]$，表示低度耦合协调；$D \in (0.4,0.5]$，表示中度耦合协调；$D \in (0.5,0.8]$，表示高度耦合协调；$D \in (0.8,1]$，表示极度耦合协调。

（四）权重的计算方法

利用熵估赋权法来计算式（8.14）中的权重。

三、实证结果

本节从全国角度和东、中、西部三大地区分别进行实证研究，为了保持数据区间的一致性，采用 2003—2016 年的数据开展研究，三个指标全国 30 个省、自治区和直辖市（不考虑西藏自治区的数据）2008年前的数据来源于《新中国六十年统计资料汇编》，其余数据来源于历年的《中国统计年鉴》。

依据上述研究方法，计算得到 2003—2016 年我国各地区平均的耦合协调度值（见表 8.1）。从耦合度来看，各省、自治区（直辖市）耦合

---

① 刘耀彬、李仁东、宋学锋：《中国城市化与生态环境耦合度分析》，《自然资源学报》2005年第 1 期。

度值均低于 0.5，处于颉颃阶段，意味着各省、自治区（直辖市）能源安全保障、环境保护与经济稳定增长系统本身仍然存在众多问题。从协调度来看，历年的协调度值也均低于 0.5，意味着各省、自治区（直辖市）能源安全保障、环境保护与经济稳定增长三者的协同效应不强。从耦合协调度来看，历年耦合协调度值均低于 0.4，表明各省、自治区（直辖市）能源安全保障、环境保护与经济增长系统仍然处于低度耦合协调阶段。

表 8.1　2003—2016 年我国能源安全保障、环境保护与经济稳定增长的耦合协调度

地区	耦合度 C	协调度 T	耦合协调度 D	耦合协调等级
北京	0.2133	0.0288	0.0781	低度耦合协调
天津	0.2147	0.0542	0.1074	低度耦合协调
河北	0.2216	0.0415	0.0931	低度耦合协调
辽宁	0.2379	0.0545	0.1127	低度耦合协调
上海	0.2053	0.0363	0.0855	低度耦合协调
江苏	0.2897	0.0604	0.1263	低度耦合协调
浙江	0.2336	0.0430	0.0987	低度耦合协调
福建	0.2158	0.0462	0.0994	低度耦合协调
山东	0.2531	0.0552	0.1178	低度耦合协调
广东	0.2228	0.0414	0.0943	低度耦合协调
海南	0.2456	0.0642	0.1250	低度耦合协调
山西	0.2516	0.0591	0.1216	低度耦合协调
吉林	0.2159	0.0446	0.0972	低度耦合协调
黑龙江	0.1865	0.0295	0.0734	低度耦合协调
安徽	0.2536	0.0663	0.1289	低度耦合协调
江西	0.2451	0.0498	0.1095	低度耦合协调
河南	0.2260	0.0499	0.1050	低度耦合协调
湖北	0.2310	0.0461	0.1010	低度耦合协调
湖南	0.2168	0.0463	0.0990	低度耦合协调

续表

地区	耦合度C	协调度T	耦合协调度D	耦合协调等级
内蒙古	0.1746	0.0208	0.0578	低度耦合协调
广西	0.2329	0.0460	0.1019	低度耦合协调
重庆	0.2521	0.0537	0.1156	低度耦合协调
四川	0.2414	0.0486	0.1073	低度耦合协调
贵州	0.2019	0.0299	0.0768	低度耦合协调
云南	0.2264	0.0424	0.0961	低度耦合协调
陕西	0.2542	0.0556	0.1185	低度耦合协调
甘肃	0.2323	0.0559	0.1129	低度耦合协调
青海	0.2113	0.0342	0.0841	低度耦合协调
宁夏	0.2341	0.0487	0.1065	低度耦合协调
新疆	0.2461	0.0530	0.1134	低度耦合协调

从三大地区的耦合协调度来看（见表8.2），三大地区历年耦合协调度值的平均值较低，耦合协调度值均低于0.4，意味着三大地区能源安全保障、环境保护与经济稳定增长之间的关系均处于低度耦合协调阶段。

表8.2 2003—2016年我国三大地区耦合协调度平均值

地区	东部	中部	西部	耦合协调等级
数值	0.1035	0.1045	0.0992	低度

总之，目前我国能源安全保障、环境保护与经济稳定增长三者之间处于低度耦合协调阶段，但有向中度耦合协调方向转变的趋势。我国要实现经济持续稳定增长，需要实现三者的耦合协调。为此，需要制定措施，进一步加强三者的耦合协调，提升协同效应。

本章主要从两个方面探讨了我国能源安全保障、环境保护与经济稳定增长之间的关系。基于改进的可计算一般均衡模型实证研究结果表明，加强能源安全保障与环境保护确实都能够促进经济稳定增长。基于耦合协调模型的实证研究结果表明，我国能源安全保障、环境保护与经济稳定增长三者之间处于低度耦合协调阶段，这就需要进一步加强三者之间的耦合协调，协同发展。

第九章　相关对策

2018 年 10 月国际货币基金组织预计，2019 年世界经济增速为
3.7%，与 2018 年持平。世界经济增长功能有所削弱，不确定性不稳定
性因素增多、下行风险加大。世界经济正面临五大不利因素：一是宏
观经济持续的不确定性；二是大宗商品价格走低和贸易流动减少；三
是汇率和资本流动波动性的上升；四是投资和生产率增长停滞；五是
金融市场和实体经济活动之间持续脱节。改革开放以来我国经济快速
增长，经济总量已从 1978 年的 3678.7 亿元增加到 2017 年的 827122 万
亿元，是 1978 年的 224.84 倍。然而改革开放初期，由于受到传统计划
经济体制影响，我国资源配置效率较低。如今在国际经济形势异常严
峻形势下，我国经济增速明显放缓，经济增长速度从 2011 年的 9.5%
下降至 2012 年的 7.7%，随后进一步下降到 2017 年的 6.9%。国内外经
济增长的严峻现实引发了政府对经济效率的思考，这在党的十八大报
告中提出的"全面深化经济体制改革是提高经济增长质量和效益的关
键"中早有体现。党的十九大报告更是提出"推动经济发展质量变革、
效率变革、动力变革"。可见，保持经济稳定增长已经成为在新形势下
要实现中华民族伟大复兴的重要任务之一，我国需要重视经济增长的
质量和效率，促进经济稳定增长，从而真正实现经济高质量发展。总
之，制定切实可行的政策优化措施，实现我国能源安全保障、环境保

护与经济稳定增长的良性互动，已经迫在眉睫。下面，本章主要从能源安全保障、环境保护和经济稳定增长三个层面出发，提出相应对策，促进三者的良性互动，实现三位一体共同发展。

第一节　保障能源安全为经济稳定增长夯实基础

一、建立健全能源政策，积极开发新能源

长期以来，我国能源管理法规体系不健全，能源铺张浪费严重，无法从制度上加以解决，成为制约我国经济增长的瓶颈。可再生能源是能源领域中的重要构成部分，但在可再生能源政策方面，我国尚未根据《可再生能源法》的要求实施可再生能源电力配额制，尚未出台可再生能源电力全额保障性收购管理办法，没有制定可再生能源并网运行和优先调度管理办法，以及可再生能源优先调度监管办法（朱明，2013）。[1] 因此，我国需要加快建立健全能源政策体系，从国家高度设计支持可再生能源发展的路线，推动可再生能源持续健康发展。

在 2009 年哥本哈根世界气候大会上，我国政府作出承诺：到 2020 年万元国内生产总值的二氧化碳排放量将比 2005 年减少 40%—45%。预计至 2050 年，我国新能源的比重将增至 30%（黄振中、谭柏平，2013）。[2] 2016 年 4 月，第十届中国新能源国际高峰论坛发布的《2016 全球新能源发展报告》显示，2015 年全球新能源仍然保持持续增长势头。从全球范围看，新能源项目融资占比达到 70%，新能源行业持续得到金融界、投资界关注。全球风电市场持续大幅度增长。其他新能

---

[1]　朱明：《加强政策引导、大力促进可再生能源健康发展》，中电新闻网，2013 年 12 月 26 日。
[2]　黄振中、谭柏平：《试论能源法的义务性规范》，《中国青年政治学院学报》2013 年第 1 期。

源方面，生物质能比 2014 年增长 77.8%，是比较引人注目的。在整个新能源领域，风电、光伏加风电在 2015 年表现比较突出。可见，积极开发新能源已经成为世界各国的共识。当前，我国正面临着迫切需要进行经济结构调整的重要时期，通过发展新能源并使其成为拉动并促进经济高质量发展的新引擎，已经成为我国当前及未来发展的关键选择和突破口。同时，通过积极开发新能源，降低对环境造成严重污染。在可再生能源政策的实施方面，我国可以实施激励政策，即根据我国国情进一步实施电价、补贴、税收等多项激励政策。继续优化新能源经济政策及外部环境，加大新能源研发力度，加大新能源行业监管力度，综合开发多种新能源（徐祎，2017），[①]真正发挥新能源消费的增长对我国经济增长的正向拉动作用。

二、控制能源消费规模，提高能源利用效率

现阶段，我国的基本国情、发展阶段和能源禀赋决定了经济发展对化石能源的依赖性仍较强。控制能源消费规模已经成为当前和今后我国能源工作的重要内容。党的十八大报告提出，"推动能源生产和消费革命，控制能源消费总量，加强节能降耗，支持节能低碳产业和新能源、可再生能源发展，确保国家能源安全。"党的十九大报告进一步提出，"要推进能源生产和消费革命，构建清洁低碳、安全高效的能源体系。"2013 年国务院印发的《能源发展"十二五"规划》，提出到 2020 年我国单位 GDP 二氧化碳排放要比 2005 年下降 40%—45%。由国家发展改革委、国家能源局于 2016 年 12 月 26 日印发并实施的《"十三五"能源规划》提出，到 2020 年把能源消费总量控制在 50 亿

---

① 　徐祎：《新能源消费与我国经济增长关系的实证研究》，《经济纵横》2017 年第 5 期。

吨标准煤以内,"十三五"期间单位 GDP 能耗下降 15% 以上,非化石能源消费比重提高到 15% 以上,天然气消费比重力争达到 10%,煤炭消费比重降低到 58% 以下。然而,从资源禀赋与经济发展水平来看,我国呈现出能源分布与现有生产力发展状况"错位",国内能源保障能力弱化的问题仍然突出。[①] 由于我国工业部门能源消费快速增加,能源消费规模占能源消费总量的比重达到 3/4 以上,是我国最重要的能耗产业,因此控制能源消费规模的重点是控制工业部门的能源消费。我国需要调整工业部门的内部结构,抑制盲目投资和低水平重复建设,加快淘汰落后生产能力,实行关停那些产能较低而污染严重的企业,从而降低能源消耗。

提高能源利用效率,是解决我国能源短缺的重要途径之一,也是我国能源发展战略中的重要内容。我国提高能源利用效率,努力做到以较低的经济和环境成本,最大限度地保障国家能源供需平衡,促进经济持续稳定快速发展。为了提高能源利用效率,一方面,我国需要积极调整产业结构。在现代经济发展早期,产出增长对能源依赖程度不高,能源效率相对较高;随着工业化进程的推进,经济对能源的依赖程度不断提高,能源效率将出现下降;当经济基本实现工业化后,能源效率又会出现大幅下降,并逐步趋于稳定。[②] 可见,产业结构变化会影响到能源效率。当前,我国正处于工业化与城市化的加速发展时期,重化工业在我国产业发展中占有重要地位,快速的经济社会发

---

① 张辛欣、谭喆、熊聪茹:《中国能源国际合作形势面临更多挑战》,新华网,2012 年 9 月 3 日。

② Humphrey, S.William & Stanislaw, Joe, "Economic Growth and Energy Consumption in the UK, 1700–1975", *Energy Policy*, Vol.7, No.1 (1979). Rosenberg, Nathan, "Historical Relations between Energy and Economic Growth", in Joy Dunkerley (Eds.), *International Energy Strategies*, Proceedings of the 1979 IAEE/RFF Conference, Chapter 7, Cambridge, MA: Oelgeschlager, Gunn & Hain, Publishers, Inc., 1980.

展对能源产生了巨大需求。我国需要降低重化工业能耗，调整和优化
产业结构，降低重化工业在国民经济中的比重，提升能耗较低的第三
产业产值。另一方面，我国需要提升能源使用的技术水平。廖茂林等
（2018）研究发现，能源偏向型技术进步对能源效率存在短期和长期的
正向影响。[①]技术进步对能源效率的影响不仅体现在能源应用技术方面，
而且体现在能源作为生产要素投入经济系统到产出的全过程之中。我
国需要增加研究与实验发展经费支出占 GDP 的比重，在传统能源加工
转换效率研发、新能源研发以及新能源技术应用领域等方面都要加强
研发投入，提升能源效率。

三、制定未来能源安全保障战略

我国能源安全度较低，能源安全面临着巨大风险。西奥多·威
廉·舒尔茨（Theodore W.Schultz，1964）就曾指出："能源是无可替代
的，现代生活完全是架构于能源之上，虽然能源可以像任何其他货物
一样买卖，但它并不只是一种货物而已，而是一切货物的先决条件，
是和空气、水、土同等重要的要素。"[②]可见，能源是我国经济社会发展
的重要物质基础，我国需要积极制定未来能源安全保障战略。

一方面，我国需要积极调整和优化能源结构。当前，我国的能源
安全状况明显改善，但与丹麦、瑞典等国民幸福感比较高的国家还有
比较大的差距（王浩、郭晓立，2018）。[③]我国需要实施以煤为主、多

---

① 廖茂林、任羽菲、张小溪：《能源偏向型技术进步的测算及对能源效率的影响研究——基
于制造业 27 个细分行业的实证考察》，《金融评论》2018 年第 2 期。

② 西奥多·舒尔茨：《改造传统农业》，商务印书馆 2006 年版。

③ 王浩、郭晓立：《国民福祉视角下中国能源安全问题研究》，《社会科学战线》2018 年第
2 期。

元发展的能源结构发展战略，继续提高天然气、水电以及核能和其他新能源在能源构成中的比重，努力调整、优化能源消费结构，推进煤炭资源整合，推广使用洁净煤技术和煤转化技术，以降低对煤炭的依赖，减少对环境的污染，减轻对运输的压力（熊敏瑞，2014）。[1]另一方面，需要采取多元化战略解决能源问题。长期以来，我国主要通过三大石油公司购买海外的油田和气田以保障能源安全。随着石油净进口量的快速增加，过高的石油对外依存度给我国能源安全带来诸多不确定性影响。为此，我国需要积极开展海外石油资源开发合作，获取石油份额，形成稳定的海外石油供应基地，并需要在能源独立与相互依赖两个战略导向中作出选择（李冰，2018）。[2]

四、主动开展能源国际合作

长期以来，我国积极利用政治、外交和经济杠杆等多种途径，获得长期的能源供给。然而，目前我国走向海洋的战略通道体系十分脆弱，其中南太平洋是我国从南美进口能源的重要路线，但南太平洋海上战略通道面临着许多现实威胁并受制于各种不确定因素（高文胜，2017）。[3]新能源安全观认为，任何一个国家或地区的能源安全都依赖于全球能源安全，保障能源安全的唯一出路是"合作安全"和"共赢安全"（江冰，2010）。[4]当前，我国能源供给明显不足，利用外部能源、保障能源供给是我国保障能源安全的必然选择。一方面，积极开

---

[1]　熊敏瑞：《论我国能源结构调整与能源法的应对策略》，《生态经济》2014 年第 3 期。

[2]　李冰：《国家石油对外依存下的战略选择：能源独立与相互依赖》，《当代亚太》2018 年第 2 期。

[3]　高文胜：《南太平洋能源战略通道的价值、面临的风险及中国的对策》，《世界地理研究》2017 年第 6 期。

[4]　江冰：《新形势下保障我国能源安全的战略选择》，《中国科学院院刊》2010 年第 2 期。

展能源国际合作，通过研究各国能源发展战略，积极主动参与国际能源事务，保障能源国际合作的安全。同时，需要不断加大能源合作新领域，积极开发利用可再生能源，如太阳能、风能、生物质能、地热能、海洋能等，从而积极参与国际激烈的能源竞争。另一方面，加强能源国际合作，需要扩大对外开放力度。对外开放通过多种途径影响我国能源效率的提升，尤其是当前制造业稳中有降的外贸依存度和稳中有升的外资依存度都对能源效率起到了积极作用（吕小明、康继军，2016）。[①] 我国可以通过"引进来"与"走出去"相结合的方式，积极加强与发达国家开展能源合作，借鉴其开发新能源的成功经验。同时，我国可以适度加大对高耗能行业尤其是钢铁、电力、化工等行业进行对外开放，通过引进发达国家的先进技术，保障我国能源安全。

第二节　加强环境保护为经济稳定增长的可持续提供发展条件

一、加强制定环保政策，减少污染排放

20 世纪中叶之后，发达国家就通过积极制定环保政策，加强环境保护。例如，1948 年美国颁布了水源污染控制法，1955 年颁布了空气污染控制法，1970 年颁布了净水法。美国环保政策基本上是一种经济发展政策，即强调以开发新技术和新产品来实现对环境的保护和经济的持续发展，并强调环保措施上的多样性、创新性和灵活性。我国需要加强环保政策制定，减少污染排放，实现环境保护与经济增长的协

---

① 吕小明、康继军：《中国制造业对外开放与能源效率的非线性关系研究》，《经济经纬》2016 年第 1 期。

调发展。在此，可以从如下几个方面入手：一是要确保环保政策的动态性，与时俱进。环保政策与经济发展一样，均是动态的，是不断发展变化的，因此在研究和制定政策时必须与时俱进。同时，在制定环保政策时需要全面考虑各种政策，并合理搭配，如技术政策、经济政策或行政管理政策的配合，实现环境保护的预期效果。二是需要建立和完善"美丽中国"建设的制度支撑，建立一整套生态补偿的法律机制，积极开发和推广资源节约、发展高新技术，推进企业节能减排，增强环保意识。三是要实行环境保护问责制，对政府相关部门和排污企业所出现的非严格监管造成的环境污染问题，需要严格处理，提高环境准入门槛，加强环境保护的管理和执法。基于环保政策，我国减少污染排放的重要领域在于工业废气和汽车尾气，解决这一问题，需要调整工业结构，减少高排放工业，改进技术，循环高效利用工业废气。此外，需要加强新能源的研发，大力开发和推广新能源，减少汽车尾气排放。通过严格落实责任制度，进一步完善环保法规体系和激励约束机制，建立和完善社会力量参与环境保护的工作机制，真正做到环境保护。四是建立经济增长与环境保护的协调机制。既要以多目标激励机制来约束地方政府的行为决策，又要通过产业自身转型升级来推进经济增长与环境保护协调发展（范丽红等，2015）。[①]

二、加强环境污染治理

近年来，我国不断加大环境污染治理投资规模，但环境污染治理投资总额占国内生产总值的比重仍然较低，且工业污染源治理投资相对比

---

　　　① 范丽红、李芸达、程呈：《财政分权视角下经济增长与环境保护协调发展研究》，《经济纵横》2015 年第 6 期。

较少，并且表现出一定程度的下降，其中 2010 年的治理投资就下降到397.0 亿元。因此，需要继续加大环境污染治理，尤其是工业污染源治理投资。那么，如何治理环境污染？萨缪尔森指出，以自愿的方式来解决在很大程度上是无效的，即有效的环境保护需要强制性手段来实现。

一方面，加强环境污染治理，需要改变传统的治理模式。改革开放以来，我国经济增长主要依靠要素投入和牺牲环境推动，单纯注重出口规模，忽视环境保护，大量外商直接投资的引入均集中于污染密集型产业，这种粗放型的经济增长方式导致工业污染量迅速上升。近年来，我国华北地区以及长江中下游地区出现的雾霾天气，表明我国环境问题日益严重。在世界环境绩效指数（Environmental Performance Index，EPI）的排名中，我国从 2008 年的 105 位下降到 2012 年的 116位。2018 年我国环境绩效指数则下降到第 120 位。在空气质量问题方面，我国更是因 PM2.5 综合评测等多个方面排在倒数第四名。[①] 可见，经济快速增长给环境带来巨大压力。传统粗放的发展模式难以为继，"高消耗、高排放、高污染"带来的资源破坏、生态恶化、环境污染等问题已成为制约我国经济社会协调发展的瓶颈（白春礼，2013）。[②] 根据《国务院关于印发"十二五"控制温室气体排放工作方案的通知》的要求，我国需要积极探索新型城镇化道路，加强低碳社会建设，倡导低碳生活方式，推动社区低碳化发展，更好治理环境污染问题。在《"十三五"控制温室气体排放工作方案》中进一步提出，需要"把低碳发展作为我国经济社会发展的重大战略和生态文明建设的重要途径，采取积极

---

① 参见美国耶鲁大学、哥伦比亚大学和世界经济论坛等机构联合发布的《2018 全球环境绩效指数》。

② 白春礼：《科技支撑我国生态文明建设的探索、实践与思考》，《中国科学院院刊》2013年第 2 期。

措施，有效控制温室气体排放。到 2020 年，单位国内生产总值二氧化碳排放比 2015 年下降 18%，碳排放总量得到有效控制"。因此，治理环境污染问题是一项综合性的系统工程，对于我国这样一个大国，必须杜绝"高投资、高消耗、高污染"的项目，发展"资源节约型、环境友好型"的持续产业，有效控制环境污染，实现环境保护与经济稳定增长的"双赢"。

另一方面，我国加强环境污染治理，离不开政府、环保等相关管理部门的职能以及居民环境保护意识的提升。政府需要改变将 GDP 考核作为唯一指标，而将环境保护作为重要的考核指标纳入 GDP 之中，即以绿色 GDP 为考核内容，坚持环境保护与经济增长并重；环保部门需要与相关科研机构在技术层面展开深层次合作，相互学习管理和经验处理，同时需要做好环保宣传工作，加大全民参与环保工作的宣传力度，鼓励民众参与环境保护工作；广大居民需要提高环保意识，重视环境保护、低碳生活，通过节水、节约、低碳出行、低碳购物等举措，共同履行保护环境的责任。

三、调整和优化产业结构，加大科技投入以改善环境

加强环境保护，需要调整和优化产业结构。党的十九大报告提出："坚持全民共治、源头防治，持续实施大气污染防治行动，打赢蓝天保卫战。"当经济结构由农业转向工业，环境恶化的趋势就会增加，而随着产业结构的优化与升级，以现代服务业为主导的产业结构将对环境保护起到有效的保护作用。通过优化产业结构，在一定程度上降低环境污染状况。

从具体实践来看，为治理大气污染、提升环境质量，2013 年 9 月

我国"大气十条"发布，打响了蓝天保卫战。2017年我国圆满实现"大气十条"目标，但大气污染依然严重，对人民群众生产生活造成较大影响。2018年全国环境保护工作会议提出，到2020年全国未达标城市PM2.5平均浓度要比2015年降低18%，地级及以上城市优良天数比例达到80%。为了实现这一目标，需要进一步调整和优化产业结构，大力发展现代农业和生态农业，遏制重污染行业盲目扩张的势头，减少污染排放，需要加快现代服务业发展步伐，营造服务业发展的良好环境，实现现代服务业与"新四化"相协调。此外，我国也需要加大环保科技投入，以科技手段改善环境。技术进步是生产工艺、中间投入品以及制造技能等方面的革新和改进。我国不能忽视技术尤其是清洁能源技术，加大科技投入，尤其是加大能源领域的科技投入，将清洁能源技术应用到能源开发和能源利用中，改变传统以煤炭消费为主要能源消费结构的模式，大力发展清洁能源和可再生能源，减少对环境的污染。

第三节　提升我国经济效率为经济稳定增长保驾护航

一、技术效率、配置效率与经济效率的关系

经济效率是在一定经济成本的基础上所能获得的经济收益，是经济研究的最根本问题之一。经济效率包含生产效率和资源配置效率两方面，也包含生产效率、动态效率和配置效率这三个维度（张小蒂、曾可昕，2014）。[①]技术效率与配置效率是经济效率的重要构成部分，其变动影响着经济效率。

---

① 张小蒂、曾可昕：《中国动态比较优势增进的可持续性研究——基于企业家资源拓展的视角》，《浙江大学学报（人文社会科学版）》2014年第4期。

（一）技术效率对经济效率的影响

技术效率是在生产技术不变、市场价格不变的条件下，按照既定的要素投入比例，生产一定量产品所需的最小成本占实际生产成本（投入水平）的百分比，是技术的生产效能所发挥的程度（计志英，2012）。[①] 那么，技术效率与经济效率二者之间具有怎样的关系？技术效率又对经济效率产生怎样的影响？

从经济层面来看，我国技术效率表现出和经济效率基本相同的区域分布状况，仍然是中西部明显落后于东部（陈纪平，2014）。[②] 从省份循环经济运行效率来看，再利用效率较高的省份主要分布在东南沿海，排放效率较低的省份集中在西南、西北地区，技术效率提高和技术水平提高在经济运行效率的提升中各占一半（吴力波、周泆，2015）。[③] 可见，技术效率与经济效率具有非常明显的同步性，经济发展水平高的地区经济效率高，其技术效率也就相对越高。

从产业层面来看，2013 年我国第三产业增加值占 GDP 的比重为46.1%，占比首次超过第二产业。2017 年我国第三产业增加值占 GDP 的比重更是高达 51.6%。然而，我国服务业主要为资本推动，技术效率总体水平偏低（殷凤、张云翼，2014）。[④] 究其原因，无论是与中等收入国家还是与发达国家相比，我国服务业增加值占 GDP 的比重明显偏低。我国服务业整体发展水平不高，服务业发展相对滞后的格局仍然

① 计志英：《基于随机前沿分析法的中国沿海区域经济效率评价》，《华东经济管理》2012年第 9 期。

② 陈纪平：《我国经济增长效率的空间特征分析：2000—2010》，《甘肃理论学刊》2014 年第 3 期。

③ 吴力波、周泆：《中国各省循环经济发展效率——基于动态 DEA 方法的研究》，《武汉大学学报（哲学社会科学版）》2015 年第 1 期。

④ 殷凤、张云翼：《中国服务业技术效率测度及影响因素研究》，《世界经济研究》2014 年第 2 期。

存在。在文化产业方面，我国文化产业三大子行业综合效率整体偏低，纯技术效率偏低是主要原因，文化制造业综合效率呈现"西低东高"的阶梯式分布，文化批零业和文化服务业则整体呈现"低集中—高分散"的空间分异特征（郭淑芬、郭金花，2017）。[①] 在水产养殖业中，我国海水养殖技术效率整体上仍有较大提升空间，且导致效率缺失的主要原因是规模无效，纯技术无效率的程度则相对较低（高晶晶等，2018）。[②] 可见，我国产业发展水平与技术效率二者之间也具有非常明显的正相关关系。因此，加快产业发展需要提升技术效率。

命题 1：技术效率与经济效率二者之间具有显著的正相关性，技术效率提升对经济效率提升具有显著正向影响。

（二）配置效率对经济效率的影响

配置效率是以投入要素的最佳组合来生产出"最优的"产品数量组合，通过优化资源的组合和有效配置，能够提高效率并增加产出。由于市场资源配置与经济发展目标二者的实现相辅相成，尤其是在市场经济条件下，区域经济发展目标的设定，需要依据其区域性要素禀赋条件，并实现各种要素配置效率水平不断提升的可持续发展（郝大江、黎映宸，2014）。[③]

从实证结果来看，配置效率与经济效率二者之间表现出明显的正相关性。钱雪亚、缪仁余（2014）研究发现，2003 年以来我国要素配

---

① 郭淑芬、郭金花：《中国文化产业的行业效率比较及省域差异研究》，《中国科技论坛》2017 年第 5 期。
② 高晶晶、史清华、卢昆：《中国海水养殖技术效率测评》，《农业技术经济》2018 年第 1 期。
③ 郝大江、黎映宸：《集聚效应、配置效率与区域经济增长——主体功能区建设的理论探索》，《河北经贸大学学报》2014 年第 4 期。

置效率呈负增长，是全要素生产率（Total Factor Productivity，TFP）增长率下降的最主要原因。[①] 当投资达到一定规模之后，资本配置效率的提高可以促进地区经济增长（彭镇华等，2018）。[②] 在工业领域，高铁开通促进了资本要素流动，优化了资本要素在企业间的配置状况，对资本密集型行业的企业资本要素配置优化作用更强（李欣泽等，2017）。[③] 在农业领域，若土地能够有效配置，平均而言样本期间我国农业部门的全要素生产率将提高 1.36 倍，农业劳动力占比将下降 16.42%，加总的劳动生产率将提高 1.88 倍（盖庆恩等，2017）。[④] 在金融业领域，金融资源配置效率每提升 1 个百分点，全要素生产率会提高 1.11 个百分点，并同时减少 0.64 个百分点经济增长率损失（赵强，2017）。[⑤] 在其他行业中，目前我国城市科技研发效率的空间聚集特征逐渐增强，高效率区域主要聚集在东部沿海地带（康海媛等，2018）。[⑥] 中西部省份的技能型人力资本配置效率低于东部省份，各省人力资本对经济增长均有显著推动作用（陈晓迅、夏海勇，2013）。[⑦] 通过改善人力资本配置效率，有利于全要素生产率的增长（纪雯雯、赖德胜，2015）。[⑧] 可见，

[①] 钱雪亚、缪仁余：《人力资本、要素价格与配置效率》，《统计研究》2014 年第 8 期。

[②] 彭镇华、廖进球、习明明：《资本配置效率、经济增长与空间溢出效应》，《证券市场导报》2018 年第 2 期。

[③] 李欣泽、纪小乐、周灵灵：《高铁能改善企业资源配置吗？——来自中国工业企业数据库和高铁地理数据的微观证据》，《经济评论》2017 年第 6 期。

[④] 盖庆恩、朱喜、程名望、史清华：《土地资源配置不当与劳动生产率》，《经济研究》2017 年第 5 期。

[⑤] 赵强：《金融资源配置扭曲对全要素生产率影响的实证分析》，《河南社会科学》2017 年第 12 期。

[⑥] 康海媛、孙焱林、李先玲：《中国城市科技研发效率的时空演变与影响因素》，《科学学与科学技术管理》2018 年第 4 期。

[⑦] 陈晓迅、夏海勇：《中国省际经济增长中的人力资本配置效率》，《人口与经济》2013 年第 6 期。

[⑧] 纪雯雯、赖德胜：《人力资本、配置效率及全要素生产率变化》，《经济与管理研究》2015 年第 6 期。

配置效率的高低与经济效率二者之间存在明显的正相关关系，经济发展水平高的地区或行业，经济效率较高，配置效率也较高。

命题 2：配置效率与经济效率二者之间具有显著的正相关性，配置效率对经济效率同样具有显著正向影响。

二、实证研究设计

（一）实证方法

自索洛（1956）提出新古典经济增长模型之后，国内外众多学者采用这一模型来研究经济增长问题。采用 C–D 生产函数形式，即：

$$Y_t = A K_t^\alpha L_t^\beta e^{-\tau} \tag{9.1}$$

其中，Y_t、K_t 和 L_t 分别表示产出、资本投入和劳动投入，t 表示时期，A 表示常数，$e^{-\tau}$ 表示技术效率。假定资本投入和劳动投入的价格分别为 w_K 和 w_L，成本函数也采用 C–D 函数类型：

$$C = B w_K^\phi w_L^\delta Y^\gamma e^\psi \tag{9.2}$$

其中，$B w_K^\phi w_L^\delta Y^\gamma$ 表示在投入要素的价格和产出水平给定的条件下，投入要素组合的最小成本。一般情况下，实际成本 C 会超过最小成本，将最小成本与实际成本的比值定义为成本效率或经济效率，有：

$$e^{-\psi} = B w_K^\phi w_L^\delta Y^\gamma / C \tag{9.3}$$

由于经济效率 = 技术效率 × 配置效率（Farrel M. J.，1957），[①] 有：

$$D = E/T = e^{-\psi}/e^{-\tau} = e^{\tau - \psi} \tag{9.4}$$

其中，E 表示经济效率，D 表示配置效率，T 表示技术效率。不考虑其他要素投入，则总成本为：

[①]　Farrel M. J., "The Measurement of Productivity Efficiency", *Journal of the Royal Statistical Society*, Vol.A, No.3 (1957).

$$C=w_K K_t + w_L L_t \tag{9.5}$$

构造拉格朗日函数，解出成本最小化问题：

$$F(K_t, L_t)=w_K K_t + w_L L_t + \lambda(Y_t - A K_t^\alpha L_t^\beta e^{-\tau}) \tag{9.6}$$

两边分别对变量 K_t 和 L_t 求偏导，并令导数等于 0，有：

$$\frac{\partial F}{\partial K_t} = w_K - \lambda A \alpha K_t^{\alpha-1} L_t^\beta e^{-\tau} = 0 \tag{9.7}$$

$$\frac{\partial F}{\partial L_t} = w_L - \lambda A \beta K_t^\alpha L_t^{\beta-1} e^{-\tau} = 0 \tag{9.8}$$

进一步整理得到：

$$w_K = \lambda A \alpha K_t^{\alpha-1} L_t^\beta e^{-\tau} \tag{9.9}$$

$$w_L = \lambda A \beta K_t^\alpha L_t^{\beta-1} e^{-\tau} \tag{9.10}$$

将式（9.9）和式（9.10）两边分别相比有：

$$w_L L_t = \frac{\beta}{\alpha} w_K K_t \tag{9.11}$$

由式（9.9）得：

$$K_t^\alpha = \frac{w_L}{\lambda A \beta e^{-\tau}} L^{1-\beta} \tag{9.12}$$

结合式（9.10）和式（9.11），得：

$$\lambda \beta = \frac{w_L L_t}{Y_t} = \frac{1}{Y_t} \frac{\beta}{\alpha} w_K K_t \tag{9.13}$$

将式（9.11）和式（9.13）均代入式（9.12）得：

$$w_K K_t = \left[\frac{\alpha}{\beta}\right]^{\frac{\beta}{\alpha+\beta}} \left[\frac{1}{A}\right]^{\frac{1}{\alpha+\beta}} w_K^{\frac{\alpha}{\alpha+\beta}} w_L^{\frac{\beta}{\alpha+\beta}} Y_t^{\frac{1}{\alpha+\beta}} e^{\frac{\tau}{\alpha+\beta}} \tag{9.14}$$

于是，成本函数可以进一步表示为：

$$C=w_K K_t + w_L L_t = \left[1+\frac{\beta}{\alpha}\right]\left[\frac{\alpha}{\beta}\right]^{\frac{\beta}{\alpha+\beta}} \left[\frac{1}{A}\right]^{\frac{1}{\alpha+\beta}} w_K^{\frac{\alpha}{\alpha+\beta}} w_L^{\frac{\beta}{\alpha+\beta}} Y^{\frac{1}{\alpha+\beta}} e^{\frac{\tau}{\alpha+\beta}} \tag{9.15}$$

在式（9.15）中，与技术无效相关的量为$e^{\frac{\tau}{\alpha+\beta}}$，根据式（9.3），经济效率为：

$$e^{-\psi}=e^{-\frac{\tau}{\alpha+\beta}} \qquad\qquad （9.16）$$

于是，配置效率为：

$$D = e^{\tau-\psi} = (e^{-\tau})^{\frac{1-\alpha-\beta}{\alpha+\beta}} \qquad\qquad （9.17）$$

（二）指标选择

1. 被解释变量——经济增长

当前，学者们在衡量经济增长这一指标时，主要采用总量指标和相对指标这两种形式。总量指标中，采用 GDP 来衡量一国经济增长；在相对指标中，采用人均 GDP 来衡量经济增长。结合上述研究方法，本章采用各省、自治区、直辖市的生产总值来表示经济增长。

2. 解释变量——资本和劳动

劳动是促进经济增长的重要投入要素，采用各省、自治区、直辖市历年的就业人数表示劳动投入。资本是促进经济增长的另一重要要素，当期资本投入是实现资本存量积累的重要途径。资本存量是现存的全部资本资源，用于反映现有生产经营规模和技术水平。

（三）数据来源

下面，利用 1978—2016 年 30 个省、自治区、直辖市（不考虑西藏自治区的数据）的面板数据进行实证。上述指标的原始数据均来自于历年各省、自治区、直辖市统计年鉴、经济年鉴及发展年鉴、国家统计局网站、《新中国五十五年统计资料汇编》及《新中国六十年统计资料汇编》。

三、我国经济效率的测算及地区比较

（一）单位根检验

对面板数据进行单位根检验，结果见表9.1。可以看出，在1%的显著性水平下，三个指标的原始数据均是不平稳的，而其对应的一阶差分均通过了1%的显著性水平检验，表明经济增长、资本投入和劳动投入这三个变量一阶平稳。

表 9.1　基于面板数据的变量单位根检验结果

变量	Im，Pesaran and Shin W-stat		ADF-Fisher Chi-square		结论
$\ln Y$	4.5312	1.0000	20.1360	1.0000	非平稳
$\Delta \ln Y$	−7.0514[***]	0.0000	159.490[***]	0.0000	1% 平稳
$\ln K$	19.9636	1.0000	0.6556	1.0000	非平稳
$\Delta \ln K$	−5.7870[***]	0.0000	125.977[***]	0.0000	1% 平稳
$\ln L$	2.4675	0.9932	42.8915	0.9534	非平稳
$\Delta \ln L$	−7.6597[***]	0.0000	177.897[***]	0.0000	1% 平稳

注：在对 $\ln Y$ 与 $\ln K$ 的检验中，考虑个体间差异；在对 $\ln L$ 的检验中，考虑个体间趋势和差异；***、** 和 * 分别表示通过 1%、5% 和 10% 的显著性水平检验。

（二）模型估计

对式（9.1）两边分别取对数，估计得到式（9.18）：

$$\ln Y = 12.9863 + 0.2234\ln K + 0.2983\ln L + 0.9896AR(1) \qquad (9.18)$$
$$(0.0000)\quad(0.0000)\quad(0.0001)\quad(0.0000)$$

其中，$R^2 = 0.9988$，D.W.=1.5613。可以看出，劳动投入和资本投入对我国经济增长具有正效应，资本投入每增加1%，将使经济总量增加0.2234%；劳动投入每增加1%，将使得经济总量增加0.2983%。我国固定资产投资逐年递增，已从1980年的910.9亿元增加到2017年的641238亿元，是1980年的703.96倍。行业投资份额变动对经济增

长具有显著的正效应（陈治，2018）。[1] 固定资产投资规模的大小，对国民经济和社会的发展具有决定性作用，仍然是我国经济增长行之有效的驱动力量。在工业领域，我国工业增长的动力机制已由效率与要素协同驱动型向资本投入主导驱动型转变。2003 年之后，资本投入对工业经济增长的贡献率由年均 34.07% 大幅提升到 89.28%（江飞涛等，2014）。[2] 可见，我国经济增长采取的是一个典型的投资驱动型模式，固定资产投资一直是拉动我国经济增长的重要动力，通过增加资本提升要素禀赋，实现产业升级目标。

（三）经济效率测算及地区比较

依据上述研究方法，计算得到我国历年的经济效率[3]（见图 9.1）。不难看出，改革开放以来我国经济效率较高，但表现出 1989 年之前的平稳波动、20 世纪 90 年代的剧烈波动以及 2000 年之后的先升后降三阶段特点。1989 年之前我国经济效率平均值达到 0.7631，低于 1979—2016 年的平均值。20 世纪 90 年代之后，随着我国加快经济发展步伐，经济效率在进一步提升，经济效率平均值达到 0.8243。这一阶段我国经济波动较大，经济效率并不稳定，尤其是在 90 年代初期。经济效率的巨大波动，与我国宏观经济政策有密切关系，而且也受到国际经济形势的影响。随着 1992 年我国进行社会主义市场经济体制改革，我国经济更加注重市场配置资源的功能，但随后发生的严重通货膨胀使得我国果断采取政策以实现经济软着陆，经济效率由此提升。1997 年爆发的东南亚金融危机，对我国经济增长造成了一定程度的影响。进入 2000 年之后，我国经济效率更为平稳，但随后发生的 2008 年国际金融

---

[1] 陈治：《中国固定资产投资跨期效应研究》，《宏观经济研究》2018 年第 4 期。
[2] 江飞涛、武鹏、李晓萍：《中国工业增长动力机制转换》，《中国工业经济》2014 年第 5 期。
[3] 依据模型估计得到各省区直辖市的经济效率，平均计算得到全国和三大地区的经济效率。

危机使得国际经济形势变得异常严峻，我国也受到了严重影响，经济增长速度在下降，经济效率也在下降。

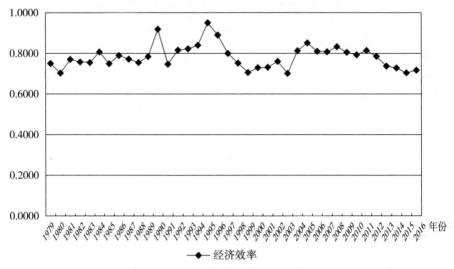

图 9.1　1979—2016 年我国经济效率波动

从主要年份全国及三大地区经济效率的比较来看（见表 9.2），三大地区的经济效率存在差异，东部地区的经济效率均高于全国平均水平，经济效率位列三大地区之首，西部地区的经济效率最低。[①]那么，为什么三大地区经济效率存在差距？由于经济效率提高的源泉在于微观技术效率、宏观经济运行效率和资源配置效率的提高，因此需要从技术效率与配置效率这两个层面进一步探究。

表 9.2　主要年份我国三大地区经济效率比较

年份 地区	1979	1980	1990	2000	2010	2011	2012	2013	2014	2015	2016
东部	0.8019	0.7798	0.9301	0.7995	0.8326	0.8474	0.8317	0.7993	0.7955	0.7840	0.7902
中部	0.7693	0.6734	0.8993	0.7165	0.8026	0.8218	0.7793	0.7246	0.7169	0.6975	0.7064

①　三大地区经济效率的计算过程略。

续表

年份 地区	1979	1980	1990	2000	2010	2011	2012	2013	2014	2015	2016
西部	0.6623	0.6266	0.9174	0.6525	0.7466	0.7824	0.7414	0.6812	0.6649	0.6199	0.6452
全国	0.7421	0.6952	0.9172	0.7235	0.7930	0.8167	0.7846	0.7361	0.7267	0.7008	0.7147

四、进一步分析

（一）技术效率对经济效率的影响

1. 微观技术效率

在微观层面，教育和企业内部治理结构改善会带动企业管理效率、技术利用效率及规模效率提升，进而提高经济整体的微观技术效率（吕冰洋、余丹林，2009）。[1]

在教育水平方面，通过教育和训练实现的人力资本存量的提高能有效地促进经济增长（舒尔茨，1960）。[2] 目前，国内众多学者在衡量人力资本水平时采用高等学校在校生人数这一指标。利用这一指标进行比较得到（见表 9.3），东部地区的江苏省从 2006 年至 2016 年每万人口高等学校平均本科在校生数均高于同期的山西和四川两省，山西每万人口高等学校平均本科在校生数又高于同期的四川，表明东部地区的教育发展水平最高，中部次之，西部最为落后，我国教育水平表现出明显地从东到西梯度递减的态势。从教育经费投入比重来看（见表 9.4），东部、中部和西部三个省份财政教育支出占一般预算支出的比重也表现出差异，结果依然是江苏最高、四川最低。2006—2016 年江苏这一指标的平均值为 17.85%，高于同期山西 17.35% 的平均值，更高

---

[1]　吕冰洋、余丹林：《中国梯度发展模式下经济效率的增进——基于空间视角的分析》，《中国社会科学》2009 年第 6 期。

[2]　Schultz, "Capital Formation by Education", *Journal of Political Economy*, Vol.68, No.6（1960）.

于四川 15.09% 的平均值。财政教育支出在不同地区的教育经费投入结构中比例存在差异，东部发达地区和西部落后地区教育发展水平不同，东部地区的教育发展水平更高。可见，社会文教支出增加促进了文化教育事业的发展，有助于提高我国的教育水平和劳动者素质，增加人力资本的积累，最终提高社会福利水平。

表 9.3　三省每万人口高等学校平均本科在校生数比较（人）

年份 省区	2006	2007	2008	2009	2010	2011	2012	2013	2014	2015	2016
江苏	92.73	101.37	109.28	114.78	119.98	122.56	124.32	126.06	86.18	129.45	133.64
山西	64.52	69.07	73.63	78.77	81.87	89.66	97.96	107.62	79.85	123.35	128.81
四川	59.24	63.10	68.32	72.53	79.95	84.91	88.41	90.72	71.16	95.52	99.37

注：原始数据来源于历年的《中国统计年鉴》，根据原始数据计算得到。

表 9.4　三省地方财政教育支出占一般预算支出的比重（%）

年份 省区	2006	2007	2008	2009	2010	2011	2012	2013	2014	2015	2016	平均
江苏	14.81	19.30	18.25	16.94	17.61	17.57	19.22	18.40	17.76	18.02	18.46	17.85
山西	13.20	17.26	17.87	17.81	17.01	17.84	20.22	17.90	16.44	17.61	17.70	17.35
四川	13.50	16.65	12.52	12.57	12.70	14.65	18.22	16.66	15.55	16.70	16.25	15.09

注：原始数据来源于历年各省区的统计年鉴，根据原始数据计算得到。

　　内部治理结构的优化有助于技术创新，是有效支持和优化经济增长的重要关键点。从地区层面来看，技术创新对经济增长的影响受到地区层面治理环境的影响，治理环境是影响技术创新的重要制度因素（党印、鲁桐，2014）。[①] 然而，由于地区经济发展水平不同，地方政府干预当地国有企业投资的行为也不同。由于地区城镇化率越低，当地

---

① 党印、鲁桐：《公司治理、技术创新与经济增长：地区层面的差异》，《制度经济学研究》2014 年第 1 期。

国有企业过度投资问题就越严重（章卫东、赵琪，2014），[①]因而投资效率也就越低。南开大学发布的 2017 年"中国公司治理指数"显示：中国上市公司治理水平在 2003—2017 年总体上不断提高，经历了 2009 年的回调之后，趋于逐年上升态势，并在 2017 年达到新高 62.67。不同地区治理水平存在一定差异，广东省、河南省、江苏省、浙江省、北京市、湖南省、河北省、安徽省和山东省等地区指数平均值较高；而黑龙江省、海南省、青海省、宁夏和山西省指数平均值均在 61 以下。可见，公司治理质量与地区经济发展水平具有一定的相关性。公司治理的改善通过影响股东以及经理层之间的利益分配，从而改变经理层风险偏好，这有利于经理层加大技术创新的投入，直接促进地区技术创新资本存量的积累，最终作用于该地区的经济发展（叶德珠等，2014）。[②]我国公司治理水平存在明显的地区差异，并呈现出从东部到西部梯度递减的特征，这影响了技术效率的提升。

2. 宏观经济运行效率

从宏观层面来看，政府支出的正外部性有助于提高宏观经济运行效率。从 2007 年以来我国财政支出状况来看（见表 9.5），我国财政支出规模从 2007 年的 49781.35 亿元增加到 2016 年的 187755.21 亿元，财政支出在不断增加。同期，财政支出占 GDP 的比重也从 2007 年的 18.42% 增加到 2016 年的 25.23%。尽管从地区来看，政府财政支出带来的正外部性作用促进了长三角经济圈的服务业技术效率，提升了服

---

① 章卫东、赵琪：《地方政府干预下国有企业过度投资问题研究——基于地方政府公共治理目标视角》，《中国软科学》2014 年第 6 期。

② 叶德珠、张泽君、胡婧：《公司治理与技术创新关系的实证研究——基于中国省级区域面板数据》，《产经评论》2014 年第 5 期。

务业的劳动生产率（李寒娜，2014），[①]但西部地区财政支出对相邻地区全要素生产率具有较高的正向溢出影响（曾淑婉，2013），[②]这不利于西部地区的发展。从财政支出的类型来看，我国教育支出等非生产性支出的比重较低，而基本建设支出等生产性支出的比重却较高。尽管地方政府非生产性支出对收入分配有正面影响，能够缩小收入分配差距（孙正，2014）。[③]但政府生产性支出的弹性系数正在变小，其对我国宏观经济的影响正在逐渐消失（范庆泉、张同斌，2014）。[④]因此，政府财政支出的正外部性越来越小，这不利于我国宏观经济运行效率的提升。

表 9.5　我国财政支出及占 GDP 的比重

年份 项目	2007	2009	2011	2012	2013	2014	2015	2016
GDP （亿元）	270232.3	349081.4	489300.6	540367.4	595244.4	643974.0	689052.1	744127.2
财政支出 （亿元）	49781.35	76299.93	109247.79	125952.97	140212.10	151785.56	175877.77	187755.21
财政支出／ GDP（%）	18.42	21.86	22.33	23.31	23.56	23.57	25.52	25.23

注：绝对数据来自国家统计局网站，从而计算得到比例数据。

---

① 李寒娜：《政府财政支出对服务业技术效率提升的影响——基于长三角的实证研究》，《科技进步与对策》2014 年第 17 期。
② 曾淑婉：《财政支出对全要素生产率的空间溢出效应研究——基于中国省际数据的静态与动态空间计量分析》，《财经理论与实践》2013 年第 1 期。
③ 孙正：《地方政府财政支出结构与规模对收入分配及经济增长的影响》，《财经科学》2014 年第 7 期。
④ 范庆泉、张同斌：《财政支出、经济外部性与政府双重角色转换——基于 DSGE 模型的理论分析和实证研究》，《技术经济》2014 年第 10 期。

（二）配置效率对经济效率的影响

配置效率包含劳动力配置效率和资本配置效率两个方面，因而配置效率高低决定于劳动力配置效率和资本配置效率的高低，进而影响经济效率的高低。

1. 劳动力配置效率

从产业转移的角度来看，2005年之前我国典型劳动密集型产业向东部集聚趋势明显，而在2005年之后典型劳动密集型产业从东部向中部、西部和东北地区扩散（陈景新、王云峰，2014）。[①]目前，中西部地区仍存在较大规模的剩余劳动力，中西部地区在承接产业转移过程中，将劳动密集型产业集群作为承接产业转移的主要对象（杨国才、李齐，2016）。[②]可见，劳动力已成为产业转移过程中必须考虑的重要因素，产业转移过程本身就是一种空间资源配置，使得在不发生劳动力区域流动下实现当地劳动力资源最优配置。然而，我国劳动力成本在加速上升，劳动力成本上升速度开始超过劳动生产率提高速度，劳动力成本优势在日趋收窄（耿德伟，2013）。[③]劳动力在保障劳动密集型产业发展必需的人力投入时也带来了成本上升，这影响了劳动力配置效率。

2. 资本配置效率

在现代经济中，资本配置是整个资源配置的核心，资本配置效率对经济增长具有重要影响，直接影响总产出。改革开放以来，我国三大地区固定资产投资比重发生了明显变化。东部地区固定资产投资所

---

① 陈景新、王云峰：《劳动密集型产业集聚与扩散的时空分析》，《统计研究》2014年第2期。
② 杨国才、李齐：《中西部承接产业转移的结构变迁效应与产城融合路径》，《江西社会科学》2016年第3期。
③ 耿德伟：《劳动力成本上升对我国竞争力的影响分析》，《发展研究》2013年第4期。

占比重超过 50% 以上，所占比重远高于中部和西部地区（见图 9.2）。然而，在 2001—2016 年，东部、中部和西部地区固定资产投资平均增速分别为 28.14%、38.80% 和 37.34%，中部和西部固定资产投资增速高于东部。投资的高速增长导致中西部地区资本—劳动比率超过东部地区，这与中西部地区的资源禀赋结构和比较优势不相符合，从而降低了资源配置效率。从行业来看，目前我国各行业均存在不同程度的劳动力和资本错配，要素拥挤与稀缺现象并存，且资本错配程度较深（姚毓春等，2014）。[①] 资本错配引发资源配置效率损失会导致全要素生产率下降，同时使得实际产出与潜在产出形成较大缺口，实际产出仅占潜在产出的 70%—89%（王林辉、袁礼，2014），[②] 经济效率在下降。可见，作为要素配置效率中的资本配置效率是影响我国经济增长质量的关键因素，也是产出效率增长的主要来源。

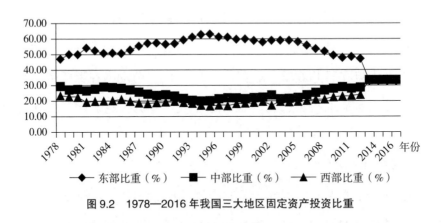

图 9.2　1978—2016 年我国三大地区固定资产投资比重

总之，改革开放以来我国经济效率较高，并表现出比较明显的三阶段变动特点。东部、中部和西部三大地区的经济效率存在差异，东

---

　　① 姚毓春、袁礼、董直庆：《劳动力与资本错配效应：来自十九个行业的经验证据》，《经济学动态》2014 年第 6 期。

　　② 王林辉、袁礼：《资本错配会诱发全要素生产率损失吗》，《统计研究》2014 年第 8 期。

部地区的经济效率均高于全国平均水平，也基本上高于同期的中部和西部地区的水平。无论是从微观技术效率层面还是从宏观经济运行效率层面来看，地区技术效率存在差异并影响经济效率；而在配置效率中，三大地区的劳动力配置效率和资本配置效率均存在差异。近年来我国经济效率表现出一定程度的下降，要提升经济效率，需要从技术效率与配置效率两个层面入手。

五、提升我国经济效率之路径

（一）加强科技投入，提升技术水平和技术效率

科学技术是第一生产力，是社会经济发展的根本源泉。近年来我国 R&D 经费支出在快速增加，在"十二五"期间支出金额从 2011 年的 1306.7 亿元增加到 2015 年的 2136.5 亿元。2017 年我国研发经费总投入 1.75 万亿元，居世界第二。我国已经越来越注重科技投入总量和科技资源投入结构，企业资金投入所占比重保持稳定，占 R&D 经费支出的绝对主体（见表 9.6）。企业科技投入离不开政府宏观政策指导，政府需要发挥在推动科技创新方面的关键性作用。对于区域新技术产业，政府需要予以相应的资金扶持和政策倾斜，通过拨款和补助来鼓励大学和研发机构的创新行为，提高区域创新产出水平（王鹏、宋德斌，2014）。[1] 在融资方面，需要进一步发挥金融融资对高科技产业和工业企业科技活动经费融资的支持作用，并成为我国科技成果转化资金来源的主渠道。企业需要加强自主创新能力，充分发挥企业创新主体作用，着力培育创新型企业，提高生产经营效率，让同样多的资源发挥出更大的经济效益。

---

[1] 王鹏、宋德斌：《结构优化、技术创新与区域经济效率》，《商业研究》2014 年第 9 期。

表 9.6　主要年份我国 R&D 经费支出资金来源所占比重

单位：%

资金来源 \ 年份	2012	2013	2014	2015	2016
政府资金	21.57	21.11	20.25	21.26	20.03
企业资金	74.04	74.60	75.42	74.73	76.06
其他资金	4.39	4.29	4.33	4.01	3.91

注：原始数据来源于《2016 中国统计年鉴》，根据原始数据计算得到。

（二）提高资源配置效率

在劳动力配置方面，早在 1876 年，恩格斯在《反杜林论》中就已经科学地预见到劳动力合理流动是社会主义的客观经济规律。新中国成立之后，我国对于农村劳动力流动的政策经历了几度变迁：允许农民自由流动、严格控制农民流动、引导农民就地转移、支持农民工异地流动、引导农民工市民化等。劳动力流动需要有利于劳动力资源的合理配置，建立和完善劳动力合理流动机制，是实现我国劳动力资源合理配置，培育和发展统一、开放、竞争、有序的劳动力市场的关键。然而，流动人口中大约有四成未能实现与家庭团聚，他们大多来自农村，跨越省界，缺乏城镇职工养老保险，因而需要实现"从流动到留住"的转变，为流入地积累人力资源，保障可持续性发展（杨菊华，2015）。[①] 在资本配置效率方面，由于我国投资增长更多的是政府以非市场化的形式推动，这不利于资本配置效率的优化。我国需要改变现有以 GDP 导向的政府政绩考核方式，构建全国统一的大市场实现资本在不同行业、不同区域间的全方位流动。由于区域发展的结果取决于所拥有的各种要素资源禀赋，我国也需要提高投资效率尤其是地方政

① 杨菊华：《人口流动与居住分离：经济理性抑或制度制约？》，《人口学刊》2015 年第 1 期。

府的投资效率，加大教育科技投资等基础建设投资。同时，统筹第一、第二、第三产业协调发展，进一步打造现代产业体系，促进产业结构优化升级，提高经济增长效率和质量。

第四节 深化供给侧结构性改革为经济稳定增长添砖加瓦

一、充分认识深化供给侧结构性改革的重要性

2016 年 1 月 26 日中央财经领导小组第十二次会议指出，供给侧结构性改革的根本目的是提高社会生产力水平，落实好以人民为中心的发展思想。2017 年 10 月 18 日党的十九大报告进一步指出，需要深化供给侧结构性改革。"把提高供给体系质量作为主攻方向，显著增强我国经济质量优势。"供给侧结构性改革，就是从提高供给质量出发，用改革的办法推进结构调整，矫正要素配置扭曲，扩大有效供给，提高供给结构对需求变化的适应性和灵活性，提高全要素生产率，更好满足广大人民群众的需要，促进经济社会持续健康发展。因此，需要充分认识供给侧结构性改革的重大意义。

从国家层面来看，深化供给侧结构性改革是我国未来经济长远发展的重大战略部署。在今后很长一段时间，深化供给侧结构性改革是我国经济发展的主线，是党中央深刻把握经济发展大势作出的战略部署，也是适应和引领经济发展新常态的重大创新。从市场层面来看，深化供给侧结构性改革，是实现市场在资源配置中起决定性作用的重大举措。供给侧结构性改革的关键是要解决生产要素的合理配置问题，通过国有企业改革、价格的市场化改革以及政府自身改革，让市场在

资源配置中起决定性作用（马建堂，2016）。[①]

二、深化供给侧结构性改革，形成有效供给

供给侧结构性改革是从供给侧入手，针对结构性问题而推进的改革，旨在调整经济结构，使要素实现最优配置，提升经济增长的质量和数量。供给侧结构性改革涉及两个基本问题：一是生产要素投入问题。生产要素投入主要包含劳动力、土地、资本、制度创造、创新等要素。二是全要素生产率提高问题。全要素生产率提高的关键取决于"发展的三大发动机"：制度变革、结构优化和要素升级。因此，深化供给侧结构性改革，形成有效供给，重点需要从这三个方面入手。

（一）进行制度变革，形成有效的制度供给

有效供给的关键之一在于进行制度变革，形成有效的制度供给。有效的制度供给旨在通过承前启后、继往开来、攻坚克难的改革，解决有效制度问题。那么，如何进行制度变革，形成有效的制度供给？一是需要进行制度创新。供给侧结构性改革的关键是制度创新的具体实践，其与法治国家建设具有紧密的正相关（莫良元，2018），[②]加快体制机制改革，使供给侧结构性改革达到预期目标。为此，政府要从具体干预企业的现状转向为企业和市场提供高质量的制度供给，以制度创新为核心进行职能改革，调整管理方式和提高调控能力（刘志彪，2017）。[③]政府也需要从存量和增量两个方面入手，通过制度创新实现

---

①　参见《供给侧结构性改革，要使市场在资源配置中起决定性作用》，新华网，见 http://www.xinhuanet.com，2016 年 3 月 9 日。

②　莫良元：《供给侧结构性改革的法治保障研究》，《南京社会科学》2018 年第 1 期。

③　刘志彪：《政府的制度供给和创新：供给侧结构性改革的关键》，《学习与探索》2017 年第 2 期。

短期与中长期的协调发展，增加有效制度供给。二是要形成有效的规划供给。众所周知，计划和市场都是资源配置的手段，但市场在资源配置中起决定性作用。[①] 为了更好地发挥政府作用，需要形成有效的规划供给。自 1999 年之后我国先后实施了西部大开发战略、东北振兴战略、中部崛起战略、东北率先发展战略等重大区域发展战略，但仍然未能从根本上缓解和缩小区域发展之间的差距。究其原因，我国区域协调发展制度不完善，没有形成有效的制度约束和保障。我国需要通过有效的制度供给，建立和完善区域间协同发展机制，缩小区域发展差距。此外，在城市发展中，有效的规划供给有着无限的创新空间，这也是发挥政府作用体现政府规划能力高低的关键领域。政府需要根据城市发展的不同阶段，结合不同时期的需求，合理规划城市新空间以及存量空间。三是要形成有效的政策供给。美国政策学者艾利森曾指出："在实现政策目标的过程中，方案确定的功能只占 10%，而其余的 90% 取决于有效的执行。"公共政策是公共权力机关经由政治过程所选择和制定的为解决公共问题、达成公共目标、以实现公共利益的方案。中央和地方各级政府拥有公共权力在手，是各种公共政策的制定者，政府制定的公共政策水平如何，是否有效和合理，都会影响着一个国家长远的发展。我国需要推进"多规合一"，需要合理构建中央与地方的关系，加强政府和市场对话，充分回应民众利益诉求（林坚、乔治洋，2017）。[②]

（二）进行经济结构变革，形成有效的结构供给

经济结构是一个由众多系统构成的多层次、多因素的复合体。自党的十八大之后，"调结构、稳增长、促改革"已经成为我国经济发展

---

① 党的十八届三中全会审议通过的《中共中央关于全面深化改革若干重大问题的决定》提出的重大理论观点。

② 林坚、乔治洋：《博弈论视角下市县级"多规合一"研究》，《中国土地科学》2017 年第 5 期。

的重要内容和经济运行中的必然选择。我国经济发展过程中仍然存在结构性问题，因此需要以供给侧结构性改革为契机，运用法律、经济及必要的行政手段，改变经济结构状况，使我国经济结构更加合理化。

我国需要进一步调整和优化三次产业结构。目前，我国的产业结构仍然不够合理，需要优化第一产业，做强第二产业，做大第三产业，加快产业结构优化，打造符合我国经济发展的优化结构。一是需要积极推动现代农业发展。现代农业发展是第一产业发展的主导方向，是应用现代科学技术、现代工业提供的生产资料和科学管理方法的社会化农业。我国需要转变第一产业发展方式，加快传统农业向现代农业转变，以发展现代特色农业为突破口，依靠科技进步推进现代农业全面发展，即结合自然生态有利条件充分发展生态农业、休闲农业等新型农业。二是需要进一步培育和打造现代产业体系。我国是工业化大国，却仍与工业化强国存在不小的差距。推动我国工业化发展，需要加快发展战略性新兴产业，以此为契机调整产业结构，提高产业竞争力，实现跨越式发展。其中，不能忽视技术创新，尤其是加快突破关键技术和核心技术，以高科技推动产业体系打造。在供给侧结构性改革之下，我国需要立足自身的产业特色和比较优势，积极参与国际产能和装备制造合作，不断拓展第二产业发展新空间，开创对外开放新局面，打造经济增长新动力。三是需要加快发展现代服务业。现代服务业是现代通信、信息技术与现代经营管理方式相结合的产物。衡量现代服务业发展的指标有两个，一是动态指标即服务业增加值的增长速度，反映服务业发展的快慢；二是静态指标即服务业占 GDP 的比重，反映的是服务业在国民经济中的地位。我国加快发展现代服务业，需要充分利用信息技术和高科技手段，对传统服务业改造升级，通过各种途径，加快发展生产性服务业、生活性服务业和公共服务业，大力发展现代物流业、金融服务业和信息服务业，做大做强旅游业，全面加快发展现代服务业。

我国需要进一步调整和优化消费、投资和出口结构。一是需要调整和优化消费结构。调整产业结构的基础在于调整消费结构，随着居民生活收入水平的提高，消费结构也在不断升级，并带动产业结构调整与优化。为此，需要继续出台并实施扩大消费的政策措施，提高城乡居民消费能力，实现城乡居民消费结构升级。调整产业结构的方向和重点则是以高新技术产业为驱动力，推进传统服务业转型和现代服务业发展，并将发展新型工业化有机结合，从而带动产业结构的优化升级。二是需要调整和优化投资结构。长期以来，依靠投资力量拉动我国经济增长已经成为不争的事实。投资对经济增长的影响不仅通过要素投入带动经济增长，通过投资带动经济结构的调整以推动经济增长，而且通过投资促使资本存量的增加和技术进步带动经济增长。此外，民间投资对经济增长具有显著的促进作用（崔宏凯、魏晓，2018）。[①] 由于近年来我国投资对经济增长的边际效应在锐减，因而需要注重投资质量，优化投资结构，提高投资效率。在此，需要以发展战略性新兴产业[②]为核心，降低高能耗、高污染以及高产能过剩行业的投资，加强薄弱环节的行业投资，积极推进粗放型增长向集约型增长方式的转变。三是需要调整和优化出口结构。改革开放以来我国

---

① 崔宏凯、魏晓：《民间投资、产业结构与经济增长——基于我国省级动态面板数据的实证分析》，《经济问题》2018 年第 1 期。

② 《"十二五"国家战略性新兴产业发展规划》指出了我国七大重点发展的战略性新兴产业：节能环保产业、新一代信息技术产业、生物产业、高端装备制造产业、新能源产业、新材料产业和新能源汽车产业。

对外贸易快速增长，通过对外贸易拉动经济增长的作用日益增强。然而，在我国八大经济区中，东部沿海区域和南部沿海区域由于区位优势，其出口结构整体优化度相对较高，而东北区域则最低（唐志鹏等，2017）。[①]2014 年 5 月，国务院办公厅印发了《关于支持外贸稳定增长的若干意见》，目的在于促进进出口平稳增长。2016 年 5 月，国务院出台了《关于促进外贸回稳向好的若干意见》，涉及进一步完善加工贸易政策、加大对外贸新业态的支持力度多方面含金量很高的刺激鼓励政策。在这些政策的刺激下，2017 年前 11 个月，全国海关进口货物的通关时间为 16.7 小时，较 2016 年全年缩短 33.6%；出口货物的通关时间为 1.13 小时，缩短 37%，贸易便利化水平进一步提高。然而，目前无论是面对竞争形势还是贸易摩擦，我国都面临着巨大压力。我国出口产品仍以劳动密集型产品为主，工业制成品科技含量不高且缺乏自主品牌。因此，我国需要实行出口市场多元化战略，积极实施科技兴贸战略、提高出口产品的技术含量，增加出口产品的附加值。

（三）进行要素升级变革，形成有效的要素投入供给

从生产要素投入来看，长期经济发展需要以提高供给侧中的劳动、资本、技术等生产要素的效率为核心。在劳动力投入方面，提高劳动力质量水平，需要优先发展教育事业、加强教育培训、完善社会保障体系，实现劳动力工资水平与工资效率的密切挂钩。此外，用人工智能带来的高效率反哺被其淘汰的劳动者，是解决当前我国劳动力供给侧结构性改革的一条可行路径（蒋南平、邹宇，2018）。[②]在土地

[①]　唐志鹏、郑蕾、李方一：《环境约束下的中国八大经济区出口结构优化模拟研究》，《自然资源学报》2017 年第 10 期。

[②]　蒋南平、邹宇：《人工智能与中国劳动力供给侧结构性改革》，《四川大学学报（哲学社会科学版）》2018 年第 1 期。

投入方面，土地是财富之母，是非常重要的供给。要实现土地供给的有效性，需要合理定价土地价格，完善农村土地征收制度，推动土地要素自由流转。同时，促进土地空间优化配置、促进土地资源集约利用，不断提高土地资源投入对经济可持续发展的作用。在资本投入方面，一方面，需要不断推进资本市场发展，让更多的有活力、有潜力的企业获得发展所需的资金，发挥资本市场对实体经济的金融保障作用（徐淑云，2017）。[①]另一方面，需要提高资金的使用效率，必须对资金实施跟踪管理，做到专款专用，层层落实，严格把关，提高资金的周转和使用效率。在创新方面，企业和企业家需要转变经营理念、创新理念，鼓励创新创业，始终保持旺盛的创新和创业精神（厉以宁，2017）。[②]激发各类型创新主体的活力，积极培育鼓励创新的社会环境，形成有利于企业和企业家创新的制度安排，真正发挥创新在供给侧结构性改革中的作用。

在保障能源安全方面，我国需要制定如下措施：一是建立健全能源政策，积极开发新能源；二是控制能源消费规模，提高能源利用效率；三是积极制定未来能源安全保障战略；四是积极主动开展能源国际合作。在加强环境保护方面，我国需要加强制定环保政策，减少污染排放；加强环境污染治理；调整和优化产业结构，加大科技投入以改善环境。在促进经济稳定增长方面，一方面可以通过提升我国经济效率为经济稳定增长保驾护航，另一方面我国需要继续深化供给侧结构性改革为经济稳定增长添砖加瓦。

① 徐淑云：《生产要素与供给侧结构性改革》，《复旦学报（社会科学版）》2017年第2期。
② 厉以宁：《持续推进供给侧结构性改革》，《中国流通经济》2017年第1期。

第十章　结论与研究展望

第一节　主要结论

结论一：经济稳定增长是新形势下我国经济发展的必然选择，也是未来我国经济发展中的重点任务，需要提高我国经济增长的质量和效率。当前，国际经济形势依然严峻，影响经济波动的因素较多，我国经济进入新常态，保持经济稳定增长已经成为我国在经济领域中的重要任务之一，是新形势下我国经济发展的必然选择。我国需要保持消费、投资与外贸适度性，提高经济增长质量，提升经济效率，从而促进经济稳定增长。

结论二：建设"美丽中国"目标，需要能源安全保障、环境保护与经济稳定增长三者协同发展，实现三位一体。加强能源安全保障与环境保护均有助于促进我国经济稳定增长，然而我国人口众多，人均资源占有量少，资源得不到合理开采和利用，能源形势日益严峻，环境压力巨大，建设"美丽中国"的目标符合我国的基本国情，是实现中华民族永续发展之路。我国在经济发展过程中，需要协同发展能源安全、环境保护与经济稳定增长，实现三位一体。

结论三：制定切实可行的政策优化措施，实现我国能源安全保障、环境保护与经济稳定增长的良性互动。在保障能源安全方面，我国需要建立健全能源政策，积极开发新能源；控制能源消费规模，提高能源利用效率；积极制定未来能源安全保障战略；积极主动开展能源国际合作。在加强环境保护方面，我国需要加强制定环保政策，减少污染排放；加强环境污染治理；调整和优化产业结构，加大科技投入以改善环境。在促进经济稳定增长方面，我国可以通过提升经济效率为经济稳定增长保驾护航，继续深化供给侧结构性改革为经济稳定增长添砖加瓦。

第二节　研究展望

本书在研究过程中，按照一定的技术路线开展深入研究，但难免有些遗漏。在未来，将继续深入研究如下问题：

一是需要更加紧密结合国家的未来发展战略，深入研究我国能源安全保障、环境保护与经济稳定增长的长远规划。本书的研究更多的是站在历史与当前的角度开展研究，虽然引用了经济学研究方法开展，但缺少未来视角的研究。我国能源安全保障、环境保护与经济稳定增长更应该是动态的，并具有从历史到当前再到未来的连贯性。缺少对未来的研究，使得本书的研究显得有些不完美，但也为本书的后续研究提供了思路与空间。

二是进一步思索指标设定的科学性。本书提出并设定了能源安全保障、环境保护与经济稳定增长三者的衡量指标，为本书的研究奠定了技术基础。但不难发现，三个指标的设定采用的是统一的衡量模式，各指标本身的差异性使得采用统一模式似乎有些不妥。如何更加科学有效地设定这三个变量的指标，将成为未来后续研究的又一方向。

三是需要进行国别横向比较。本书的研究更多的是基于纵向视角分析，对三大地区的实证结果也进行了横向比较，但缺少从国别视角开展的横向比较研究。实际上，通过国别横向比较，更加能够深入地探索和了解我国能源安全保障、环境保护与经济稳定增长三者的实际状况，以及彼此间的内在关系，从而更为全面地制定合理措施，解决我国能源安全保障、环境保护与经济稳定增长的现实存在问题。当然，这一问题的存在为本书的后续研究提供了新的思路，未来必将能够提出更为全面且科学的解决之道。

参 考 文 献

安树伟、张晋晋、王彦飞：《中国区域间经济波动与经济增长时滞效应分析》，《河北经贸大学学报》2016 年第 6 期。

白春礼：《科技支撑我国生态文明建设的探索、实践与思考》，《中国科学院院刊》2013 年第 2 期。

包群：《外商直接投资与技术外溢：基于吸收能力的研究》，湖南大学，博士论文，2004 年。

保罗·萨缪尔森、威廉·诺德豪斯：《宏观经济学》，人民邮电出版社 2013 年版。

曹标、廖利兵：《服务贸易结构与经济增长》，《世界经济研究》2014 年第 1 期。

曹琦、樊明太：《我国省际能源效率评级研究——基于多元有序 Probit 模型的实证分析》，《上海经济研究》2016 年第 2 期。

昌忠泽、毛培：《新常态下中国经济潜在增长率估算》，《经济与管理研究》2017 年第 9 期。

陈红彦：《碳税制度与国家战略利益》，《法学研究》2012 年第 2 期。

陈纪平：《我国经济增长效率的空间特征分析：2000—2010》，《甘肃理论学刊》2014 年第 3 期。

陈剑敏:《我国能源安全存在的三大问题与对策》,《特区经济》2012 年第 1 期。

陈景新、王云峰:《劳动密集型产业集聚与扩散的时空分析》,《统计研究》2014 年第 2 期。

陈娟:《中国工业能源强度与对外开放——基于面板门限模型的实证分析》,《科学·经济·社会》2016 年第 2 期。

陈利馥、刘东皇、谢忠秋:《我国居民消费率的影响因素分析》,《统计与决策》2018 年第 2 期。

陈诗一、陈登科:《雾霾污染、政府治理与经济高质量发展》,《经济研究》2018 年第 2 期。

陈诗一:《新常态下的环境问题与中国经济转型发展》,《中共中央党校学报》2016 年第 2 期。

陈素梅、何凌云:《环境、健康与经济增长:最优能源税收入分配研究》,《经济研究》2017 年第 4 期。

陈文魁、王刚:《对我国储蓄向投资转化的几点思考》,《知识经济》2013 年第 1 期。

陈晓迅、夏海勇:《中国省际经济增长中的人力资本配置效率》,《人口与经济》2013 年第 6 期。

陈阳、孙婧、逯进:《城市蔓延和产业结构对环境污染的影响》,《城市问题》2018 年第 4 期。

陈云霞:《民族地区生态保护立法的理念与路径选择》,《西南民族大学学报(人文社科版)》2018 年第 1 期。

陈治:《中国固定资产投资跨期效应研究》,《宏观经济研究》2018 年第 4 期。

程卫红:《投资率与消费率:国际经验、引发错觉、发展对策》,《华北金融》2013 年第 6 期。

程中华、李廉水、刘军:《环境约束下技术进步对能源效率的影响》,《统计与信息论坛》2016 年第 6 期。

迟楠、李垣、郭婧洲:《基于元分析的先动型环境战略与企业绩效关系的研究》,《管理工程学报》2016 年第 3 期。

崔宏凯、魏晓:《民间投资、产业结构与经济增长——基于我国省级动态面板数据的实证分析》,《经济问题》2018 年第 1 期。

崔永梅、王孟卓:《基于 SCP 理论兼并重组治理产能过剩问题研究——来自工业行业面板数据实证研究》,《经济问题》2016 年第 10 期。

大卫·李嘉图:《政治经济学及赋税原理》,商务印书馆 1976 年版。

戴璐、支晓强:《影响企业环境管理控制措施的因素研究》,《中国软科学》2015 年第 4 期。

丹尼尔·耶金:《能源重塑世界》,朱玉犇、阎志敏译,石油工业出版社 2012 年版。

丹尼斯·米都斯等:《增长的极限:罗马俱乐部关于人类困境的报告》,李宝恒译,吉林人民出版社 1997 年版。

党印、鲁桐:《公司治理、技术创新与经济增长:地区层面的差异》,《制度经济学研究》2014 年第 1 期。

邓晓兰、黄显林、张旭涛:《公共债务、财政可持续性与经济增长》,《财贸研究》2013 年第 4 期。

董翔宇、赵守国:《出口贸易结构与经济增长的规律与启示》,《软科学》2017 年第 3 期。

董亚娟、马耀锋、李振亭、高楠:《西安入境旅游流与城市旅游环境耦合协调关系研究》,《地域研究与开发》2013年第1期。

杜雯翠、张平淡:《新常态下经济增长与环境污染的作用机理研究》,《软科学》2017年第4期。

[德]厄恩斯特·冯·魏茨察克、[美]艾默里·B.洛文斯:《四倍跃进:一半的资源消耗创造双倍的财富》,中华工商联合出版社2001年版。

范丽红、李芸达、程呈:《财政分权视角下经济增长与环境保护协调发展研究》,《经济纵横》2015年第6期。

范庆泉、张同斌:《财政支出、经济外部性与政府双重角色转换——基于DSGE模型的理论分析和实证研究》,《技术经济》2014年第10期。

费德里克·帕西尼、胡晶媚:《环境许可制度:中国路径之建议》,《中国政法大学学报》2017年第6期。

封颖:《知识—理念—决策层共识及其优先序——中国科技政策决策层中环境保护理念共识的关键影响因素研究》,《中国软科学》2018年第1期。

封颖:《中国历次中长期科技规划体现环境保护的宏观演变格局研究(1949—2015)》,《科技管理研究》2018年第6期。

冯晓、朱彦元、杨茜:《基于人力资本分布方差的中国国民经济生产函数研究》,《经济学(季刊)》2012年第1期。

付凌晖:《我国产业结构高级化与经济增长关系的实证研究》,《统计研究》2010年第8期。

付韶军、高亚春:《基于分层线性模型的出口与经济增长关系研究》,《数学的实践与认识》2013年第23期。

付云鹏、马树才、宋琪:《人口规模、结构对环境的影响效应——

基于中国省际面板数据的实证研究》,《生态经济》2015 年第 3 期。

傅程远:《中国消费率下降成因的实证研究——基于 1999—2012 年省际面板数据的分析》,《经济问题探索》2016 年第 2 期。

盖庆恩、朱喜、程名望、史清华:《土地资源配置不当与劳动生产率》,《经济研究》2017 年第 5 期。

高晶晶、史清华、卢昆:《中国海水养殖技术效率测评》,《农业技术经济》2018 年第 1 期。

高文胜:《南太平洋能源战略通道的价值、面临的风险及中国的对策》,《世界地理研究》2017 年第 6 期。

高晓燕:《我国能源消费、二氧化碳排放与经济增长的关系研究——基于煤炭消费的视角》,《河北经贸大学学报》2017 年第 6 期。

耿德伟:《劳动力成本上升对我国竞争力的影响分析》,《发展研究》2013 年第 4 期。

顾六宝、肖红叶:《中国消费跨期替代弹性的两种统计估算方法》,《统计研究》2004 年第 9 期。

关海玲、张鹏:《财政支出、公共产品供给与环境污染》,《工业技术经济》2013 年第 10 期。

桂华:《我国能源利用效率的成效、问题与建议》,《宏观经济管理》2017 年第 12 期。

呙小明、康继军:《中国制造业对外开放与能源效率的非线性关系研究》,《经济经纬》2016 年第 1 期。

郭军华、李帮义:《中国经济增长与环境污染的协整关系研究——基于 1991—2007 年省际面板数据》,《数理统计与管理》2010 年第 2 期。

郭克莎、杨阔:《长期经济增长的需求因素制约——政治经济学视角的增长理论与实践分析》,《经济研究》2017 年第 10 期。

郭守亭、王宇骅、吴振球:《我国扩大居民消费与宏观经济稳定研究》,《经济经纬》2017 年第 2 期。

郭淑芬、郭金花:《中国文化产业的行业效率比较及省域差异研究》,《中国科技论坛》2017 年第 5 期。

郭伟、吴晓华:《地方政府环保投资规模影响因素分析及思考》,《生态经济》2015 年第 2 期。

郭学能、卢盛荣:《供给侧结构性改革背景下中国潜在经济增长率分析》,《经济学家》2018 年第 1 期。

哈罗德:《动态经济学》,英国伦敦麦克米伦出版公司 1948 年版。

韩剑、严兵:《中国企业为什么缺乏创造性破坏——基于融资约束的解释》,《南开管理评论》2013 年第 4 期。

韩立岩、甄贞、蔡立新:《国际油价的长短期影响因素》,《中国管理科学》2017 年第 8 期。

韩兆洲、安康、桂文林:《中国区域经济协调发展实证研究》,《统计研究》2012 年第 1 期。

韩自强、顾林生:《核能的公众接受度与影响因素分析》,《中国人口·资源与环境》2015 年第 6 期。

郝大江、黎映宸:《集聚效应、配置效率与区域经济增长——主体功能区建设的理论探索》,《河北经贸大学学报》2014 年第 4 期。

何凌云、程怡、金里程、钟章奇:《国内外能源价格对我国能源消耗的综合调节作用比较研究》,《自然资源学报》2016 年第 1 期。

何龙斌:《国内污染密集型产业区际转移路径及引申——基于 2000—2011 年相关工业产品产量面板数据》,《经济学家》2013 年第 6 期。

何雄浪、姜泽林:《制度创新与经济增长——一个理论分析框架及实证检验》,《工业技术经济》2016 年第 5 期。

何雄浪、杨盈盈:《制度变迁与经济增长:理论与经验证据》,《中央财经大学学报》2016 年第 10 期。

何雄浪、张泽义:《国际进口贸易技术溢出效应、本国吸收能力与经济增长互动——理论及来自中国的证据》,《世界经济研究》2014 年第 11 期。

贺培、刘叶:《FDI 对中国环境污染的影响效应——基于地理距离工具变量的研究》,《中央财经大学学报》2016 年第 6 期。

胡剑波、吴杭剑、胡潇:《基于 PSR 模型的我国能源安全评价指标体系构建》,《统计与决策》2016 年第 8 期。

胡曼菲、关伟:《基于产业结构视角的我国经济与环境耦合系统的演化分析》,《资源开发与市场》2010 年第 10 期。

胡荣涛:《产能过剩形成原因与化解的供给侧因素分析》,《现代经济探讨》2016 年第 2 期。

黄清煌、高明:《环境规制对经济增长的数量和质量效应——基于联立方程的检验》,《经济学家》2016 年第 4 期。

黄涛珍、宋胜帮:《淮河流域经济增长与水环境污染的关系》,《湖北农业科学》2013 年第 20 期。

黄新飞、李元剑、张勇如:《地理因素、国际贸易与经济增长研究——基于我国 286 个地级以上城市的截面分析》,《国际贸易问题》2014 年第 5 期。

黄振中、谭柏平:《试论能源法的义务性规范》,《中国青年政治学院学报》2013 年第 1 期。

计志英:《基于随机前沿分析法的中国沿海区域经济效率评价》,《华东经济管理》2012 年第 9 期。

纪雯雯、赖德胜:《人力资本、配置效率及全要素生产率变化》,《经济与管理研究》2015 年第 6 期。

纪玉俊、赵娜:《产业结构变动、地区市场化水平与能源消费》,《软科学》2017 年第 5 期。

纪玉山、关键、王塑峰:《经济稳定增长与碳排放双重目标优化模型》,《河北经贸大学学报》2013 年第 1 期。

贾中华、梁柱:《贸易开放与经济增长——基于不同模型设定和工具变量策略的考察》,《国际贸易问题》2014 年第 4 期。

江冰:《新形势下保障我国能源安全的战略选择》,《中国科学院院刊》2010 年第 2 期。

江飞涛、武鹏、李晓萍:《中国工业增长动力机制转换》,《中国工业经济》2014 年第 5 期。

江洪、陈亮:《能源价格对能源效率倒逼机制的空间异质性——基于面板门槛模型的实证分析》,《价格理论与实践》2017 年第 2 期。

江洪、陈振环:《能源价格指数对能源效率调节效应的研究》,《价格理论与实践》2016 年第 9 期。

姜彩楼、徐康宁、朱琴:《经济增长是如何影响能源绩效的?——基于跨国数据的经验分析》,《世界经济研究》2012 年第 11 期。

蒋南平、邹宇:《人工智能与中国劳动力供给侧结构性改革》,《四川大学学报(哲学社会科学版)》2018 年第 1 期。

焦若静:《人口规模、城市化与环境污染的关系——基于新兴经济体国家面板数据的分析》,《城市问题》2015 年第 5 期。

金春雨、吴安兵：《工业经济结构、经济增长对环境污染的非线性影响》，《中国人口·资源与环境》2017 年第 10 期。

晋盛武、吴娟：《腐败、经济增长与环境污染的库兹涅茨效应：以二氧化硫排放数据为例》，《经济理论与经济管理》2014 年第 6 期。

康海媛、孙焱林、李先玲：《中国城市科技研发效率的时空演变与影响因素》，《科学学与科学技术管理》2018 年第 4 期。

康远志：《消费不足还是低估？——兼论扩大内需话语下适度消费理念的构建》，《消费经济》2014 年第 2 期。

康远志：《中国居民消费率太低吗》，《贵州财经大学学报》2014 年第 2 期。

孔淑红、周甜甜：《我国出口贸易对环境污染的影响及对策》，《国际贸易问题》2012 年第 8 期。

蕾切尔·卡逊著，吕瑞兰、李长生译：《寂静的春天》，吉林人民出版社 1997 年版。

冷艳丽、杜思正：《能源价格扭曲与雾霾污染——中国的经验证据》，《产业经济研究》2016 年第 1 期。

李斌、李拓：《环境规制、土地财政与环境污染——基于中国式分权的博弈分析与实证检验》，《财经论丛》2015 年第 1 期。

李斌：《经济增长、B–S 效应与通货膨胀容忍度》，《经济学动态》2011 年第 1 期。

李冰：《国家石油对外依存下的战略选择：能源独立与相互依赖》，《当代亚太》2018 年第 2 期。

李方静：《制度会影响出口质量吗？——基于跨国面板数据的经验分析》，《当代财经》2016 年第 12 期。

李根、张光明、朱莹莹、段星宇：《基于改进 AHP–FCE 的新常态下中国能源安全评价》，《生态经济》2016 年第 10 期。

李国璋、梁赛：《我国社会保障水平对消费率的影响效应分析》，《消费经济》2013 年第 3 期。

李寒娜：《政府财政支出对服务业技术效率提升的影响——基于长三角的实证研究》，《科技进步与对策》2014 年第 17 期。

李建中、武铁梅、谢威：《我国能源效率与经济增长关系分析》，《生产力研究》2010 年第 9 期。

李金凯、程立燕、张同斌：《外商直接投资是否具有"污染光环"效应？》，《中国人口·资源与环境》2017 年第 10 期。

李丽莎：《城乡二元经济结构对消费率的影响》，《改革与战略》2011 年第 10 期。

李鹏涛：《中国环境库兹涅茨曲线的实证分析》，《中国人口·资源与环境》2017 年第 S1 期。

李强：《促进我国出口消费和投资协调发展的方法研究》，《吉林广播电视大学学报》2012 年第 10 期。

李强：《经济增长、通货膨胀与社会福利——基于扩展递归效用函数的实证分析》，《云南财经大学学报》2013 年第 3 期。

李伟娜：《产业结构调整对环境效率的影响及政策建议》，《经济纵横》2017 年第 3 期。

李小胜、宋马林：《环境规制下的全要素生产率及其影响因素研究》，《中央财经大学学报》2015 年第 1 期。

李晓、丁一兵：《世界经济长期增长困境与中国经济增长转型》，《东北亚论坛》2017 年第 4 期。

李欣泽、纪小乐、周灵灵：《高铁能改善企业资源配置吗？——来自中国工业企业数据库和高铁地理数据的微观证据》，《经济评论》2017年第6期。

李璇：《环境规制对经济增长的异质影响探究》，《岭南学刊》2015年第2期。

李雪娇、何爱平：《绿色发展的制约因素及其路径拿捏》，《改革》2016年第6期。

李雅林：《房地产价格对消费影响的实证研究——以江西上饶为例》，《武汉金融》2013年第3期。

李玉婷、史丹：《中国工业能源效率鸿沟的形成机理与实证研究》，《山西财经大学学报》2018年第6期。

李元华：《"新常态"下中国稳增长与促平衡的新挑战和新动力》，《经济纵横》2015年第1期。

厉以宁：《持续推进供给侧结构性改革》，《中国流通经济》2017年第1期。

梁波：《基于生态足迹模型的中部地区可持续发展评价分析》，合肥工业大学，硕士学位论文，2013年。

廖茂林、任羽菲、张小溪：《能源偏向型技术进步的测算及对能源效率的影响研究——基于制造业27个细分行业的实证考察》，《金融评论》2018年第2期。

林伯强、刘泓汛：《对外贸易是否有利于提高能源环境效率——以中国工业行业为例》，《经济研究》2015年第9期。

林伯强：《人民日报新论：减排、先拧紧能源消费水龙头》，《人民日报》2013年9月2日。

林坚、乔治洋：《博弈论视角下市县级"多规合一"研究》，《中国土地科学》2017 年第 5 期。

林季红、刘莹：《内生的环境规制："污染天堂假说"在中国的再检验》，《中国人口·资源与环境》2013 年第 1 期。

林健民：《中国石油产业的市场结构分析及其优化》，《经济问题》2013 年第 1 期。

林肯·西蒙：《没有极限的增长》，四川人民出版社 1985 年版。

林仁文、杨熠：《中国的有效投资与高投资率》，《现代管理科学》2013 年第 6 期。

刘畅、孔宪丽、高铁梅：《中国工业行业能源消耗强度变动及影响因素的实证分析》，《资源科学》2008 年第 9 期。

刘海英、安小甜：《环境税的工业污染减排效应——基于环境库兹涅茨曲线（EKC）检验的视角》，《山东大学学报（哲学社会科学版）》2018 年第 3 期。

刘洪、陈小霞：《能源效率的地区差异及影响因素——基于中部 6 省面板数据的研究》，《中南财经政法大学学报》2010 年第 6 期。

刘华军、杨骞：《环境污染、时空依赖与经济增长》，《产业经济研究》2014 年第 1 期。

刘建、卢波：《非传统安全视角下中国石油安全的测度及国际比较研究》，《国际经贸探索》2016 年第 7 期。

刘金光：《论宗教因素对我国能源战略的影响及对策》，《四川大学学报（哲学社会科学版）》2013 年第 4 期。

刘金全、王俏茹：《最终消费率与经济增长的非线性关系——基于 PSTR 模型的国际经验分析》，《国际经贸探索》2017 年第 3 期。

刘劲松：《国际石油地缘政治的现状及我国的对策》，《江西社会科学》2014 年第 1 期。

刘铠豪、刘渝琳：《破解中国经济增长之谜——来自人口结构变化的解释》，《经济科学》2014 年第 3 期。

刘磊、张敏、喻元秀：《中国主要污染物排放的环境库兹涅茨特征及其影响因素分析》，《环境污染与防治》2010 年第 11 期。

刘满凤、谢晗进：《我国工业化与城镇化的环境经济集聚双门槛效应分析》，《管理评论》2017 年第 10 期。

刘沁源：《保障能源运输、我国石油海运将面临诸多考验》，中国海事服务网，见 http://www.chinashippinginfo.net，2014 年 6 月 4 日。

刘太刚：《我国经济发展与环境保护的囚徒困境及脱困之道——兼论需求溢出理论的公共管理学发展观》，《天津行政学院学报》2016 年第 2 期。

刘伟明：《环境污染的治理路径与可持续增长："末端治理"还是"源头控制"？》，《经济评论》2014 年第 6 期。

刘祥霞、王锐、陈学中：《中国外贸生态环境分析与绿色贸易转型研究——基于隐含碳的实证研究》，《资源科学》2015 年第 2 期。

刘修岩、董会敏：《出口贸易加重还是缓解中国的空气污染——基于 PM2.5 和 SO_2 数据的实证检验》，《财贸研究》2017 年第 1 期。

刘耀彬、李仁东、宋学锋：《中国城市化与生态环境耦合度分析》，《自然资源学报》2005 年第 1 期。

刘亦文、胡宗义：《能源技术变动对中国经济和能源环境的影响——基于一个动态可计算一般均衡模型的分析》，《中国软科学》2014 年第 4 期。

刘志彪：《政府的制度供给和创新：供给侧结构性改革的关键》，《学习与探索》2017 年第 2 期。

刘志雄、王玥：《中国新能源发展分析及路径选择》，《中国矿业》2012 年第 6 期。

刘志雄、张凌生：《我国中部地区能源效率影响因素的实证研究》，《生态经济》2016 年第 9 期。

刘志雄：《改革开放以来我国适度消费率的实证研究》，《广西社会科学》2014 年第 8 期。

刘志雄：《基于 DEA 的我国能源效率分析及路径选择》，《技术经济与管理研究》2014 年第 12 期。

刘志雄：《能源安全保障与经济稳定增长实证研究——基于全国及地区的数据》，《广西社会科学》2015 年第 1 期。

卢嘉敏、石柳：《中国碳税政策模拟及比较——基于征税环节及税收收入循环方式的视角》，《产经评论》2015 年第 5 期。

逯进、常虹、郭志仪：《中国省域能源、经济与环境耦合的演化机制研究》，《中国人口科学》2016 年第 3 期。

路正南、杨雪莲：《我国资源环境与经济增长时空耦合区域差异研究》，《统计与决策》2016 年第 21 期。

罗超平、张梓榆、吴超、翟琼：《金融支持供给侧结构性改革：储蓄投资转化效率的再分析》，《宏观经济研究》2016 年第 3 期。

罗岚、邓玲：《我国各省环境库兹涅茨曲线地区分布研究》，《统计与决策》2012 年第 10 期。

吕冰洋、余丹林：《中国梯度发展模式下经济效率的增进——基于空间视角的分析》，《中国社会科学》2009 年第 6 期。

马德峰：《浅析环境、能源与污染治理之间的动态模型构建》,《资源节约与环保》2013 年第 3 期。

马歇尔：《经济学原理》,商务印书馆 1996 年版。

马章良：《中国进出口贸易对经济增长方式转变的影响分析》,《国际贸易问题》2012 年第 4 期。

马喆：《中国适度消费率研究》,辽宁大学,博士学位论文,2011 年。

毛晖、汪莉、杨志倩：《经济增长、污染排放与环境治理投资》,《中南财经政法大学学报》2013 年第 5 期。

孟祥兰、雷茜：《我国各省份能源利用的效率评价——基于 DEA 数据包络方法》,《宏观经济研究》2011 年第 10 期。

米国芳、长青：《能源结构和碳排放约束下中国经济增长"尾效"研究》,《干旱区资源与环境》2017 年第 2 期。

苗春竹：《我国滑雪产业的 SCP 范式分析》,《体育文化导刊》2018 年第 2 期。

苗珊珊：《基于大国经济剩余模型的农业技术进步福利效应研究》,《研究与发展管理》2015 年第 6 期。

莫良元：《供给侧结构性改革的法治保障研究》,《南京社会科学》2018 年第 1 期。

聂飞、刘海云：《FDI、环境污染与经济增长的相关性研究——基于动态联立方程模型的实证检验》,《国际贸易问题》2015 年第 2 期。

聂荣、李森：《我国能源消费与经济增长关系分析》,《沈阳师范大学学报（社会科学版）》2016 年第 1 期。

潘国陵：《国际金融理论与数量分析方法》,上海人民出版社 2000 年版。

潘伟、王凤侠、吴婷:《不同突发事件下进口原油采购策略》,《中国管理科学》2016 年第 7 期。

潘文卿:《中国的区域关联与经济增长的空间溢出效应》,《经济研究》2012 年第 1 期。

庞军、邹骥、傅莎:《应用 CGE 模型分析中国征收燃油税的经济影响》,《经济问题探索》2008 年第 11 期。

彭昱:《经济增长、电力业发展与环境污染治理》,《经济社会体制比较》2012 年第 5 期。

彭镇华、廖进球、习明明:《资本配置效率、经济增长与空间溢出效应》,《证券市场导报》2018 年第 2 期。

齐建国、梁晶晶:《论创新驱动发展的社会福利效应》,《经济纵横》2013 年第 8 期。

齐绍洲、李杨:《能源转型下可再生能源消费对经济增长的门槛效应》,《中国人口·资源与环境》2018 年第 2 期。

齐绍洲、张倩、王班班:《新能源企业创新的市场化激励——基于风险投资和企业专利数据的研究》,《中国工业经济》2017 年第 12 期。

齐天宇、张希良、何建坤:《全球能源经济可计算一般均衡模型研究综述》,《中国人口·资源与环境》2016 年第 8 期。

钱娟、李金叶:《技术进步是否有效促进了节能降耗与 CO_2 减排?》,《科学学研究》2018 年第 1 期。

钱晓雨、孙浦阳:《开放度和环境重视度对污染的影响:基于中国地级城市的分析》,《上海经济研究》2012 年第 12 期。

钱雪亚、缪仁余:《人力资本、要素价格与配置效率》,《统计研究》2014 年第 8 期。

潜旭明:《"一带一路"倡议背景下中国的国际能源合作》,《国际观察》2017 年第 3 期。

乔晓楠、张欣、贾晶茹:《居民消费率一般演进规律与我国的特殊性研究》,《经济纵横》2017 年第 4 期。

秦腾、佟金萍、曹倩、陈曦:《技术进步与能源消费的经济门槛效应研究》,《科技管理研究》2015 年第 10 期。

邱灵、申玉铭、任旺兵、严婷婷:《中国能源利用效率的区域分异与影响因素分析》,《自然资源学报》2008 年第 9 期。

渠立权、骆华松、胡志丁、洪菊花:《中国石油资源安全评价及保障措施》,《世界地理研究》2017 年第 4 期。

任彪、柴亮:《我国消费、投资与出口的协调关系研究》,《河北经贸大学学报》2010 年第 6 期。

任勇:《供给侧结构性改革中的环境保护若干战略问题》,《环境保护》2016 年第 16 期。

闫世刚、刘曙光:《新能源安全观下的中国能源外交》,《国际问题研究》2014 年第 2 期。

邵帅:《环境规制如何影响货物贸易的出口商品结构》,《南方经济》2017 年第 10 期。

沈坤荣:《经济增长理论的演进、比较与评述》,《经济学动态》2006 年第 5 期。

沈能、刘凤朝:《高强度的环境规制真能促进技术创新吗?——基于"波特假说"的再检验》,《中国软科学》2012 年第 4 期。

沈翔:《二元经济转型影响投资率的实证研究》,《金融经济》2012 年第 18 期。

师硕、郑逸芳、黄森慰：《城市居民环境友好行为的影响因素》，《城市问题》2017 年第 5 期。

施卫东、程莹：《碳排放约束、技术进步与全要素能源生产率增长》，《研究与发展管理》2016 年第 1 期。

施震凯、王美昌：《中国市场化进程与经济增长：基于贝叶斯模型平均方法的实证分析》，《经济评论》2016 年第 1 期。

石中和、林晓言、徐丹：《投资与消费的关联性研究：相互促进与相互挤占》，《价格理论与实践》2013 年第 9 期。

时影：《利益视角下地方政府选择性履行职能行为分析》，《甘肃社会科学》2018 年第 2 期。

史亚东：《能源消费对经济增长溢出效应的差异分析——以人均消费作为减排门限的实证检验》，《经济评论》2011 年第 6 期。

宋锋华、王峰、罗夫永：《中国能源消费与经济增长研究：1978—2014》，《新疆社会科学》2016 年第 6 期。

宋杰鲲、张在旭、李继尊：《我国能源安全状况分析》，《工业技术经济》2008 年第 4 期。

宋豫秦、陈昱昊：《近 20 年国际环境保护研究热点变化与趋势分析》，《科技管理研究》2017 年第 19 期。

隋建利、米秋吉、刘金全：《异质性能源消费与经济增长的非线性动态驱动机制》，《数量经济与技术经济研究》2017 年第 11 期。

孙昌龙、靳诺、张小雷、杜宏茹：《城市化不同演化阶段对碳排放的影响差异》，《地理科学》2013 年第 3 期。

孙传旺、林伯强：《中国工业能源要素配置效率与节能潜力研究》，《数量经济技术经济研究》2014 年第 5 期。

孙涵、聂飞飞、胡雪原：《基于熵权 TOPSIS 法的中国区域能源安全评价及差异分析》，《资源科学》2018 年第 3 期。

孙红霞、李森：《大气雾霾与煤炭消费、环境税收的空间耦合关系——以全国 31 个省市地区为例》，《经济问题探索》2018 年第 1 期。

孙先定、黄小原：《产业投资规模基于期权观点的优化》，《预测》2002 年第 1 期。

孙英杰、林春：《试论环境规制与中国经济增长质量提升——基于环境库兹涅茨倒 U 型曲线》，《上海经济研究》2018 年第 3 期。

孙正：《地方政府财政支出结构与规模对收入分配及经济增长的影响》，《财经科学》2014 年第 7 期。

谭小芬、张峻晓、李玥佳：《国际原油价格驱动因素的广义视角分析：2000—2015——基于 TVP-FAVAR 模型的实证分析》，《中国软科学》2015 年第 10 期。

汤维祺、吴力波、钱浩祺：《从"污染天堂"到绿色增长——区域间高耗能产业转移的调控机制研究》，《经济研究》2016 年第 6 期。

唐登莉、李力、洪雪飞：《能源消费对中国雾霾污染的空间溢出效应——基于静态与动态空间面板数据模型的实证研究》，《系统工程理论与实践》2017 年第 7 期。

唐啸、胡鞍钢：《创新绿色现代化：隧穿环境库兹涅兹曲线》，《中国人口·资源与环境》2018 年第 5 期。

唐志鹏、郑蕾、李方一：《环境约束下的中国八大经济区出口结构优化模拟研究》，《自然资源学报》2017 年第 10 期。

田智宇、周大地：《"两步走"新战略下的我国能源高质量发展转型研究》，《环境保护》2018 年第 2 期。

涂涛涛、马强:《资源约束与中国主导产业的选择——基于垂直联系视角》,《产业经济研究》2012 年第 6 期。

汪行、范中启、张瑞:《基于 VAR 的我国能源效率与能源结构关系的实证分析》,《工业技术经济》2016 年第 9 期。

汪克亮、杨宝臣、杨力:《中国全要素能源效率与能源技术的区域差异》,《科研管理》2012 年第 5 期。

汪明:《我国环境质量和能源消费的灰色关联分析》,《江苏商论》2012 年第 4 期。

王班班、齐绍洲:《有偏技术进步、要素替代与中国工业能源强度》,《经济研究》2014 年第 2 期。

王蓓、崔治文:《有效税率、投资与经济增长:来自中国数据的经验实证》,《管理评论》2012 年第 7 期。

王迪、聂锐、李强、倪蓉:《资源约束对经济增长的作用机制研究》,《煤炭经济研究》2009 年第 10 期。

王定详、李伶俐、冉光和:《金融资本形成与经济增长》,《经济研究》2009 年第 9 期。

王飞成、郭其友:《经济增长对环境污染的影响及区域性差异——基于省际动态面板数据模型的研究》,《山西财经大学学报》2014 年第 4 期。

王菲、董锁成、毛琦梁:《基于工业结构特征的中国地区能源消费强度差异分析》,《地理科学进展》2013 年第 4 期。

王根贤:《基于宏观经济稳定增长的物业税设计》,《地方财政研究》2012 年第 10 期。

王浩、郭晓立:《国民福祉视角下中国能源安全问题研究》,《社会科学战线》2018 年第 2 期。

王浩、郭晓立：《基于边界理论的中国能源安全问题研究》，《社会科学战线》2016 年第 7 期。

王金明、高铁梅：《欧盟经济波动对我国影响的计量研究》，《国际经贸探索》2013 年第 4 期。

王凯：《环境规制对我国工业行业出口竞争力的影响——以污染密集型行业为例》，《价格理论与实践》2012 年第 1 期。

王林辉、袁礼：《资本错配会诱发全要素生产率损失吗》，《统计研究》2014 年第 8 期。

王铭利：《基于联立方程与状态空间模型对中国经济增长与环境污染关系的研究》，《管理评论》2016 年第 7 期。

王鹏、宋德斌：《结构优化、技术创新与区域经济效率》，《商业研究》2014 年第 9 期。

王强、陈俊华：《基于供给安全的我国石油进口来源地风险评价》，《世界地理研究》2014 年第 1 期。

王庆一：《能源效率及其政策和技术》（上），《节能与环保》2001 年第 6 期。

王庆一：《中国能源效率评析》，《中国能源》2012 年第 8 期。

王姗姗、徐吉辉、邱长溶：《能源消费与环境污染的边限协整分析》，《中国人口·资源与环境》2010 年第 4 期。

王维、陈杰、毛盛勇：《基于十大分类的中国资本存量重估：1978—2016 年》，《数量经济技术经济研究》2017 年第 10 期。

王维国：《协调发展的理论和方法研究》，中国财政经济出版社2000 年版。

王蔚静、伏宝会：《试论我国近年来固定资产投资效率》，《投资研究》1997 年第 6 期。

王喜平、姜晔：《环境约束下中国能源效率地区差异研究》，《长江流域资源与环境》2013 年第 11 期。

王鑫鑫、米松华、梁巧：《CGE 模型与微观模型连接方法——基于宏观冲击与微观效应整合分析框架的综述》，《经济理论与经济管理》2015 年第 2 期。

王秀芳、姚金安：《适度外贸依存度的再探讨》，《经济问题探索》2008 年第 4 期。

王艳、胡援成：《国际石油价格波动对我国居民消费价格指数的影响》，《统计与决策》2018 年第 1 期。

王艳丽、李强：《对外开放度与中国工业能源要素利用效率——基于工业行业面板数据》，《北京理工大学学报（社会科学版）》2012 年第 2 期。

王耀东：《中国的环境污染与政府干预》，《财经问题研究》2016 年第 2 期。

王永水、朱平芳：《中国经济增长中的人力资本门槛效应研究》，《统计研究》2016 年第 1 期。

王云、吴青龙、郭丕斌、周喜君、张军营、王冰：《基于 SCP 范式的山西焦化产业组织分析》，《经济问题》2014 年第 1 期。

王治平：《我国能源价格与能源效率变动关系研究》，《价格理论与实践》2011 年第 3 期。

威廉·G. 谢泼德：《产业组织经济学》（第五版），中国人民大学出版社 2007 年版。

韦进深：《世界石油价格波动的逻辑与中国的国际能源合作》，《世界经济与政治论坛》2016 年第 3 期。

魏楚、沈满洪：《结构调整能否改善能源效率——基于中国省级数据的研究》，《世界经济》2008 年第 11 期。

吴力波、周泳：《中国各省循环经济发展效率——基于动态 DEA 方法的研究》，《武汉大学学报（哲学社会科学版）》2015 年第 1 期。

吴明娥、曾国平、曹跃群：《中国省际公共资本投入效率差异及影响因素》，《数量经济技术经济研究》2016 年第 6 期。

吴巧生、汪金伟：《世界能源消费收敛性分析——基于 Phillips & Sul 方法》，《北京理工大学学报》2013 年第 1 期。

吴武林、周小亮：《中国包容性绿色增长测算评价与影响因素研究》，《社会科学研究》2018 年第 1 期。

吴新民、汪涛：《中国石油产业集中度与市场绩效关系的实证分析》，《理论月刊》2010 年第 2 期。

武力超：《国外资本的流入是否总是促进经济增长》，《统计研究》2013 年第 1 期。

西奥多：《舒尔茨：改造传统农业》，商务印书馆 2006 年版。

夏维普：《开放体系经济稳定增长条件的实证分析》，上海海运学院，硕士学位论文，2002 年。

肖兴志、李少林：《能源供给侧改革：实践反思、国际镜鉴与动力找寻》，《价格理论与实践》2016 年第 2 期。

解春艳、丰景春、张可：《互联网技术进步对区域环境质量的影响及空间效应》，《科技进步与对策》2017 年第 12 期。

谢瑾、肖晔、张丽雪、杨宇：《"一带一路"沿线国家能源供给潜力与能源地缘政治格局分析》,《世界地理研究》2017 年第 6 期。

熊敏瑞:《论我国能源结构调整与能源法的应对策略》,《生态经济》2014 年第 3 期。

徐冬林、陈永伟:《区域资本流动:基于投资与储蓄关系的检验》,《中国工业经济》2009 年第 3 期。

徐枫、李云龙:《基于 SCP 范式的我国光伏产业困境分析及政策建议》,《宏观经济研究》2012 年第 6 期。

徐杰、陈明禹:《我国石化行业环境绩效及其影响因素研究——基于企业环境责任信息披露的分析框架》,《产业经济评论》2017 年第 6 期。

徐强陶:《基于广义 Bonferroni 曲线的中国包容性增长测度及其影响因素分析》,《数量经济技术经济研究》2017 年第 12 期。

徐淑云:《生产要素与供给侧结构性改革》,《复旦学报(社会科学版)》2017 年第 2 期。

徐文舸:《国内总储蓄率高企及居民消费率下降的分解与探究》,《社会科学研究》2017 年第 1 期。

徐延辉:《西方社会福利及其可持续发展路径探析》,《社会学研究》2001 年第 1 期。

徐祎:《新能源消费与我国经济增长关系的实证研究》,《经济纵横》2017 年第 5 期。

徐盈之、杨英超:《环境规制对我国碳减排的作用效果和路径研究——基于脉冲响应函数的分析》,《软科学》2015 年第 4 期。

许光建:《以深化改革和扩大内需为抓手努力保持经济稳定增长——当前我国宏观经济形势和政策分析》,《价格理论与实践》2013 年第 8 期。

许和连、邓玉萍：《外商直接投资导致了中国的环境污染吗——基于中国省际面板数据的空间计量研究》，《管理世界》2012 年第 2 期。

许江山：《国际油价波动对经济的影响》，《期货日报》2012 年 4 月 12 日。

许勤华：《中国全球能源战略：从能源实力到能源权力》，《人民论坛·学术前沿》2017 年第 5 期。

亚当·斯密：《国民财富的性质和原因的研究》，商务印书馆 1972 年版。

严雅雪、齐绍洲：《外商直接投资与中国雾霾污染》，《统计研究》2017 年第 5 期。

杨成钢：《人口质量红利、产业转型和中国经济社会可持续发展》，《东岳论丛》2018 年第 1 期。

杨国才、李齐：《中西部承接产业转移的结构变迁效应与产城融合路径》，《江西社会科学》2016 年第 3 期。

杨菊华：《人口流动与居住分离：经济理性抑或制度制约？》，《人口学刊》2015 年第 1 期。

杨力、汪克亮：《煤炭城市能源与环境可持续互动发展模式研究——以淮南市为例》，《生态经济》2009 年第 6 期。

杨玲、徐舒婷：《生产性服务贸易进口技术复杂度与经济增长》，《国际贸易问题》2015 年第 2 期。

杨仁发：《产业集聚、外商直接投资与环境污染》，《经济管理》2015 年第 2 期。

杨旭、李隽、王哲昊：《对我国潜在经济增长率的测算》，《数量经济技术经济研究》2007 年第 10 期。

杨彦强、时慧娜:《中国能源安全问题研究进展述评——1998—2011 年中国能源安全战略评价》,《北京科技大学学报（社会科学版）》2012 年第 1 期。

杨宇、刘毅:《世界能源地理研究进展及学科发展展望》,《地理科学进展》2013 年第 5 期。

杨玉珍:《我国生态、环境、经济系统耦合协调测度方法综述》,《科技管理研究》2013 年第 4 期。

姚毓春、袁礼、董直庆:《劳动力与资本错配效应：来自十九个行业的经验证据》,《经济学动态》2014 年第 6 期。

叶德珠、张泽君、胡婧:《公司治理与技术创新关系的实证研究——基于中国省级区域面板数据》,《产经评论》2014 年第 5 期。

殷凤、张云翼:《中国服务业技术效率测度及影响因素研究》,《世界经济研究》2014 年第 2 期。

尹立颖:《生态文明视阈下能源安全问题的破解》,《税务与经济》2015 年第 3 期。

尹显萍:《环境规制对贸易的影响——以中国与欧盟商品贸易为例》,《世界经济研究》2008 年第 7 期。

于斌斌:《产业结构调整如何提高地区能源效率？——基于幅度与质量双维度的实证考察》,《财经研究》2017 年第 1 期。

于江波、王晓芳:《能源安全与经济增长的双赢机制研究》,《北京理工大学学报（社会科学版）》2013 年第 5 期。

于雪霞:《低碳时代经济增长与资源约束》,《资源与产业》2011 年第 4 期。

余敬、王小琴、张龙:《2AST 能源安全概念框架及集成评价研究》,

《中国地质大学学报（社会科学版）》2014年第3期。

余敏江：《以环境精细化治理推进美丽中国建设研究论纲》，《山东社会科学》2016年第6期。

余秀华：《中国能源效率地区差异分析》，《统计科学与实践》2011年第6期。

俞林、徐立青：《长三角能源、环境与经济增长关系计量分析和比较》，《云南财经大学学报（社会科学版）》2010年第4期。

袁程炜、张得：《帕累托效率视角下的能源消费与经济增长关系研究》，《税收经济研究》2013年第1期。

袁吉伟：《外部冲击对中国经济波动的影响——基于BSVAR模型的实证研究》，《经济与管理研究》2013年第1期。

袁晓玲、景行军、李政大：《中国生态文明及其区域差异研究——基于强可持续视角》，《审计与经济研究》2016年第1期。

原鹏飞、吴吉林：《能源价格上涨情景下能源消费与经济波动的综合特征》，《统计研究》2011年第9期。

曾伏娥、袁靖波、郑欣：《多市场接触下的联合非伦理营销行为——基于市场集中度和产品差异度的二维分析模型》，《中国工业经济》2014年第6期。

曾淑婉：《财政支出对全要素生产率的空间溢出效应研究——基于中国省际数据的静态与动态空间计量分析》，《财经理论与实践》2013年第1期。

查建平、李志勇：《资源环境约束下的中国经济增长模式及影响因素》，《山西财经大学学报》2017年第6期。

占华：《贸易开放对中国碳排放影响的门槛效应分析》，《世界经济研究》2017 年第 2 期。

张斌涛、肖辉、陈寰琦：《基于中国省级面板数据的服务业开放"经济增长效应"的经验研究》,《国际商务（对外经济贸易大学学报）》2017 年第 3 期。

张槟、衡杰：《我国能源效率综合评价》,《财经理论研究》2013 年第 2 期。

张兵兵、田曦、朱晶：《环境污染治理、市场化与能源效率：理论与实证分析》,《南京社会科学》2017 年第 2 期。

张兵兵：《碳排放约束下中国全要素能源效率及其影响因素研究》,《当代财经》2014 年第 6 期。

张成、陆旸、郭路、于同申：《环境规制强度和生产技术进步》,《经济研究》2011 年第 2 期。

张成、朱乾龙、于同申：《环境污染和经济增长的关系》,《统计研究》2011 年第 1 期。

张成思、张步昙：《中国实业投资率下降之谜：经济金融化视角》,《经济研究》2016 年第 12 期。

张广裕：《西部重点生态区环境保护与生态屏障建设实现路径》,《甘肃社会科学》2016 年第 1 期。

张慧莲：《国际经济深度调整对中国的影响及对策》,《经济纵横》2016 年第 3 期。

张建伟、杨志明：《能源效率对中国经济增长的实证研究》,《山东社会科学》2013 年第 10 期。

张凌洁：《我国区域能源效率及其影响因素研究》,《技术经济与管理研究》2011 年第 4 期。

张瑞、丁日佳:《技术进步对我国节能的贡献率测算》,《统计与决策》2017 年第 7 期。

张少华、蒋伟杰:《能源效率测度方法:演变、争议与未来》,《数量经济技术经济研究》2016 年第 7 期。

张同斌、刘俸奇:《贸易开放度与经济增长动力——基于产能利用和资本深化途径的再检验》,《国际贸易问题》2018 年第 1 期。

张同斌、张琦、范庆泉:《政府环境规制下的企业治理动机与公众参与外部性研究》,《中国人口·资源与环境》2017 年第 2 期。

张文彬、李国平:《环境保护与经济发展的利益冲突分析——基于各级政府博弈视角》,《中国经济问题》2014 年第 6 期。

张文木:《中国能源安全与政策选择》,《世界经济与政治》2003 年第 5 期。

张羲、张勇进、刘啟君:《重庆市直辖以来投资效率与投资率关系的实证研究》,《江苏科技大学学报(社会科学版)》2012 年第 1 期。

张先锋、韩雪、吴椒军:《环境规制与碳排放:"倒逼效应"还是"倒退效应"——基于 2000—2010 年中国省际面板数据分析》,《软科学》2014 年第 7 期。

张小蒂、曾可昕:《中国动态比较优势增进的可持续性研究——基于企业家资源拓展的视角》,《浙江大学学报(人文社会科学版)》2014 年第 4 期。

张小虎:《海洋环境保护:国家利益与海洋战略的新要求》,《求索》2015 年第 2 期。

张晓莹、张红凤:《环境规制对中国技术效率的影响机理研究》,《财经问题研究》2014 年第 5 期。

张辛欣、谭喆、熊聪茹:《中国能源国际合作形势面临更多挑战》,新华网,2012 年 9 月 3 日。

张燕:《对当前中国投资率问题的若干认识》,《福建金融》2012 年第 1 期。

张洋:《21 世纪海上丝绸之路会展物流与国际贸易关系研究》,《理论月刊》2016 年第 7 期。

张友国:《电价波动的产业结构效应——基于 CGE 模型的分析》,《华北电力大学学报(社会科学版)》2006 年第 4 期。

张有生:《生态环境恶化、能源消费革命是必由之路》,《经济日报》2014 年 7 月 1 日。

张宇燕:《缓慢复苏,曲折向好——世界经济形势回顾与展望》,《求是》2014 年第 2 期。

张悦:《环境投资与经济绩效关系研究——基于科技型企业的经验证据》,《工业技术经济》2016 年第 1 期。

张智革、吴薇:《中国对外贸易依存度的动态分析》,《国际经贸探索》2011 年第 10 期。

章卫东、赵琪:《地方政府干预下国有企业过度投资问题研究——基于地方政府公共治理目标视角》,《中国软科学》2014 年第 6 期。

赵囡囡、卢进勇:《中国对外直接投资现状、问题及对策分析》,《对外经贸实务》2011 年第 12 期。

赵茜:《国际油价冲击对人民币汇率的影响——基于动态局部均衡资产选择模型的分析》,《国际贸易问题》2017 年第 7 期。

赵强:《金融资源配置扭曲对全要素生产率影响的实证分析》,《河南社会科学》2017 年第 12 期。

赵霄伟：《环境规制、环境规制竞争与地区工业经济增长——基于空间 Durbin 面板模型的实证研究》，《国际贸易问题》2014 年第 7 期。

赵昕、朱连磊、丁黎黎：《能源结构调整中政府、新能源产业和传统能源产业的演化博弈分析》，《武汉大学学报（哲学社会科学版）》2018 年第 1 期。

赵旭、高建宾、林玮：《我国海上能源运输通道安全保障机制构建》，《中国软科学》2013 年第 2 期。

郑石明：《基于文献计量的环境政策研究动态追踪》，《中山大学学报（社会科学版）》2016 年第 2 期。

郑蔚、周法：《经济稳定与经济增长的波动轨迹、动态特征及动力机制分析》，《贵州财经大学学报》2015 年第 5 期。

郑云杰、高力力：《从发展理念和发展方式解读能源安全》，《吉林大学社会科学学报》2014 年第 4 期。

周健、崔胜辉、林剑艺、李飞：《厦门市能源消费对环境及公共健康影响研究》，《环境科学学报》2011 年第 9 期。

周江、李颖嘉：《中国能源消费结构与产业结构关系分析》，《求索》2011 年第 12 期。

周灵：《环境规制对企业技术创新的影响机制研究——基于经济增长视角》，《财经理论与实践》2014 年第 3 期。

周四军、封黎：《我国能源效率与经济增长关系研究——基于 PSTR 模型的实证》，《湖南大学学报（社会科学版）》2016 年第 2 期。

周文娟：《环保投资与经济增长实证研究——基于我国东中西部区域比较视角》，《新疆财经大学学报》2010 年第 3 期。

周肖肖、丰超、魏晓平：《能源效率、产业结构与经济增长——基于匹配视角的实证研究》,《经济与管理研究》2015 年第 5 期。

周学仁、蔡甜甜:《"十二五"时期我国投资规模合理空间分析》,《科技促进发展》2012 年第 9 期。

周亚敏、黄苏萍:《经济增长与环境污染的关系研究——以北京市为例基于区域面板数据的实证分析》,《国际贸易问题》2010 年第 1 期。

朱明:《加强政策引导、大力促进可再生能源健康发展》,中电新闻网,2013 年 12 月 26 日。

朱雄关:《"一带一路"战略契约中的国家能源安全问题》,《云南社会科学》2015 年第 2 期。

朱岩:《中国石油产业环境规制效果与生态保护路径》,《山东社会科学》2017 年第 5 期。

邹蕴涵:《我国居民消费率发展趋势分析》,《宏观经济管理》2017 年第 9 期。

A.Levinson A., M.S. Taylor, "Trade and the Environment: Unmasking the Pollution Haven Effect", *International Economic Review*, Vol.49, No.1 (2005).

A.Grimaud, L. Rouge, "Polluting Non-renewable Resources, Innovation and Growth: Welfare and Environmental Policy", *Resource and Energy Economics*, Vol.27, No.4 (2005).

Acemoglu D., Robinson J., "Persistence of Power, Elites, and Institutions", *American Economic Review*, Vol.98, No.1 (2008).

Allyn A., Young, "Increasing Returns and Economic Progress", *The Economic Journal*, Vol.38, No.52 (1928).

Apergis N. & J. E. Payne, "CO$_2$ Emissions, Energy Usage, and Output in Central America", *Energy Policy*, Vol.37, No.8（2009）.

Arrow, K., "The Economic Implication of Learning by Doing", *Review of Economic Studies*, Vol.29, No.6（1962）.

Ayong A.D., "Sustainable Growth, Renewable Resoures and Pollution", *Journal of Economic Dynamics & Control*, Vol.25, No.12（2001）.

Azomahou T., Laisney F., and Van P.N., "Economic Development and CO_2 Emissions: A Nonparametric Panel Approach", *Journal of Public Economics*, Vol.90, No.6（2006）.

Bandyopadhyay S., Shafikn C., *Economic Growth and Environment Time Series and Cross-country Evidence*, Background Paper for World Development Report, World Bank, Washington D C, 1992.

Barro, R., "Government Spending in a Simple Model of Endogenous Growth", *Journal of Political Economy*, Vol.98, No.5（1990）.

Baxter, M. and Crucml, M., "Explaining Savings-Investment Correlations", *The American Economic Review*, Vol.83, No.3（1993）.

Beghin, J., S. Dessus, D. Roland-Holst, *Trade and the Environment in General Equilibrium: Evidence from Developing Economies*, Kluwer Academic Publishers, 2005.

Brunnermeier S. B. and Cohen M. A., "Determinants of Environmental Innovation in US Manufactuing Industries", *Journal of Environmental Economics and Management*, Vol.45, No.2（2003）.

Cass D., "Optimum Growth in an Aggregate Model of Capital Accumulation", *Review of Economic Studies*, Vol.32, No.3（1965）.

Chang Hsin-Chen, Huang Bwo-Nung, Yang Chinwei, "Military

Expenditure and Economic Growth across Different Groups: A Dynamic Panel Granger-causality Approach", *Economic Modelling*, Vol.28, No.6（2011）.

Chunbo Ma, David I., Stern, "China's Changing Energy Intensity Trend: A Decomposition Analysis", *Energy Economics*, Vol.30, No.3（2008）.

Coe & Helpman, "International R & D Spillers", *European Economic Reviews*, Vol.39, No.5（1995）.

Cole M. A., " Trade, the Pollution Haven Hypothesis and Environment Kuznets Curve: Examining the Linkages", *Ecological Economics*, Vol.48, No.1（2004）.

Daniel Yergin, *The Quer: Energy, Security, and the Remaking of the Modern World*, Penguin Books, 2012.

Dasgupta P.S. and Heal G., *Economic Theory and Exhaustible Resources*, Cambridge: Cambridge University Press, 1979.

David I. Stern, Michael S. Common, Edward B. Barbier, "Economical Growth and Environmental Degradation: The Environment Kuznets Curve and Sustainable Development", *World Development*, Vol.24, No.7（1994）.

Denison E. F., *The Sources of Economic Growth in the United States and the Alternatives before us*, New York: Committee for Economic Development, 1962.

Diamond Peter, "National Debtin a Neoclassical Growth Model", *American Economic Review*, Vol.55, No.5（1965）.

Dickey D. A. and Fuller W. A., "Distribution of the Estimators for Autoregressive Time Series with a Unit Root", *Journey of the American Statistical Association*, Vol.74, No.4（1979）.

Dinda S., " Environmental Kuznets Curve Hypothesis: A Survey", *Ecological Economics*, Vol.49, No.4 (2004) .

Domar E. D., "Capital Expansion, Rate of Growth, and Employment", *Econometrica*, Vol.14, No.2 (1946) .

Elias Dinopoulos, Bulent Unel, "Quality Heterogeneity and Global Economic Growth", *European Economic Review*, Vol.55, No.5 (2011) .

Engle R. F. and Granger C.W.J., "Cointegration and Error Correction: Representation, Estimation and Testing", *Econometrical*, Vol.55, No.2 (1987) .

Ernst Worrell, John A. Laitner, Michael Ruth, Hodayah Finman, "Productivity Benefits of Industrial Energy Efficiency Measures", *Energy*, Vol.28, No.11 (2003) .

Farrel M. J., "The Measurement of Productivity Efficiency", *Journal of the Royal Statistical Society*, Vol.A, No.3 (1957) .

Fei. J. and Ranis G., *Development of the Labor Surplus Economy*, Richard Irwin, Inc, 1964.

Feldstein, M. and C. Horioka, "Domestic Saving and International Capital Flows", *Economic Journal*, Vol.90, No.2 (1980) .

Glomm, G., Ravikumar, B., "Public versus Private Investment in Human Capital: Endogenous Growth and Income Inequality", *The Journal of Political Economy*, Vol.100, No.4 (1992) .

Grossman Gene M. & Helpman Elhanan, *Innovation and Growth in the Global Economy*, Cambridge, MA: MIT Press, 1991.

Grossman G. M., Krueger A. B., *Environmental Impacts of the North*

American Free Trade Agreement, NBER Working Paper, 1991.

Hirschberg S., Heck T., Gantner U., et al., "Health and Environmental Impacts of China's Current and Future Electricity Supply, with Associated External Costs", *International Journal of Global Energy Issues*, Vol.22, No.2 (2004).

Humphrey, S. William & Stanislaw, Joe, "Economic Growth and Energy Consumption in the UK, 1700–1975", *Energy Policy*, Vol.7, No.1 (1979).

Jaffe A. B., and Palmer J. K., "Environmental Regulation and Innovation: A Panel Data Study", *Review of Economics and Statistics*, Vol.79, No.4 (1997).

Jerome H., Mathilde M., *Another Brick in the Feldstein–Horioka Wall: An Analysis on European Regional Data*, Working Paper, 2005.

Jobert T., Karanfil F., Tykhonenko A., *Environmental Kuznets Curve for Carbon Dioxide Emissions Lack of Robustness to Heterogeneity?*, Working Paper, 2012.

Jones, L.E. and Manuelli, R., "A Convex Model of Equilibrium Growth", *Journal of Political Economic*, Vol.98, No.5 (1990).

Keller, W., "International Technology Diffusion", *Journal of Economic Literature*, Vol.42, No.3 (2004).

King, R. G., Rebelo, S., "Public Policy and Economic Growth: Developing Neoclassical Implications", *Journal of Political Economy*, Vol. 98, No.5 (1990).

Kuznets, Simon Smith, "Economic Growth and Income Inequality",

American Economic Review, Vol. 45, No.1 (1955).

Larry E. Jones & Rodolfo E. Manuelli & Peter E. Rossi, *On the Optimal Taxation of Capital Income*, National Bureau of Economic Research, Inc, 1993.

Larry Hughes, "The Four 'R's of Energy Security", *Energy Policy*, Vol. 37, No.6 (2009).

Larson A. B., Rosen S., "Understanding Household Demand for Indoor Air Pollution Control in Developing Countries", *Social Science & Medicine*, Vol. 55, No. 4 (2002).

Li, X., Li, Z. and Chan, M., "Demographic Change, Savings, Investment, and Economic Growth: A Case from China", *Chinese Economy*, Vol. 45, No.2 (2012).

Lucas E., Wheeled D., *Economic Development Environment Regulation and the International of Toxic Industrial Pollution 1960–1988*, Background Paper for World Development Report, 1992.

Lucas R., "On the Mechanics of Economic Development", *Journal of Monetary Economics*, Vol. 22, No. 1 (1988).

Marconi, D., *Trade, Technical Pnogress and the Environment: The Role of A Unilateral Green Tax on Consumption*, Bank of Italy Temi di Discussione (Working Paper), No. 744, 2010.

Muhsin Kar, Şaban Nazlıoğlu, Hüseyin Ağır, "Financial Development and Economic Growth Nexus in the MENA Countries : Bootstrap Panel Granger Causality Analysis", *Economic Modelling*, Vol.28, No.1 (2011).

N. Bowden and J. E. Payne, "The Causal Relationship between U.S. Energy Consumption and Real Output: A Disaggregated Analysis", *Journal of*

Policy Modeling, Vol. 31, No. 2（2009）.

Nordhuas, W.D., "Lethal Model 2: The Limits to Growth Revisited", *Brookings Papers on Economic Activity*, Vol. 23, No. 2（1992）.

Obstfeld, M. and Rogoff, K., *The Intertemporal Approach to the Current Account in Handbook of International Economics*（G. Grossman and K. Rogoff, Eds.）, The Netherlands: North-Holland Publishing Company, the Netherlands, 1995.

P. Peretto, "Energy Taxes and Endogenous Technological Change", *Journal of Environmental Economics and Management*, Vol. 57, No. 3（2009）.

Panayotou, T., "Demystifying the Environmental Kuznets Curve: Turning a Black Box into a Policy Tool", *Environment and Development Economics*, Vol.2, No.4（1997）.

Papyrakis E. and Gerlagh R., "The Resource Curse Hypothesis and its Transmission Channels", *Journal of Comparative Economics*, Vol. 32, No. 1（2004）.

Patterson M. G., "What is Energy Efficiency? Concepts, Indicators and Methodological Issues", *Energy Policy*, Vol. 24, No.5（1996）.

Peeters, M., "The Public-Private Savings Mirror and Causality Relations among Private Savings, Investment, and（twin）Deficits: A Full Modeling Approach", *Journal of Policy Modeling*, Vol. 21, No.5（1995）.

Perman, R. Stern, D. I, "Evidence from Pannel Unit Root and Cointegration Tests that the Environment Kuznets Curve does not Exist", *Australian Journal of Agricultural and Resource Economics*, Vol. 47, No. 3（2003）.

Phelps, Edmund S., *Golden Rules of Economic Growth*, New York : W. W. Norton, 1966.

Porter, Michael E. and Claasvander Linde, " Toward a New Conception of the Environment Competitiveness Relationship", *Journal of Economic Perspectives*, Vol. 9, No. 4 (1995).

R., Hodrick and E.C. Prescott, *Post-war U.S. Business Cycle: An Empirical Investigation*, *Mimeo*, Pittsbursh : Carnegie-Mellon University, 1980.

Rachel Carson, *Silent Spring*, Boston: Houghton Mifflin Co, 1962.

Rasul Bakhshi Dastjerdi, Rahim Dalali Isfahani, "Equity and Economic Growth, A Theoretical and Empirical Study: MENA Zone", *Economic Modelling*, Vol.28, No.1-2 (2011).

Roberson, *Ensuring America's Energy Security*, International Organization, 2003.

Robinson, S., "A Note on the U Hypothesis Relating Income Inequality and Economic Development", *American Economic Review*, Vol. 66, No.3 (1976).

Romer P., "Increasing Returns and Long-Run Growth", *Journal of Political Economy*, Vol. 94, No.10 (1986).

Romer, Paul M., "Endogenous Technological Change", *Journal of Political Economy*, Vol. 98, No. 2 (1990).

Rosenberg, Nathan, "Historical Relations between Energy and Economic Growth", in Joy Dunkerley (Eds.), *International Energy Strategies*, Proceedings of the 1979 IAEE/RFF Conference, Chapter 7, Cambridge, MA: Oelgeschlager, Gunn & Hain, Publishers, Inc., 1980.

S. Rebelo, "Long-run Policy Analysis and Long-run Growth", *Journal of Political Economy*, Vol. 99, No.3 (1991).

Sachs J. D. and Warner A. M., *Natural Resource Abundance and Economic Growth*, National Bureau of Economic Research Cambridge, MA., NBER Working Paper, 1995, No.5398.

Sandra Backlund, Patrik Thollander, "Extending the Energy Efficiency Gap", *Energy Policy*, Vol. 51, No. 51 (2012).

Schultz, "Capital Formation by Education", *Journal of Political Economy*, Vol.68, No.6 (1960).

Schumpeter J. A., *The Theory of Economic Development*, New York: Cambridge University Press, 1934.

Segerstrom, P. S., and Anant, T. C. A., and Dinopoulos, E., "A Schumpeterian Model of the Product Life Cycle", *American Economic Review*, Vol.80, No.5 (1990).

Shafik N., *Economic Development and Environmental Quality-An Econometric Analysis*, Oxford Economic Papers, 1994.

Smith R. K., "Health Impacts of Household Fuel Wood Use in Developing Countries", *Unasylva*, Vol. 57, No. 1 (2006).

Smith R. K., Uma R., Kishore V. V., et al., "Greenhouse Implications of Household Stoves: An Analysis for India", *Annual Review of Energy and the Environment*, Vol.25, No.25 (2000).

Solow, R., "A Contribution to the Theory of Economic Growth", *Quarterly Journal of Economics*, Vol. 70, No. 1 (1956).

Stern, David I. & Common, Michael S., "Is there an Environmental

Kuznets Curve for Sulfur？", *Journal of Environmental Economics and Management*, Vol. 41, No.2（2001）.

Stigler Gorge J., *The Organization of Industry*, Homewood, IL: Richard D. Irwin 67, 1968.

Stokey, N. L., and Rebelo, S., "Growth Effects of Flat-rate Taxes", *Journal of Political Economy*, Vol. 103, No.3（1995）.

Syed Mansoob Murshed, Leandro Antonio Serinoc, "The Pattern of Specialization and Economic Growth: The Resource Curse Hypothesis Revisited", *Structural Change and Economic Dynamics*, Vol. 22, No.2（2011）.

Turner K., Hanley N., "Energy Efficiency, Rebound Effects and the Environmental Kuznets Curve", *Energy Economics*, Vol. 33, No. 5（2011）.

Uzawa, H., "Optimum Technical Change in an Aggregative Model of Economic Growth", *International Economic Review*, Vol. 6, No.1（1965）.

W. Antweiler, B. Copeland and S. Taylor, "Is Free Trade Good for the Environment?", *The American Economic Review*, vol. 91, No. 4（2001）.

Young, Alwyn, "Learning by Doing and the Dynamic Effects of International Trade", *Journal of Political Economy*, Vol. 106, No.2（1991）.

Yu Guang ming, Feng Jing, Che Yi, et al., "The Identification and Assessment of Ecological Risks for Land Consolidation Based on the Anticipation of Ecosystem Stabilization: A Case Study in Hubei Province, China", *Land Use Policy*, Vol. 27, No.2（2010）.

后 记

众所周知，能源安全是保障一个国家或地区经济社会平稳健康可持续发展的能力。保护环境既是发展的需要，也是发展的目的。加强能源安全保障与环境保护，促进经济稳定增长，为经济高质量发展夯实基础。我国能源安全保障、环境保护与经济稳定增长的现状如何，三者之间具有怎样的相互关系及影响机制？应制定怎样的措施，实现三者的良性互动？深入研究这些现实问题，意义重大。本书以这些问题为核心，逐层深入并顺利完成各项研究。当本书圆满完成的那一刻，心里如释重负，但却增添了更多的人生感悟。

坚持就是胜利。本书是国家社会科学基金青年项目《新形势下我国能源安全保障、环境保护与经济稳定增长的协同与政策优化研究》（项目批准号：13CJY044，结题证书号：20171413）的最终研究成果。项目研究历时3年半，经过坚持不懈地努力研究，终于按时完成。开展这一项目的研究，本身就是一次艰辛的探索过程，挑战性强，但我始终相信坚持就是胜利。曾记得，无数个日日夜夜辛勤的付出，汗水流淌；曾记得，无数次对文字的斟酌与校对，力求尽善尽美。成功不能一蹴而就，作为一名普通的大学教师、一名普通的人文社会科学科研工作者，在迈向成功之路上，必定会经历各种各样的挫折，只有坚持才能获得胜利。深入思考每一个细节，着力解决每一个存在的难题，勇于攀登科学高峰。

德才需要兼备。唐代大诗人韩愈在《师说》中曰："师者，所以传道授业解惑也。"党的十九大报告指出："建设教育强国是中华民族伟大复兴的基础工程，必须把教育事业放在优先位置。"做好教育事业，德才兼备至关重要。"德大于才谓之君子，有才无德非良人，无才无德是非人，德才兼备圣人也。"做好大学教育事业的引路人，不断追求良好的精神品质、过硬的专业技能、让优秀成为习惯，已经成为我人生中的重要目标。作为一名硕士生导师，坚持把德育教育放在首位，要求我的研究生具有高尚的道德情操、良好的心理品质，学会要做事先做人，谦虚谨慎。通过言传身教，积极发挥党员的先锋模范带头作用。同时，要求我的研究生开展学术研究时要由浅入深，掌握坚实的理论基础和系统的专业知识，自主学习现代数理统计、计量方法及相关的软件。实践证明，效果明显，成绩可喜，并形成良好的学术研究氛围。

民大赋予平台。2009 年 6 月，我顺利毕业于中山大学岭南学院，获得经济学博士学位。2009 年 8 月，我正式进入广西民族大学工作成为一名大学教师，先后在商学院、中英学院工作。九年多来，我孜孜不倦地做好教学科研工作，完成学校学院布置的每一项工作，并超额完成学校岗位规定的教学科研工作量。这些成绩的取得，离不开民大赋予的良好平台。广西民族大学是国家民族事务委员会和广西壮族自治区人民政府共建高校、国家中西部高校基础能力建设工程建设高校、广西壮族自治区重点建设高校。民大人才济济，在这里从事教学科研工作，更需要不断努力，充分利用学校现有的科研平台，为学校科学事业的发展贡献一份力量。

　　成绩需要感恩。"人生七十古来稀"，母亲年事已高，但她每天为我辛勤地洗衣做饭，默默奉献，作为儿子的我更需要用实际行动来回馈她老人家的养育之恩。姐姐们虽然不在南宁，但日常的嘘寒问暖，也足以在精神上给予我极大的前进动力。2017 年的乔迁之喜，2018 年圆满步入婚姻殿堂，我也顺利完成了人生的又一件大事。家是温暖的避风港，虽然在 2017 年到 2018 年我暂时离开民大前往防城港市人民政府工作，但我们的心却始终连在一起。爱人的工作很忙，但她对我工作的支持让我更加有动力去做好每一项工作，挑战每一个科研项目。成绩需要感恩，感谢家人在背后对我默默地付出，特向你们致以最真诚的感谢！

　　坚持就是胜利，唯有永不放弃的精神，孜孜不倦做好科学研究，才能够开创一片属于自己的天空。我坚信：我能！苏轼曰："古之立大事者，不唯有超世之才，亦必有坚忍不拔之志。"周恩来同志也认为："每一个人要有做一代豪杰的雄心斗志！应当做个开创一代的人。"路漫漫其修远兮，吾将上下而求索，但愿明天会更加美好！

刘志雄

2018 年 12 月于相思湖畔

责任编辑:吴炤东

封面设计:石笑梦

图书在版编目(CIP)数据

新形势下我国能源安全保障、环境保护与经济稳定增长研究/刘志雄 著. —北京:
　人民出版社,2019.6
ISBN 978－7－01－019893－4

Ⅰ.①新…　Ⅱ.①刘…　Ⅲ.①能源-国家安全-关系-经济增长-研究-中国
　②环境保护-关系-经济增长-研究-中国　Ⅳ.①TK01②X-12③F124

中国版本图书馆 CIP 数据核字(2018)第 229658 号

新形势下我国能源安全保障、环境保护与经济稳定增长研究
XINXINGSHI XIA WOGUO NENGYUAN ANQUAN BAOZHANG HUANJING BAOHU
YU JINGJI WENDING ZENGZHANG YANJIU

刘志雄　著

人民出版社 出版发行
(100706　北京市东城区隆福寺街99号)

北京中科印刷有限公司印刷　新华书店经销

2019 年 6 月第 1 版　2019 年 6 月北京第 1 次印刷
开本:710 毫米×1000 毫米 1/16　印张:21.5
字数:260 千字

ISBN 978－7－01－019893－4　定价:86.00 元

邮购地址 100706　北京市东城区隆福寺街 99 号
人民东方图书销售中心　电话 (010)65250042　65289539